中等职业教育课程改革国家规划新教材
全国中等职业教育教材审定委员会审定

机械基础（少学时）

第2版

主　编　柴鹏飞
副主编　王　芳
参　编　苏晓曈　魏清华　方　敏
主　审　王晨光

机械工业出版社

本书是中等职业教育课程改革国家规划新教材（修订版）丛书之一，是根据教育部发布的《中等职业学校机械基础教学大纲》编写的。本书同时兼顾了职业技能鉴定的需求，参考了国家职业标准中相关工种对机械基础知识的要求。

本书共12部分，包括力学、工程材料、常用机构、机械传动、联接和轴系零部件、机械节能环保与安全防护等工程类专业必备的基础知识。本书采用左文右图对照版式和双色印刷，以方便读者阅读与分析；本书大量采用实物图和立体图，内容直观明了。

为便于教学，本书配套有电子教案、教学视频等教学资源，选择本书作为教材的教师可来电（010-88379375）索取，或登录 www.cmpedu.com 网站，注册、免费下载。本书另配有辅助材料《机械基础知识拓展与实训指导》，由机械工业出版社单独发行，读者可另行购买。本书数字化资源通过扫描书中二维码呈现。

本书可作为中等职业学校机械类及相关专业“机械基础”课程的教材，也可作为机械制造与机械加工从业人员的岗位培训教材。

图书在版编目（CIP）数据

机械基础：少学时/柴鹏飞主编. —2版（修订本）. —北京：机械工业出版社，2020.6（2022.6重印）
中等职业教育课程改革国家规划新教材
ISBN 978-7-111-65171-0

Ⅰ.①机… Ⅱ.①柴… Ⅲ.①机械学-中等专业学校-教材
Ⅳ.①TH11

中国版本图书馆CIP数据核字（2020）第051634号

机械工业出版社（北京市百万庄大街22号 邮政编码100037）
策划编辑：王莉娜 责任编辑：王莉娜 赵文婕
责任校对：张 薇 封面设计：马精明
责任印制：任维东
北京中兴印刷有限公司印刷
2022年6月第2版第7次印刷
184mm×260mm · 14印张 · 346千字
标准书号：ISBN 978-7-111-65171-0
定价：45.00元

电话服务
客服电话：010-88361066
010-88379833
010-68326294

网络服务
机 工 官 网：www.cmpbook.com
机 工 官 博：weibo.com/cmp1952
金 书 网：www.golden-book.com
机工教育服务网：www.cmpedu.com

中等职业教育课程改革国家规划新教材
出版说明

为贯彻《国务院关于大力发展职业教育的决定》（国发〔2005〕35号）精神，落实《教育部关于进一步深化中等职业教育教学改革的若干意见》（教职成〔2008〕8号）关于“加强中等职业教育教材建设，保证教学资源基本质量”的要求，确保新一轮中等职业教育教学改革顺利进行，全面提高教育教学质量，保证高质量教材进课堂，教育部对中等职业学校德育课、文化基础课等必修课程和部分大类专业基础课教材进行了统一规划并组织编写，从2009年秋季学期起，国家规划新教材将陆续提供给全国中等职业学校选用。

国家规划新教材是根据教育部最新发布的德育课程、文化基础课程和部分大类专业基础课程的教学大纲编写，并经全国中等职业教育教材审定委员会审定通过的。新教材紧紧围绕中等职业教育的培养目标，遵循职业教育教学规律，从满足经济社会发展对高素质劳动者和技能型人才的需要出发，在课程结构、教学内容、教学方法等方面进行了新的探索与改革创新，对于提高新时期中等职业学校学生的思想道德水平、科学文化素养和职业能力，促进中等职业教育深化教学改革，提高教育教学质量将起到积极的推动作用。

希望各地、各中等职业学校积极推广和选用国家规划新教材，并在使用过程中，注意总结经验，及时提出修改意见和建议，使之不断完善和提高。

教育部职业教育与成人教育司

2010年6月

前　言

《机械基础（少学时）》（以下简称第 1 版）是为贯彻《国务院关于大力发展职业教育的决定》精神，落实《教育部关于进一步深化中等职业教育教学改革的若干意见》中关于“加强中等职业教育教材建设，保证教学资源基本质量”的要求，确保新一轮中等职业教育教学改革顺利进行，全面提高教育教学质量，保证高质量教材进课堂的大前提下统一规划并组织编写的。本书是根据教育部发布的《中等职业学校机械基础教学大纲》，同时兼顾职业技能鉴定的需求，参考相关工种国家职业标准中对机械基础知识的要求，在第 1 版的基础上修订而成的。

第 1 版自出版后，作为中等职业教育课程改革国家规划新教材，在机械类、近机类机械基础课程的教学中起到了积极的示范和推动作用，受到使用该教材学校广大师生的好评，曾多次印刷发行。随着国内机械制造业的发展和新技术、新材料的应用，根据学生生源的变化和企业对人才培养的要求，我们进行了此次修订。

本书主要介绍力学、工程材料、常用机构、机械传动、联接和轴系零部件、机械环保与安全防护等工程类专业必备的基础知识，按教学大纲少学时要求编写，计划学时为 64 学时，各校可根据情况选取教学内容。

本书的最大亮点在于增加了二维码链接内容，即对大量的机构和零件实物制作了动画或拍摄了视频，将其以二维码链接的形式植入书中，学生通过扫描二维码，就可观看动画或视频，以加深对知识点的理解，同时还可间接培养学生的实际工程能力，达到提高科学素养和工程技术素质并举的目的。

本书力求内容取舍精当、编写体例新颖实用、呈现形式直观明了。在内容上，本书按新大纲和少学时的要求，结合社会、企业对于职业教育的需求特点，结合现代化生活对机械知识的需求，精选了必要、实用、够用的知识内容，并采用新知识、新技术、新标准、新工艺，突出工程实用性，同时结合工程实际和日常生活选取实例，使学生易于将所学知识和生活实践相结合，实现活学活用。

在体例上，每章利用结合工程实际的“引言”提出问题，以激发学生兴趣，使学生带着问题学，最后运用“实例分析”，分析和解决工程实例，着力提高学生的工程应用能力。

在形式上，采用左文右图对照版式和双色印刷，使图文呼应更加紧密，图样更加清晰易读；在图例上则大量采用实物图和立体图，直观明了，同时给出了工程图样，以使学生既易于理解，又可相互对照，提高工程实际应用能力。

本书内容简练、结构合理、图文并茂，通过动画或视频演示直接与工程实践相结合。读者通过学习本书的内容，可发展成掌握中等职业技术能力的职业人或创业者，在大众创业、万众创新中大显身手。

参与本书编写人员及分工如下：上海工商职业技术学院柴鹏飞任主编，并编写绪论、第 9 章、第 11 章，辽宁省鞍山市岫岩满族自治县职业教育中心王芳任副主编，并编写第 4 章、

第 10 章，辽阳职业技术学院苏晓瞳编写第 1 章、第 2 章，宜昌市机电工程学校魏清华编写第 3 章、第 5 章、第 6 章，华北机电学校方敏编写第 7 章、第 8 章。全书由柴鹏飞拟定编写提纲并统稿，由王晨光主审。

为便于教学，本书配套有电子教案、教学视频等教学资源，选择本书作为教材的教师可来电（010-88379197）索取，或登录 www. cmpedu. com 网站，注册、免费下载。本书另配有辅助材料《机械基础知识拓展与实训指导》，已由机械工业出版社单独发行，其内容包括“机械基础”课程的学习指导补充练习，结合工程实际的实践指导，以及大纲要求的若干实训项目的指导内容。

在编写过程中，编者参阅了相关教材和大量的文献资料，得到社会有关人士的帮助，还得到洛阳轴承集团有限公司、山西平遥减速器有限责任公司、山西淮海工业集团有限公司等单位技术人员的有益指导，在此一并表示衷心感谢！同时，编者殷切希望读者对书中存在的问题提出修改建议，给予批评、指正。编者邮箱 sxczcpf517@163. com 或 403475605@qq. com。

编　者

目 录

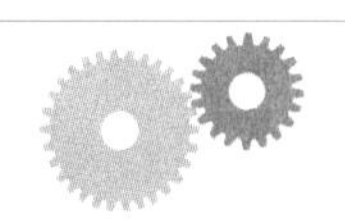

绪 论

学习目标

了解我国机械发展简史，了解机械、机器、机构、部件、构件、零件的基本概念及其相互之间的联系与区别；了解本课程的特点、课程内容、学习目标及学习方法。

学习内容

0.1 我国机械发展简史

我国是世界上发明和利用机械最早的国家之一。我国的机械工程技术不但历史悠久，而且成就十分辉煌，不仅对我国的物质文化和社会经济的发展起到了重要的促进作用，而且对世界技术文明的进步做出了重大贡献。

小提示：关于我国机械发展简史的更多内容，读者可上网查询。登录“中国古代科技馆”网站，或直接搜索机械名称查询相关内容。

我国机械发展大致可分为以下六个时期：

1）从远古到西周，是形成和积累时期。

2）从春秋时期到东汉末年，是迅速发展和成熟时期。

3）从三国时期到元代中期，是全面发展和鼎盛时期。

4）从元代后期到清代中期，是缓慢发展时期。

5）从清代中后期到新中国成立前，是转变时期。

6）新中国成立后的近三十年是复兴时期。

我国古代不仅有举世闻名的四大发明，在机械发明和制造方面也有着光辉的成就，在动力的利用和机械结构的设计上都有自己的特色。早在商代，人们就利用杠杆原理制成了取水的工具——桔槔（图 0-1），公元 132 年，张衡在其创造的世界上第一台地震仪——候风地动仪（图 0-2）上也利用了杠杆原理。西汉时期的记里鼓车（图 0-3）和指南车（图 0-4）则采用了连杆机构和轮系机构。元朝的黄道婆发明的织布机（图 0-5）等纺织机械，推动了当时纺织技术和纺织业的发展。苏颂和韩公廉于宋元祐元年（公元 1086 年）开始设计，到元祐七年完成的水运仪象台（图 0-6），是以水为动力来运转的天文钟，其机械传动装置类似现代钟表中的擒纵器。1980 年冬，我国考古工作者在陕西临潼县（现为陕西省西安市临潼区）东的秦始皇陵发掘出土了两乘大型彩绘铜车马，二号铜车马如图 0-7 所示。

图 0-1　桔槔

图 0-2　候风地动仪

图 0-3　记里鼓车

图 0-4　指南车

图 0-5　织布机

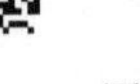

图 0-6　水运仪象台

图 0-7　铜车马

新中国建立后，我国的机械工业得到了长足的发展。由于经济建设发展迅速，电力、冶金、重型机械和国防工业都需要大型锻件，但当时大型锻件基本依赖进口。为从根本上解决这个问题，经过科研人员的攻坚克难，1961 年 12 月，江南造船（集团）有限责任公司（原江南造船厂）成功地建成国内第一台 12000t 水压机，如图 0-8 所示，为中国重型机械工业填补了一项空白。

图 0-8　万吨水压机

这台能产生万吨压力的水压机总高 23.65m，总长 33.6m，最宽处 8.58m，基础深入地下 40m，全机由 44700 多个零件组成，工作液体的压力有 350 个大气压，能够锻造 250t 重的钢锭。

万吨水压机建成后，加工锻造了大批特大型锻件，为社会主义建设做出了重大的贡献，也为新中国的机械工业积累了宝贵的经验。

改革开放以来，我国机械工业总量规模发展迅速，机械产品技术水平大幅提升，中国机械工业在世界机械工业中的地位不断提高。机械工业对国民经济建设的支撑能力、对国民经济重点领域的装备支撑能力、对国防工业的促进能力、对航天事业的推动能力大为增强。我国正在从“制造大国”向“制造强国”“创造强国”迈进。

0.2　本课程的性质和研究对象

1. 本课程的性质

本课程是中等职业学校机械类及工程技术类相关专业的一门基础课程。本课程所涉及的知识与技能不但是从事与机械工程相关工作的人员，尤其是生产一线的实际操作者所必备，而且对人们的日常生活和工程实践工作有极大的启示和帮助。

通过学习机械基础课程，学生可掌握必备的机械基本知识和基本技能，懂得机械工作原理，了解机械工程材料性能，能准确表达机械技术要求，正确操作和维护机械设备，也可更好地使用和维护生活中的各种机械装置，使生活更加丰富多彩。学习这些知识将有助于工程思想的建立；有助于科学精神的培养；有助于树立严谨规范的工作作风；有助于形成良好的职业道德与职业技能；有助于增强解决实际工程类问题的能力。

通过学习机械基础课程，培养学生良好的学习习惯，具备继续学习专业技术的能力，为今后解决生产实际问题和职业生涯的发展奠定基础。

机械基础是研究构件的受力、杆件的强度、常用工程材料、机构的工作原理、机械零件的功用和机械零件的结构，以及常用机构装置的使用、维护等知识的工程技术基础课程。

2. 本课程的研究对象

本课程的研究对象是机械。机械是机器与机构的总称。

(1) 机器的概念　机器是执行机械运动和信息转换的重要装置。机器的种类繁多，其用途和结构形式也不尽相同，但机器的组成却有一定的规律和一些共同的特征。

传统意义上的机器有以下三个特征：

1）人为的实物组合体。

2）各运动单元间具有确定的相对运动。

3）能代替人类做有用的机械功或进行能量转换。

现代意义上的机器的内涵还应包括能进行信息处理、影像处理和数据处理等功能。

图 0-9 所示为卷扬机，电动机通过减速器带动卷筒缓慢转动，使绕在卷筒上的钢索完成悬吊装置的升降工作任务。电动机与减速器之间的装置为制动器，在需要停止运动时起制动作用，使卷扬机停止运动。

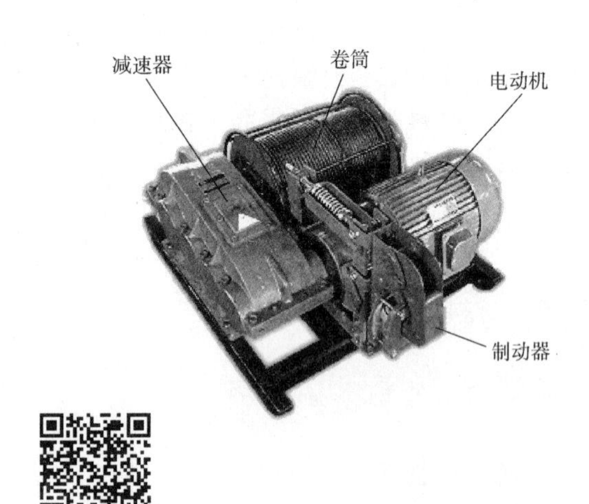

图 0-9　卷扬机

图 0-10 所示为轿车的组成示意图，从图中可看出小轿车由原动部分、传动部分、执行部分、控制部分与辅助部分五部分组成。

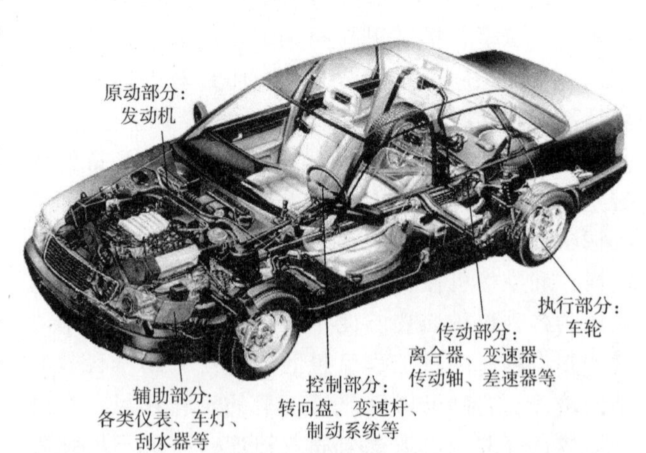

图 0-10　轿车的组成

机器的组成与功能见表 0-1。

表 0-1　机器的组成与功能

组　成	功　能
原动部分	给机器提供动力，如电动机、发动机
传动部分	传动部分通常由一些机构（连杆机构、凸轮机构等）或传动形式（带传动、齿轮传动等）组成，实现运动形式的变化或速度及动力的转换
执行部分	完成工作任务
控制部分	实现汽车转向、变速、制动等
辅助部分	指机器的润滑、控制、检测、照明等部分

（2）机构的概念　机构是具有确定的相对运动，能实现一定运动形式转换或动力传递的实物组合体。图 0-11 所示为常用的发动机，是将燃气燃烧产生的热能转化为机械能的机器，包含由活塞、连杆、曲轴和缸体（机架）组成的曲柄滑块机构，以及由凸轮、推杆和缸体（机架）组成的凸轮机构。从功能上看，机构和机器的根本区别是机构只能传递运动或动力，不能直接做有用的机械功或进行能量转换。因此，一般说来，机构是机器的重要组成部分，一般机器由单个或多个机构再加辅助设备组成，工程上将机器和机构统称为“机械”。

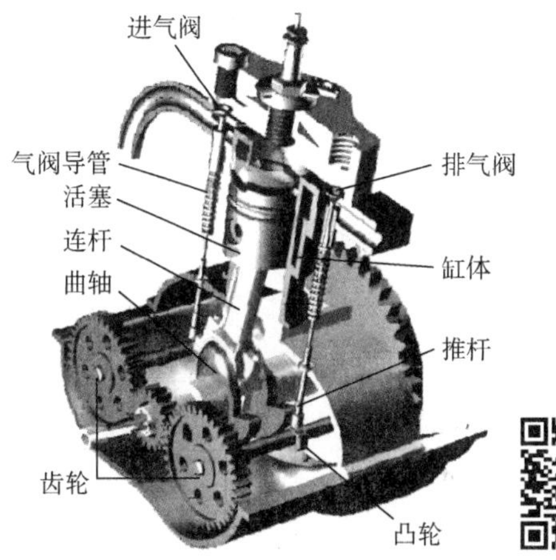

图 0-11　发动机

关键知识点：机器具有三个特征，特征之一是能做有用的机械功或进行能量转换。机构是机器的重要组成部分，但机构不能做有用的机械功或进行能量转换。

（3）零件、构件与部件　机械制造中不可拆的最小单元称为零件，零件是组成构件的基本单元。组成机构的具有相对运动的实物称为构件，构件是机构运动的最小单元。一个构件可以只由一个零件组成，也可由多个零件组成。

图 0-12 所示为由齿轮、键和轴组成的传动构件，单一的最小单元就称为零件，把各零件按要求装配到一起就成为构件。

图 0-12　构件

为实现一定的运动转换或完成某一工作要求，把若干构件组装到一起的组合体称为部件。

零件按作用分为两类：一类是通用零件，是各种机器中经常使用的零件，如齿轮、轴承、螺栓与螺母、轴等，如图0-13所示。

关键知识点：零件是机械制造的最小单元；构件是机构运动的最小单元；部件是将若干构件组装到一起的能实现一定功能的组合体。

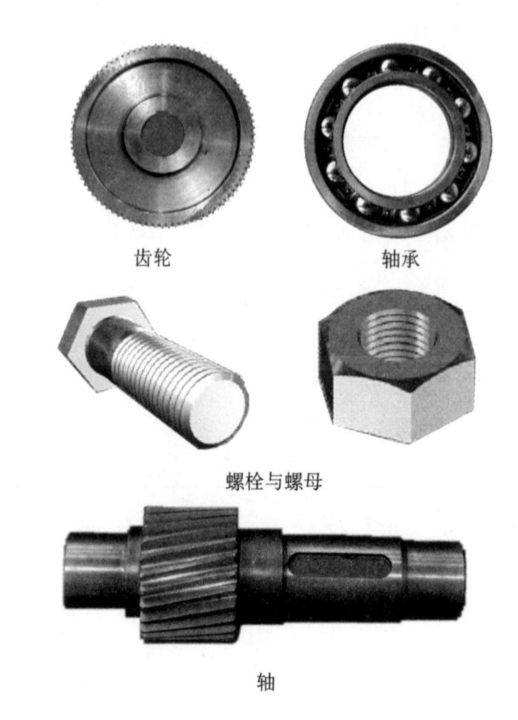

图0-13　通用零件

另一类是专用零件，只在一些特定的机器中使用，如曲轴、叶片等，图0-14所示为曲轴。

图0-14　专用零件

0.3　本课程的内容和教学目标

（1）本课程的内容　本课程的基本内容包括力学、工程材料、常用机构、机械传动、联接和轴系零部件、机械环保与安全防护等工程类专业必备的基础知识，将综合应用各先修课程的基础理论知识，结合生产实践知识，分析、研究机械中的常见机构和一般工作条件下的常用参数范围内的通用零部件的受力、强度条件、零件选材、工作原理、特点、应用、结构和基本维护等共性问题。因此，本课程是机械类及工程技术类相关专业重要的基础课。

（2）本课程的教学目标　通过本课程的学习和实践性实训，要求达到以下目标：

1）了解对构件进行受力分析的基本知

识，会判断直杆的基本变形。

2）了解机械工程常用材料的种类、牌号、性能的基本知识，会正确选用材料。

3）熟悉常用机构的性能、应用场合、使用维护等基础知识。

4）掌握正确选择常用机械零件的类型、代号等的基础知识。

5）知道使用、维护和管理常用机械设备的一些基础知识。

6）了解机械环保和安全防护的基本知识。

7）为学习有关专业机械设备和直接参与工程实践奠定必要的基础。

0.4　本课程的特点和学习方法

（1）本课程的特点　本课程是从理论性和系统性较强的基础课向实践性较强的专业课过渡的转折点，此性质使得本课程和先修课程有以下不同之处：

1）实践性强。本课程是一门技术基础课，其研究的对象是在生产实际中广泛应用的机械，所要解决的问题大多是工程中的实际问题，因此要求学生加强基本技能的训练，培养工程素养，重视实验、实践、实训课，坚持“做中学，做中教”，增强工程实践动手能力。

2）独立性强。各章内容彼此独立，前后联系不甚密切，优点是前面的章节没学好，不影响后面章节的学习，缺点是不容易形成完整的知识体系，因此要经常复习前面已学过的内容，找出某些共同点，建立比较完整的机械基础知识体系。

3）综合性强。本课程学习要综合运用已学过的知识。先修课程的知识点对本课程的学习很有用处，要综合运用先修课的知识来学习本课程。除理论知识点外，还要有一定的生产实践知识，要多观察日常生活和生产实践中的机械装置和各类设备。

4）涉及面广。由于本课程涉及诸多方面，使得本课程和基础课有许多不同的地方，表现在有下面一些现象：

关系多——与诸多先修课关系密切、涉及基础课面广。

要求多——要考虑强度、刚度、寿命、工艺、重量、安全、经济性等的要求。

门类多——各类机构、各种零件，各有特点。

图表多——实物图、结构图、原理图、示意图、标准表等。

（2）本课程的学习方法

本课程是一门介于基础课和专业课之间的较重要的设计性的技术基础课，起着“从理论过渡到实际、从基础过渡到专业”的承先启后的作用。本课程所选用的机构和实物大多配有二维码，扫描二维码即可观看动画演示或视频，力图通过这些动画和视频，间接培养学生的工程实践能力，使学生掌握一定的技能，为未来从事机械工业生产或直接创业奠定一定的基础。本课程还专门配有各类型的练习题，通过演练这些习题，学生可以多角度学习、理解、掌握机械基础知识，提高自己的分析能力和综合能力，培养必要的实践能力和创新能力，全面提高自身素质和综合职业能力，培养科学严谨、一丝不苟的工作作风。

为了达到这个目的，应掌握以下学习方法：

1）通过动画演示和视频内容，分析机构运动的原理，了解基本概念，理解基本原理，掌握机构分析的基本方法，间接培养工程实际动手能力。

2）认真完成课后练习题，通过习题演练，加深对课程内容的理解。

3）理论联系实际，用所学知识多看、多想、多分析日常生活与生产实践中遇到的各种机械，找出规律，培养运用所学基本理论与方法分析和解决工程实际问题的能力。

4）注意培养综合分析、全面考虑问题的能力。解决同一实际问题，往往有多种方法和结果，要通过分析、对比、判断和决策，做到优中选优。

知识小结

1. 机械{机器、机构}机器与机构的区别是：机器能代替人类做有用的机械功或进行能量转换，而机构不能

2. 机构的组成
   - 零件
     - 通用零件
     - 专用零件
   - 构件
   - 部件

3. 本课程的特点
   - 实践性强
   - 独立性强
   - 综合性强
   - 涉及面广

习　题

一、判断题（认为正确的，在括号内打✓，反之打×）

1. 零件是运动的单元，构件是制造的单元。（　　）

2. 构件是一个具有确定运动的整体，它可以是单一整体，也可以是由几个相互之间没有相对运动的单件组合而成的刚性体。（　　）

3. 构件是机械装配中主要的装配单元体。（　　）

4. 机器运动和动力的来源部分称为原动部分。（　　）

5. 机器中以一定的运动形式完成有用功的部分是机器的传动部分。（　　）

6. 如果不考虑做功或实现能量转换，只从结构和运动的观点来看，机构和机器之间也没有什么区别。（　　）

7. 车床是机器。（　　）

8. 减速器是机器。（　　）

9. 螺栓、轴、轴承都是通用零件。（　　）

10. 洗衣机中带传动所用的 V 带是专用零件。（　　）

二、选择题（将正确答案的字母序号填写在横线上）

1. 在机械中属于制造单元的是________。

A. 零件　　B. 构件　　C. 部件

2. 在机械中各运动单元称为________。

A. 零件　　B. 构件　　C. 部件

3. 我们把各部分之间具有确定的相对运动构件的组合体称为________。

A. 机构　　B. 机器　　C. 机械

4. 机构与机器的主要区别是________。

A. 各运动单元间具有确定的相对运动

B. 机器能变换运动形式

C. 机器能完成有用的机械功或转换机械能

5. 在内燃机曲柄滑块机构中，连杆由连杆盖、连杆体、螺栓以及螺母组成。其中，连杆属于________，连杆体、连杆盖属于________。

A. 零件　　B. 构件　　C. 部件

6. 在自行车车轮轴、电风扇叶片、起重机上的起重吊钩、台虎钳上的螺杆、柴油发动机上的曲轴和减速器的齿轮中，有________种是通用零件。

A. 两　　B. 三　　C. 四

7. 下列机器中属于工作机的是________。

A. 车床　　B. 电动机　　C. 内燃机

8. 下列机械中，属于机构的是________。

A. 发电机　　B. 千斤顶　　C. 拖拉机

9. 机床的主轴是机器的________。

A. 原动部分　　B. 传动部分　　C. 执行部分

10. 属于机床传动装置的是________。

A. 电动机　　B. 齿轮机构　　C. 刀架

第1章 构件的静力分析

学习目标

理解力的概念与基本性质；了解约束、约束力和力系的基本知识，能作杆件的受力图；了解力矩、力偶的概念，了解力向一点平移的结果。

引　言

在机械生产实践或日常生活中，常见到图1-1所示的悬臂吊车，用来起吊各种重物。横梁*AB*杆的一端固定在墙体或其他柱体上，另一端由*CB*杆拉着。当吊起重物时，在重力的作用下，下面的*AB*杆主要受弯曲作用，同时还受到压缩的作用，上面的*CB*杆受拉伸作用。在生产实践中要选择悬臂吊车，就要了解悬臂吊车的受力，只有分析清楚各杆件的受力情况，才能计算出各杆件的受力大小，选择合理的各杆件的截面尺寸。

本章主要介绍力的概念、力的基本性质与受力分析、约束、力矩与力偶等内容。

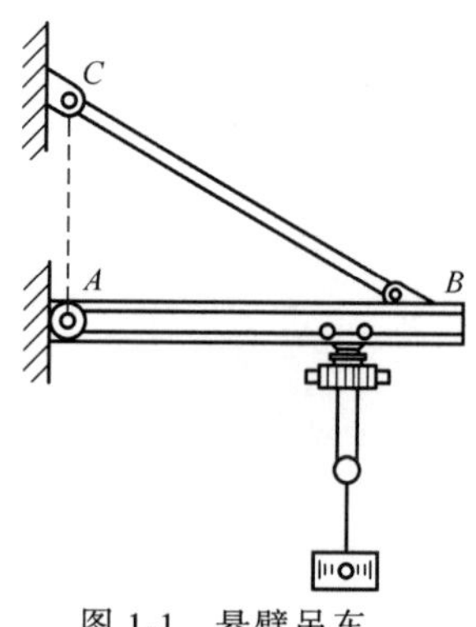

图1-1　悬臂吊车

学习内容

1.1　力的概念与基本性质

1.1.1　力的概念

力是物体间的相互作用，这种作用使物体的运动状态发生改变或使物体产生变形。

实践证明，力对物体的作用效应，由力的大小、方向和作用点的位置所决定，这三个因素称为力的三要素。这三个要素中任何一个改变时，力的作用效果就会改变。例如，用扳手拧螺母时，如图1-2所示，作用在扳手上的

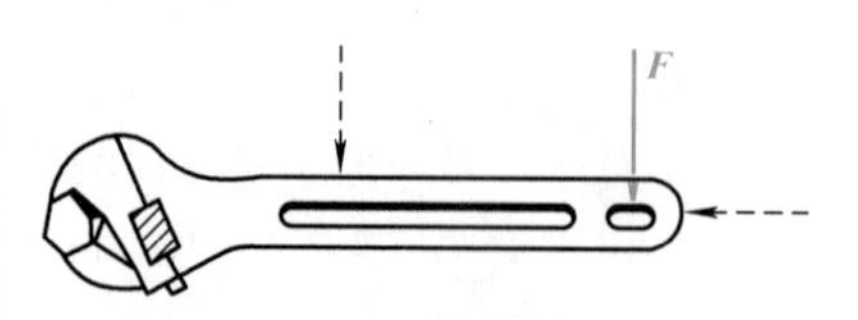

图1-2　力的三要素

力，因大小不同，或方向不同，或作用点位置不同，产生的效果就不一样。

力是一个具有大小和方向的矢量，图示时，常用一个带箭头的线段表示，如图 1-3 所示，线段长度 AB 按一定比例代表力的大小，线段的方位和箭头表示力的方向，其起点或终点表示力的作用点。书面表达时，用黑体字 $\boldsymbol{F}$ 代表力矢量，并以同一字母非黑体字 F 代表力的大小。书写时则在表示力的字母上加一带箭头的横线，如 $\vec{F}$ 表示力矢量。

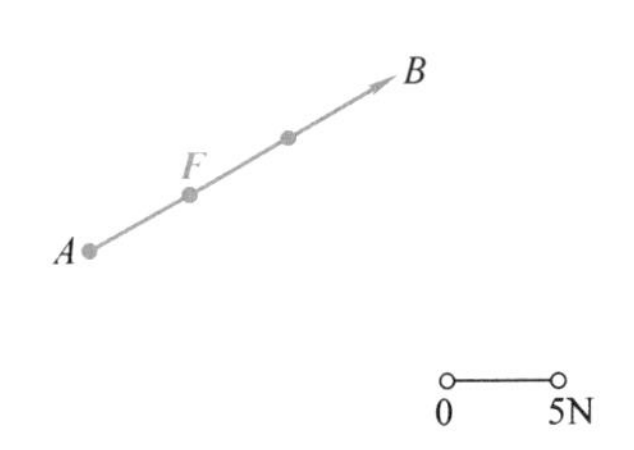

图 1-3　力的表示

在我国，力的常用单位为“牛顿”（N）或“千牛顿”（kN）。

1.1.2　静力学基本公理

力的基本性质由静力学公理来说明。静力学公理是人类经过长期的经验积累和实践验证总结出来的最基本的力学规律。它们概括了力的一些基本性质，反映了力所遵循的客观规律，是进行构件受力分析、研究力系的简化和力系平衡的理论依据。为方便分析，静力学中引入“刚体”这一模型，即在力的作用下不变形的物体称为刚体。

公理一　二力平衡公理

刚体若仅受两个力作用而平衡，其必要与充分条件为：这两个力大小相等，方向相反，且作用在同一直线上（图 1-4a）。

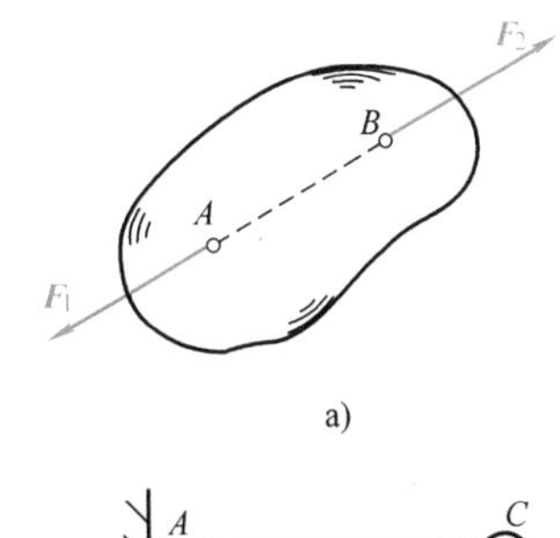

a)

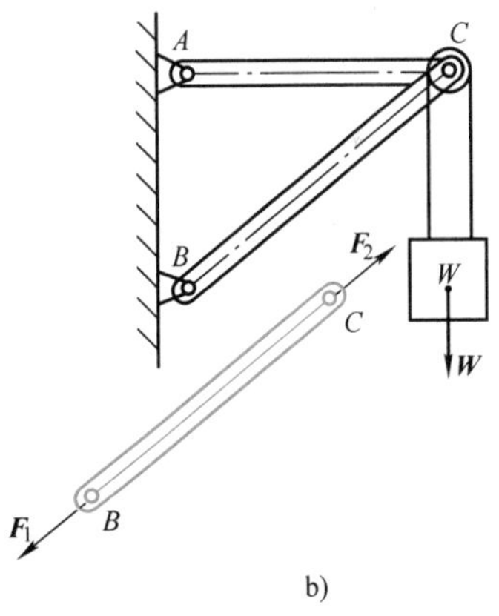

b)

图 1-4　二力平衡及二力构件

a）二力平衡　b）二力构件

在机械或结构中，凡只受两个力作用而处于平衡状态的构件，称为二力构件。二力构件的自重一般不计，形状可以是任意的，因其只有两个受力点，根据二力平衡公理，二力构件所受的两个力必在两个受力点的连线上，且等值、反向，例如图 1-4b 所示的BC 杆。

公理二　加减平衡力系公理

在已知力系上加上或减去任意一个平衡力系，不会改变原力系对刚体的作用效应。

由这个公理可以导出力的可传性原理：如图 1-5 所示，作用在刚体上的力，可沿其

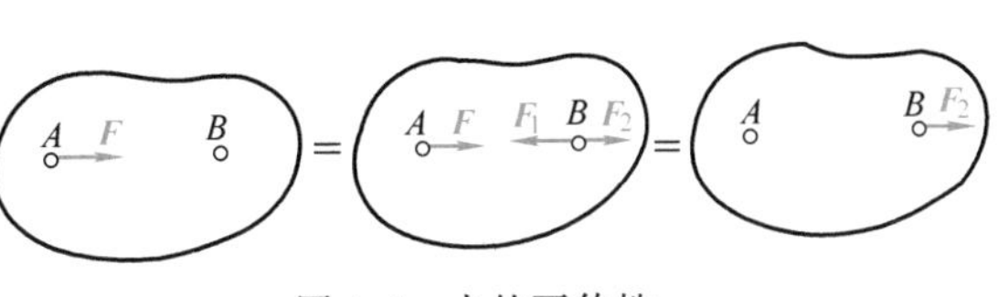

图 1-5　力的可传性

作用线移到刚体上任一点，不会改变对刚体的作用效应。

由力的可传性原理可看出，作用于刚体上的力的三要素为：力的大小、方向和力的作用线，不再强调力的作用点。

公理三　力的平行四边形公理

作用在物体上同一点的两个力的合力，作用点也在该点上，大小和方向由以这两个力为邻边所作的平行四边形的对角线确定，称为力的平行四边形公理。如图1-6所示，作用在物体A点上的两已知力$\boldsymbol{F}_1$、$\boldsymbol{F}_2$的合力为$\boldsymbol{F}_R$，力的合成可写成矢量式

$$\boldsymbol{F}_R=\boldsymbol{F}_1+\boldsymbol{F}_2$$

力的平行四边形公理是力系合成的依据。

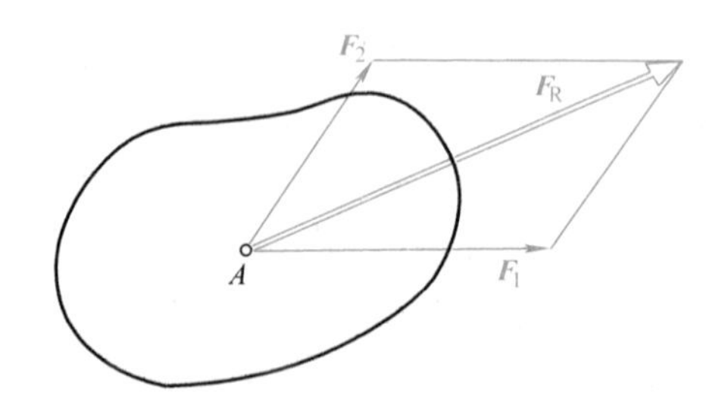

图1-6　力的平行四边形公理

公理四　作用力与反作用力公理

当甲物体给乙物体一作用力时，甲物体也同时受到乙物体的反作用力，且两个力大小相等、方向相反、作用在同一直线上，如图1-7所示。

这一公理表明，力总是成对出现的，有作用力，必有反作用力，二者总是同时存在，同时消失。一般习惯上将作用力与反作用力用同一字母表示，其中一个加撇以示区别。

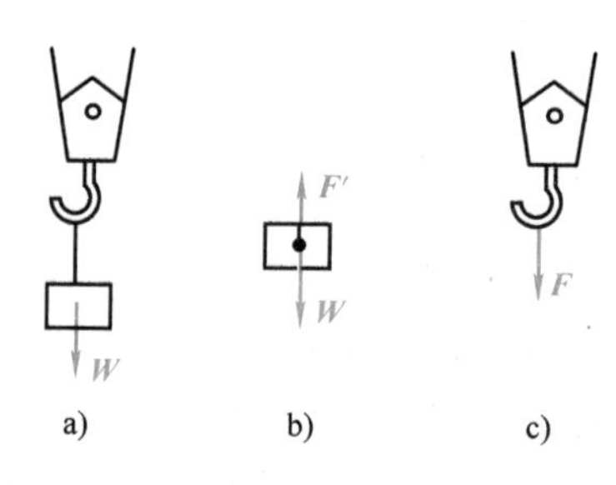

图1-7　作用力与反作用力

关键知识点：**静力学四个公理。注意二力构件的受力和作用力与反作用力的区别。**

1.2　约束和约束力

凡是对一个物体的运动或运动趋势起限制作用的其他物体，都称为这个物体的约束。约束对物体的作用力称为约束力。约束力的方向总是与该约束所限制的运动趋势方向相反，其作用点就在约束与被约束体的接触处。

下面介绍几种工程中常见的约束类型及其约束力。

（1）柔性约束　绳索、链条、胶带等柔性物体形成的约束即为柔性约束。柔性物体只能承受拉力，而不能承受压力。柔性约束产生的约束力，通过接触点沿着柔体的中心线背离被约束物体（使被约束物体受拉）。例如图1-8所示的带传动。

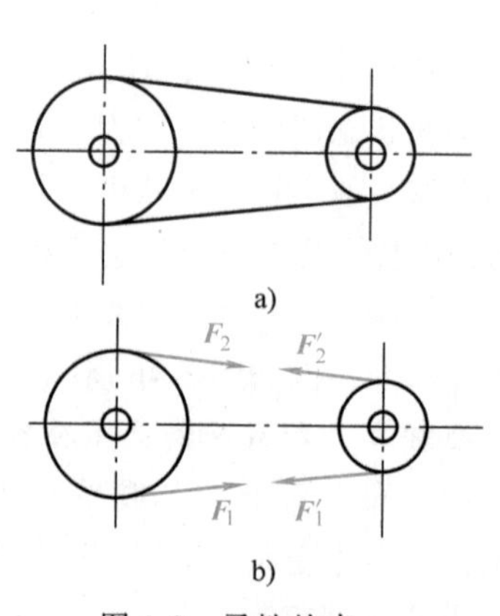

图1-8　柔性约束

(2) 光滑面约束　当两物体直接接触，并忽略接触处的摩擦时就可视为光滑面约束。这种约束只能限制物体沿着接触点公法线方向的运动，因此，光滑面约束的约束力必过接触点，沿接触面的公法线并指向被约束的物体，称为法向约束力或正压力，如图 1-9 所示。

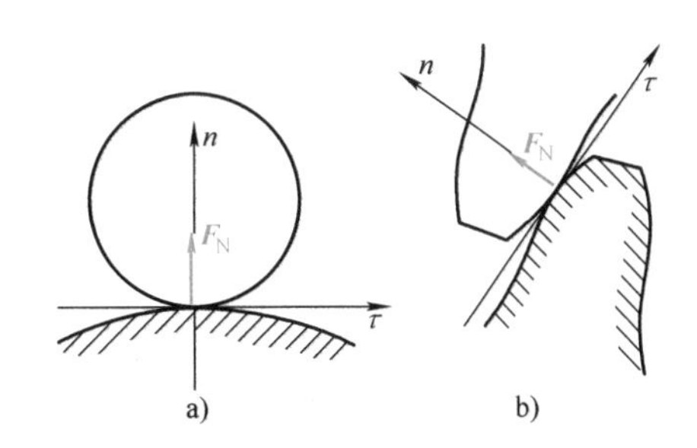

图 1-9　光滑面约束

(3) 铰链约束　铰链约束是工程上连接两个构件的常见约束方式，是由两个端部带圆孔的杆件，用一个销轴连接而成的。根据被连接物体的形状、位置及作用，光滑铰链约束又可分为以下几种形式。

1) 中间铰链约束，如图 1-10a 所示，构件 1、2 分别是两个带圆孔的构件，将圆柱销穿入构件 1 和 2 的圆孔中，便构成中间铰链，通常用简图 1-10b 表示。

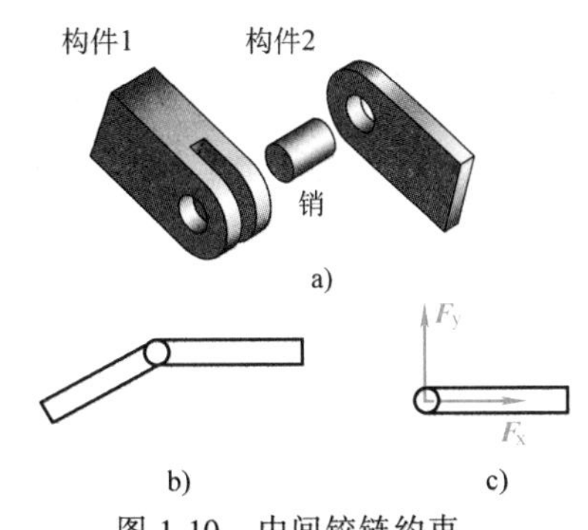

图 1-10　中间铰链约束
a) 结构　b) 符号　c) 约束力

中间铰链对物体的约束特点是：作用线通过销中心，方向不定。通常用通过铰链中心的两个正交分力来表示，如图 1-10c 所示。

2) 固定铰链支座约束，如图 1-11a 所示，将中间铰链中构件 1 换成支座，且与基础固定在一起，则构成固定铰链支座约束，简图如图 1-11b 所示。

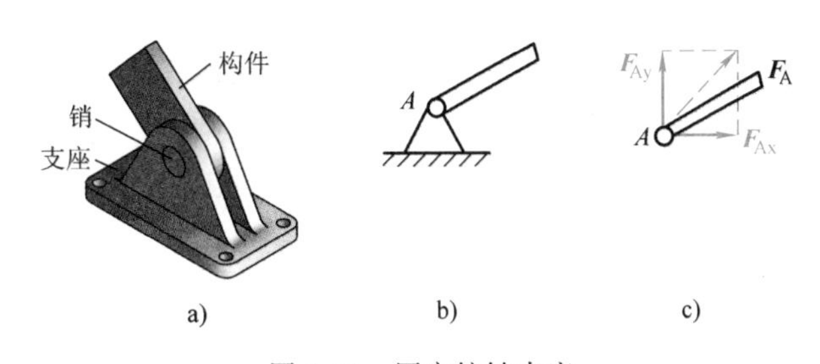

图 1-11　固定铰链支座
a) 结构　b) 符号　c) 约束力

固定铰链支座对物体的约束力特点与中间铰链相同，如图 1-11c 所示。

3) 活动铰链支座约束，如图 1-12a 所示，将固定铰链支座底部安装若干滚子，并与支承面接触，则构成活动铰链支座，又称滚轴支座。这类支座常见于桥梁、屋架等结构中，通常用图 1-12b 所示的简图表示。

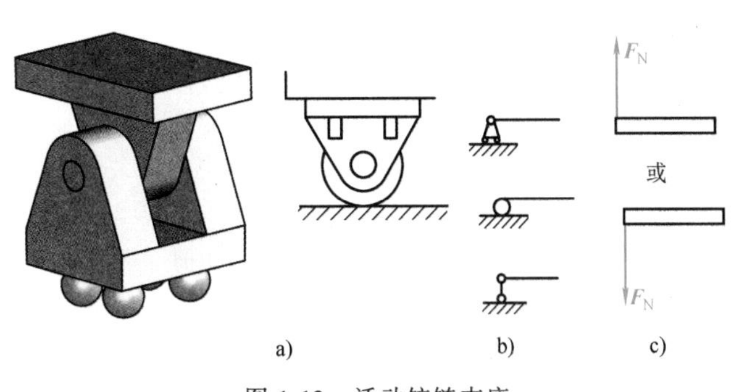

图 1-12　活动铰链支座
a) 结构　b) 符号　c) 约束力

活动铰链支座对物体的约束特点是：只能限制构件沿支承面垂直方向的移动，不能阻止物体沿支承面的运

动或绕销轴线的转动。因此活动铰链支座的约束力通过销中心，垂直于支承面，指向不定，如图1-12c所示。

（4）固定端约束　物体的一部分固嵌于另一物体所构成的约束，称为固定端约束。例如图1-13所示的建筑物上的阳台、车床上的刀具等都可视为固定端约束。

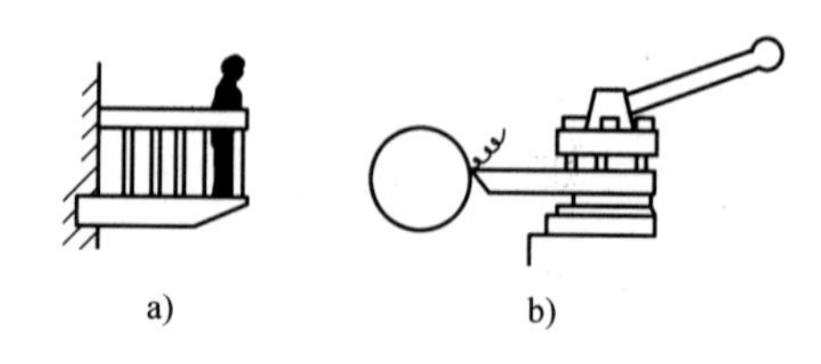

图1-13　固定端约束实例图

固定端约束一般用图1-14a所示的简图符号表示，约束作用如图1-14b所示，两个正交分力表示限制构件移动的约束作用，一个约束力偶表示限制构件转动的约束作用。

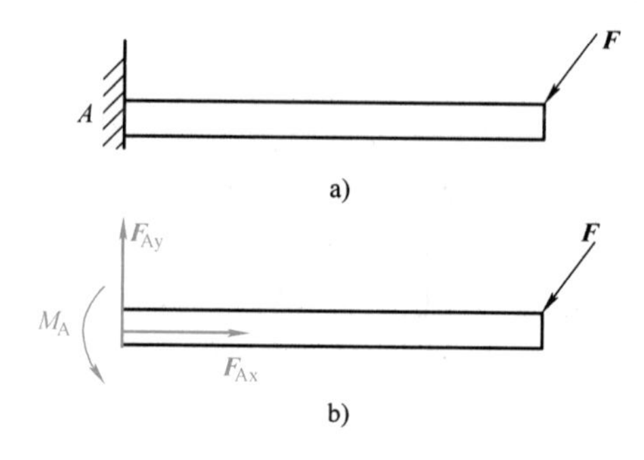

图1-14　固定端约束
a）符号　b）约束力

1.3　力系与受力图

1.3.1　力系的分类

若在同一物体上作用有两个或两个以上的力，则这样的一群力称为力系。通常根据力系中各力作用线的分布情况将力系进行分类：各力的作用线都在同一平面内的力系，称为平面力系；各力作用线不在同一平面内的力系，称为空间力系。在这两类力系中，各力的作用线相交于一点的力系，称为汇交力系；各力的作用线互相平行的力系，称为平行力系；各力的作用线既不全交于一点，也不全平行的力系，称为一般力系或任意力系。

1.3.2　受力图

为了清楚地表示所研究物体的受力情况，需将研究对象从周围的物体中分离出来，即解除全部约束，单独画出。这种被分离出来的物体称为分离体。为了使分离体的受力情况与原来的受力情况一致，必须将研究对象所受的全部主动力和约束力画在分离体上，这样的简图称为受力图。下面举例说明受力图的画法。

例 1-1 重量为 $\boldsymbol{G}$ 的圆球，用绳索拴住并置于光滑的铅垂墙面上，如图 1-15a 所示，试画出圆球的受力图。

解 1）取圆球为研究对象，画出圆球的分离体。

2）画出主动力。重力 $\boldsymbol{G}$ 向下并作用于球心上。

3）画出约束力。根据约束的性质确定约束力的方位，解除绳索约束，画上约束力 $\boldsymbol{F}_{TB}$；解除铅垂墙面约束，画上约束力 $\boldsymbol{F}_{ND}$，如图 1-15b 所示。

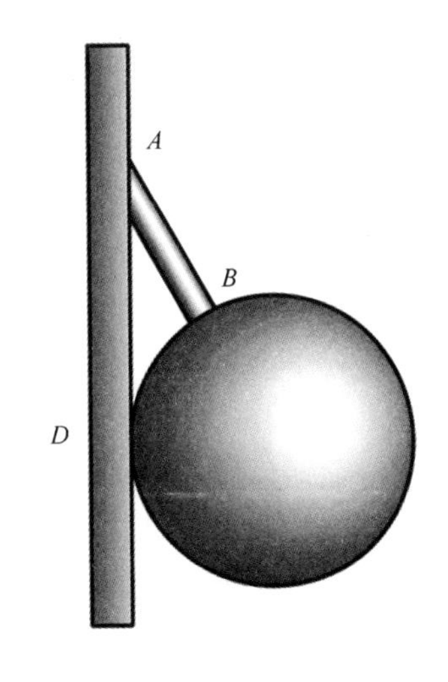

a)

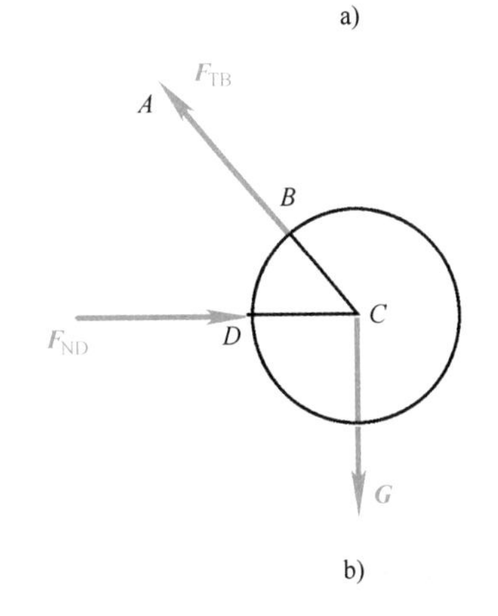

b)

图 1-15 圆球受力分析

通过以上分析，可以把受力图的画法归纳如下：

1）明确研究对象，解除约束，画出分离体简图。

2）在分离体上画出全部的主动力。

3）在分离体解除约束处，画出相应的约束力。

1.4 力矩与力偶

1.4.1 力对点之矩

如图 1-16 所示，当用扳手拧紧螺母时，力 $\boldsymbol{F}$ 对螺母拧紧的转动效应不仅取决于力 $\boldsymbol{F}$ 的大小和方向，而且还与该力到 O 点（矩心）的垂直距离 d（力臂）有关。F 与 d 的乘积越大，转动效应越强，螺母就越容易拧紧。因此，在力学上用物理量 Fd 及其转向来度量力 $\boldsymbol{F}$ 使物体绕 O 点转动的效应，称为力对 O 点之矩，简称力矩，以符号 $M_O(\boldsymbol{F})$ 表示，即

$$M_O(\boldsymbol{F}) = \pm Fd \tag{1-1}$$

式中的正负号表示两种不同的转向。通常规定使物体产生逆时针旋转的力矩为正，反之为负。

力矩的单位是 N · m 或 kN · m。

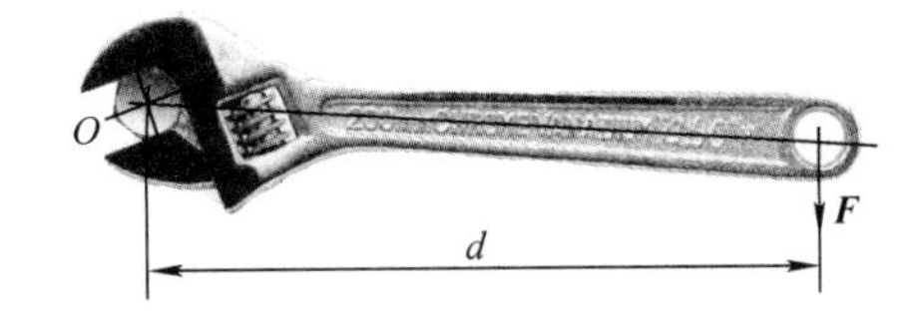

图 1-16 力对点之矩

1.4.2 力偶和力偶矩

1. 力偶与力偶矩的概念

实际生活中，常见到儿童用双手搓动玩具竹蜻蜓（图1-17a）、汽车驾驶员用双手转动转向盘（图1-17b）等施力方式，这种大小相等、方向相反、作用线平行而不重合的两个力，称为力偶，记作（$\boldsymbol{F}$，$\boldsymbol{F}'$）。

力偶中的两个力之间的距离 d 称为力偶臂（图1-17c），力偶所在的平面称为力偶的作用面。

力偶对物体的转动效应取决于力偶中力的大小、力偶臂 d 的大小和力偶的转向。因此，力学中用 F 与 d 的乘积，加上适当的正负号作为度量力偶在其作用平面内对物体转动效应的物理量，称为力偶矩，并用符号 M 表示，即

$$M = \pm Fd \tag{1-2}$$

式中的正负号表示力偶的转动方向，通常规定逆时针转向为正，顺时针转向为负。与力矩一样，力偶矩的单位是N·m或kN·m。

力偶矩的大小、转向和力偶的作用面称为力偶的三要素。

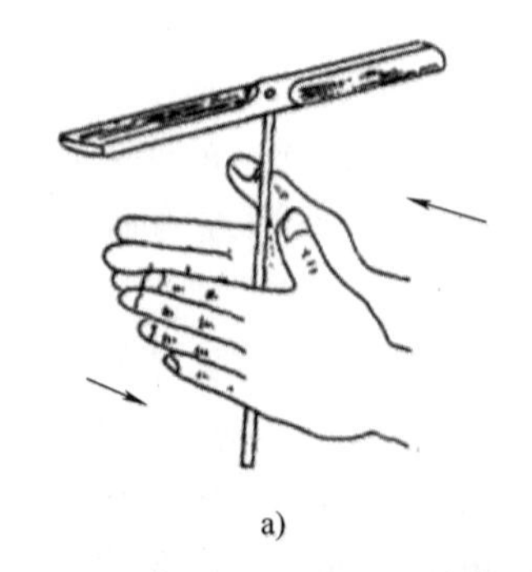
a)

b)

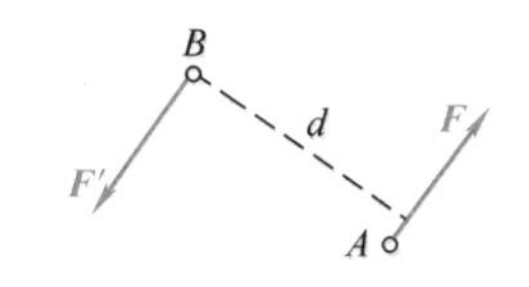

c)

图1-17　力偶和力偶矩

2. 力偶的性质

1）力偶不能用一个力来代替。

一个力偶作用在物体上只能使物体转动，而一个力作用在物体上时，则将使物体移动或既移动又转动。因此，力偶无合力，且不能与一个力平衡，即力偶必须用力偶来平衡。

力偶和力是组成力系的两个基本物理量。

2）力偶对其作用面内任意一点之矩恒等于力偶矩，而与矩心的位置无关，如图1-18所示。

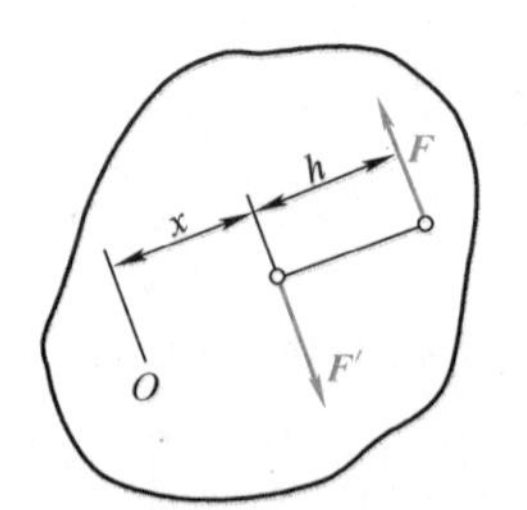

图1-18　力偶中力对任一点的矩

力偶中两个力对其作用面内任一点之矩的代数和为一常数，恒等于其力偶矩。而力对某点之矩，矩心的位置不同，力矩就不同，这是力偶与力矩的本质区别之一。

大量实践证明，凡是三要素相同的力偶，彼此等效。

该性质说明力偶使物体对其作用面内任一点的转动效应是相同的。由此可以得到：只要保持力偶矩的大小和转向不变，力偶可以在其平面内任意移动，且可以同时改变力偶中力的大小和力偶臂的长短，而不会改变力

偶对物体的作用效应。因此，力偶也可以用一带箭头的弧线表示，如图 1-19 所示。

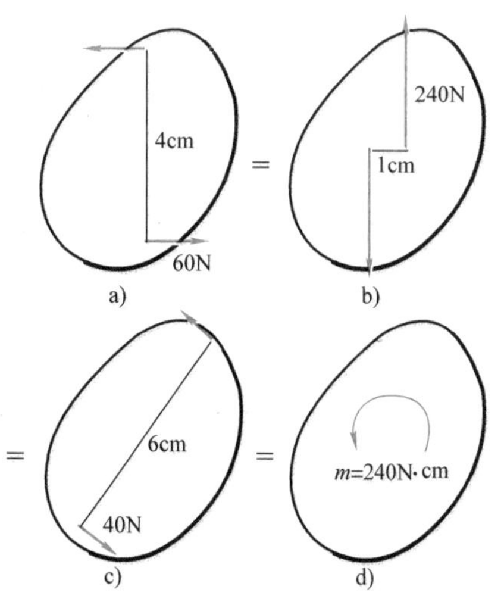

图 1-19　力偶的等效性和不同表示

1.4.3　平面力偶系的合成和平衡条件

在同一平面内，由若干个力偶组成的力偶系称为平面力偶系。

根据力偶的性质可以证明，平面力偶系合成的结果为一合力偶，其合力偶矩等于各分力偶矩的代数和，即

$$M=M_1+M_2+\cdots+M_n=\sum M_i \tag{1-3}$$

若物体在平面力偶系作用下处于平衡状态，则合力偶矩必定为零，即

$$M=\sum M_i=0 \tag{1-4}$$

式（1-4）称为平面力偶系的平衡方程。利用这个平衡方程，可以求出一个未知量。

1.4.4　力的平移定理

定理：可以把作用在物体上某点的力 $\boldsymbol{F}$ 平行移到物体上任一点，但必须同时附加一个力偶，其力偶矩等于原来的力对新作用点之矩。

如图 1-20a 所示，力 $\boldsymbol{F}$ 作用于刚体的 A 点，在刚体上任取一点 O，根据加减平衡力系公理，可以在 O 点加上一对平衡力 $\boldsymbol{F}'$和 $\boldsymbol{F}''$，使它们与力 $\boldsymbol{F}$ 平行，且 $F'=F''=F$。显然这个新力系与原力等效，如图 1-20b 所示。这样，原来作用在 A 点的力 $\boldsymbol{F}$，被一个作用在 O 点的力 $\boldsymbol{F}'$和一个力偶（$\boldsymbol{F}$，$\boldsymbol{F}''$）等效替换。这表明，可以把作用在 A 点力 $\boldsymbol{F}$ 平移到另一点 O，但必须同时附加一个力偶（图 1-20c）。显然，附加力偶的力偶矩为

$$M=F\times d=M_0(\boldsymbol{F})$$

利用力的平移定理可以解决一些实际问题，例如钳工攻螺纹时，必须用双手同时动作，而且用力要相等，以产生力偶，如图 1-21a 所示。若只用一只手扳动扳手，根据力的平移定理，作用在扳手 AB 一端的力 $\boldsymbol{F}$ 与作用在 O 点的一个力 $\boldsymbol{F}'$和一个附加力偶矩 M 等效，如图 1-21b 所示，这个附加力偶使丝锥转动，而力 $\boldsymbol{F}'$却易使丝锥折断。

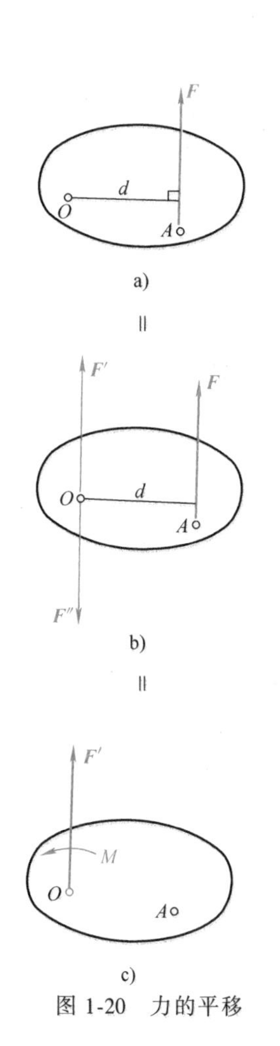

图 1-20　力的平移

小提示：凡是利用力偶来操作时，为保证机构的安全，必须用双手同时操作。

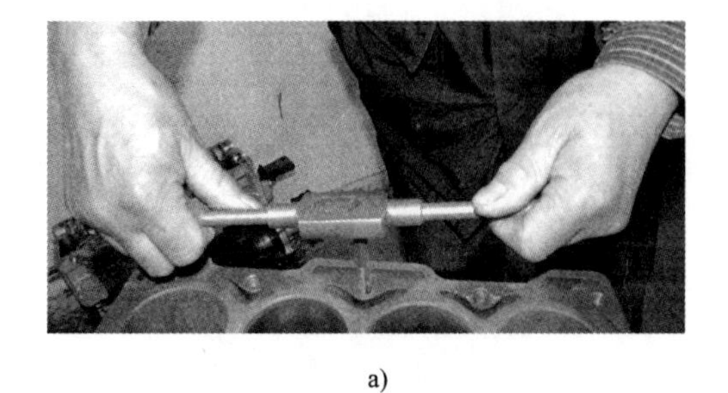

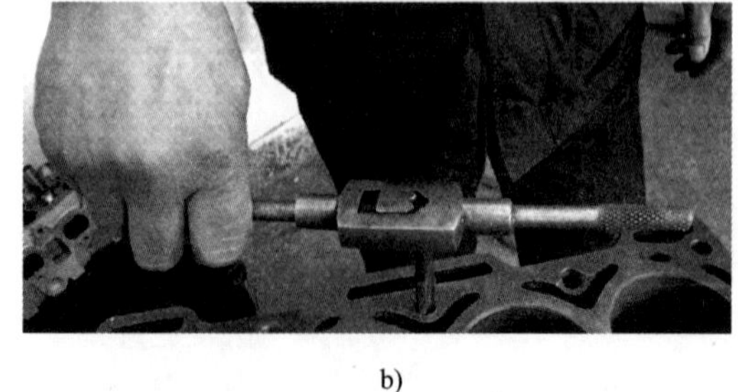

a)　　　　b)

图 1-21　用丝锥攻螺纹

a）正确　b）错误

实例分析

实例一　杆件 AB 两端为铰支座，在 C 处受载荷 $\boldsymbol{F}$ 作用，如图 1-22a 所示。不计杆件的自重，试画出杆件的受力图。

分析过程如下：

取 AB 杆件为研究对象，主动力为 $\boldsymbol{F}$，杆件的 A 端为固定铰支座，B 端为可动铰支座，其受力图如图 1-22b 所示。

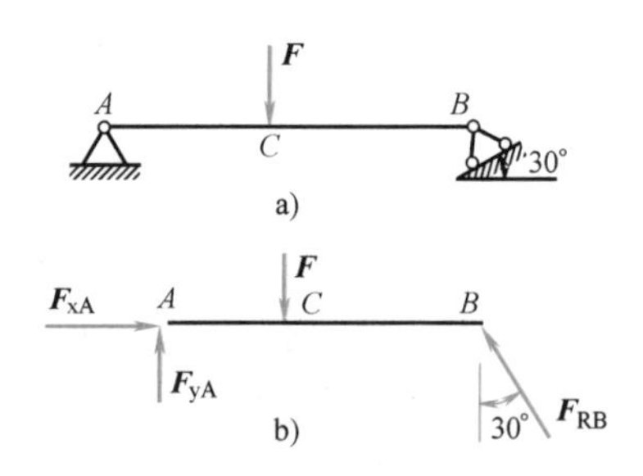

图 1-22　杆件受力分析

实例二　用多轴钻床在水平工件上钻孔时（图 1-23），三个钻头对工件施加的力偶的力偶矩分别为 $M_1=M_2=10\text{N}\cdot\text{m}$，$M_3=20\text{N}\cdot\text{m}$，固定螺栓 A 和 B 之间的距离 $l=200\text{mm}$，试求两个螺栓所受的水平约束力。

分析过程如下：

选取工件为研究对象。工件在水平面内受三个力偶和两个螺栓的水平约束力的作用而平衡，三个力偶合成后仍为一力偶。根据力偶的性质，力偶只能和力偶相平衡，故两个螺栓的水平约束力 $\boldsymbol{F}_{\text{NA}}$ 和 $\boldsymbol{F}_{\text{NB}}$ 必然组成一个力偶，且 $\boldsymbol{F}_{\text{NA}}$、$\boldsymbol{F}_{\text{NB}}$ 大小相等，方向相反。工件的受力图如图 1-23 所示。

由平面力偶系的平衡条件知

$$\sum M_i=0,\quad -M_1-M_2-M_3+F_{\text{NA}}\,l=0$$

得

$$F_{\text{NA}}=F_{\text{NB}}=\frac{M_1+M_2+M_3}{l}=\left(\frac{10+10+20}{200\times10^{-3}}\right)\text{N}=200\text{N}$$

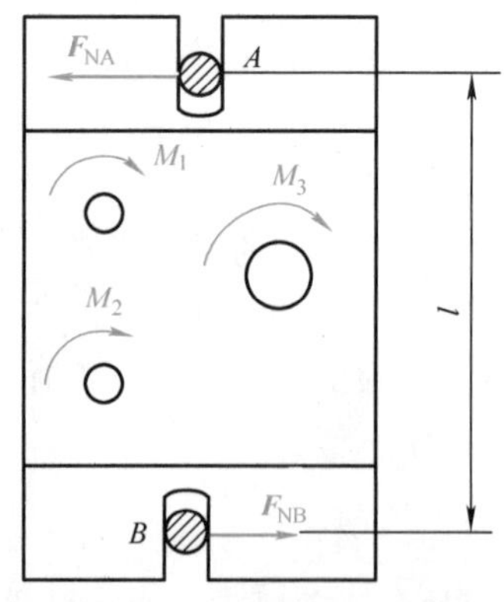

图 1-23　工件钻孔的受力分析

知识小结

1. 力的三要素
   - 力的大小
   - 方向
   - 作用点

2. 静力学公理
   - 二力平衡公理
   - 加减平衡力系公理
   - 力的平行四边形公理
   - 作用力与反作用力公理

3. 约束和约束力
   - 约束
   - 约束力
   - 常见约束类型
     - 柔性约束
     - 光滑面约束
     - 铰链约束
       - 中间铰链约束
       - 固定铰链支座约束
       - 活动铰链支座约束
     - 固定端约束

4. 力矩与力偶
   - 力对点之矩——$M_O(\boldsymbol{F}) = \pm Fd$
   - 力偶的概念——一对大小相等、方向相反、作用线平行而不重合的两个力称为力偶
   - 力偶的三要素——力偶矩的大小、转向和力偶的作用面
   - 力偶的性质
     - 力偶不能用一个力来代替
     - 力偶对其作用面内任意一点之矩恒等于力偶矩，而与矩心的位置无关
   - 平面力偶系的合成和平衡条件：$M = \sum M_i = 0$

5. 力的平移定理——力可以平行移到物体上任一点，同时附加一个力偶

习　题

一、判断题（认为正确的，在括号内打✓，反之打×）

1. 在力的作用下物体的运动状态发生改变或产生变形。（　　）
2. 力对物体的作用效应取决于力的大小和方向。（　　）
3. 凡是受二力作用的物体就是二力构件。（　　）
4. 限制物体运动的其他物体称为该物体的约束。（　　）
5. 约束力的方向总是与约束所限制的物体运动方向一致。（　　）
6. 固定铰链支座约束的约束力通常用通过铰链中心的两个正交分力来表示。（　　）
7. 固定端约束的约束力用通过铰链中心的两个正交分力来表示。（　　）
8. 力偶对物体作用的外效应是力偶使物体单纯产生转动。（　　）
9. 平面力偶系平衡的必要与充分条件是该力偶系的合力偶矩等于零。（　　）
10. 作用于刚体上的力，可以平移到刚体上的任一点，但必须同时附加一个力偶，此附加力偶的矩等于原力对新作用点之矩。（　　）

二、选择题（将正确答案的字母序号填写在横线上）

1. 对刚体定义的正确理解是________。

A. 刚体就是如金刚石一样的非常坚硬的物体

B. 刚体是指在外力作用下变形微小的物体

C. 刚体是理想化的力学模型

2. 下列动作中属于力偶作用的是________。

A. 用手提重物　　B. 用羊角锤拔钉子　　C. 汽车驾驶员用双手转动转向盘

3. 对作用力与反作用力的正确理解是________。

A. 作用力与反作用力同时存在

B. 作用力与反作用力是一对平衡力

C. 作用力与反作用力作用在同一物体上

4. 图1-24所示的滑轮 O 在力 $\boldsymbol{F}$ 和力偶矩为 M 的力偶作用下处于平衡，则下列________说法正确。

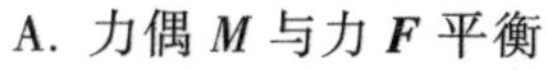

A. 力偶 M 与力 $\boldsymbol{F}$ 平衡

B. 固定铰支座 O 处的约束力与力 $\boldsymbol{F}$ 平衡

C. 固定铰支座 O 处的约束力和力 $\boldsymbol{F}$ 组成的力偶与力偶 M 平衡

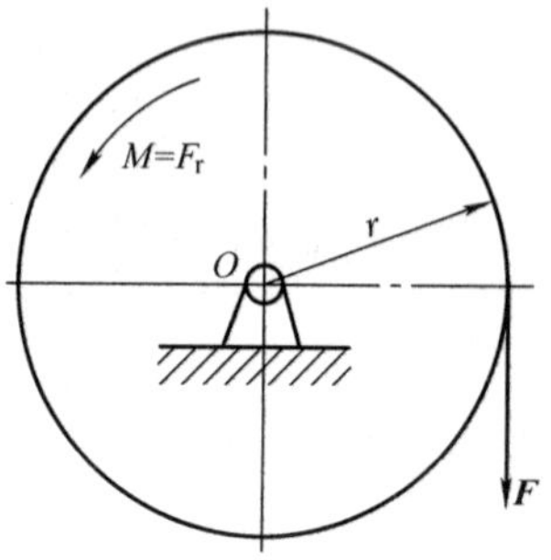

图1-24　题二-4图

5. 如图1-25所示，作用在同一刚体上的三个力偶的关系是________。

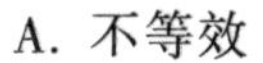  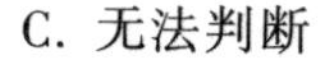

A. 不等效　　B. 等效　　C. 无法判断

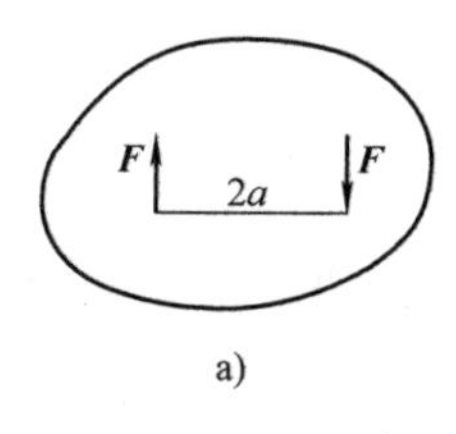

a)

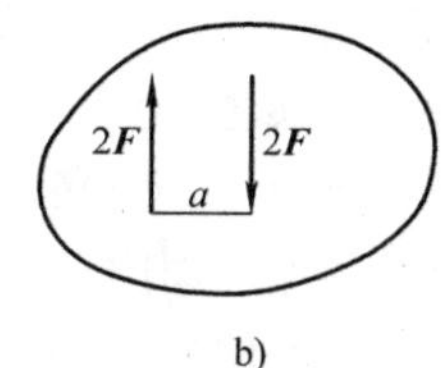

b)

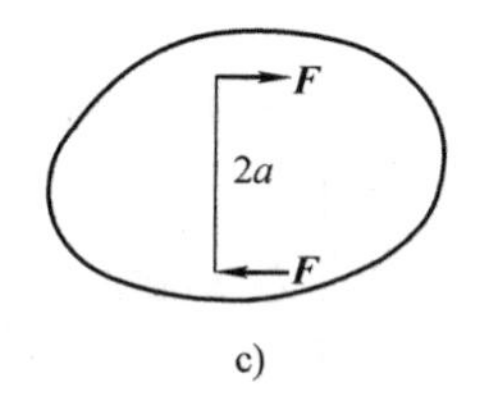

c)

图1-25　题二-5图

三、计算题

1. 图1-26所示的三角支架由杆 AB、AC 铰接而成，在 A 处作用有重力 $\boldsymbol{G}$，已知 G，分别求出图中两种情况下杆 AB、AC 所受的力（不计杆自重）。

2. 计算图1-27所示的各种情况下力 $\boldsymbol{F}$ 对 O 点之矩。

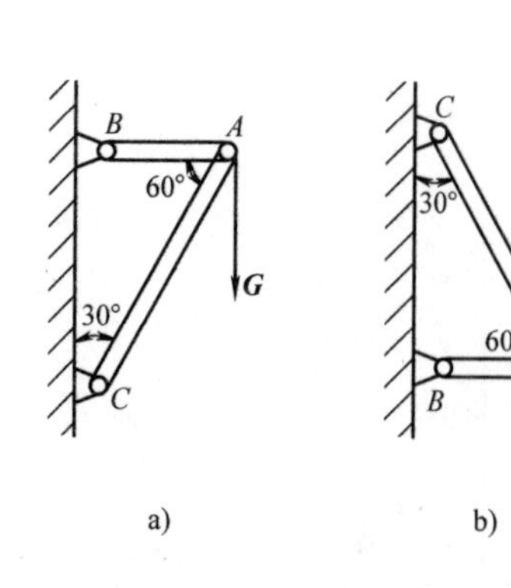

图1-26　题三-1图

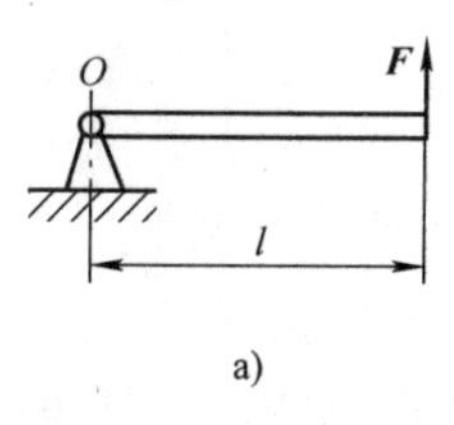

a)

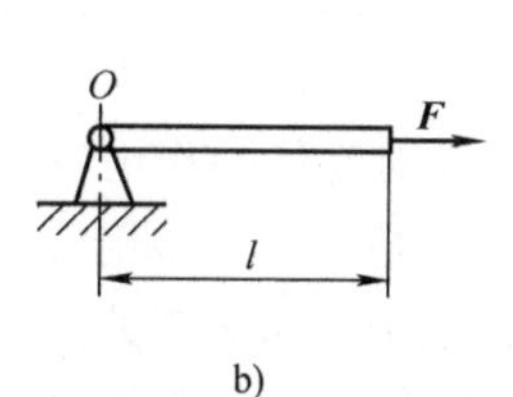

b)

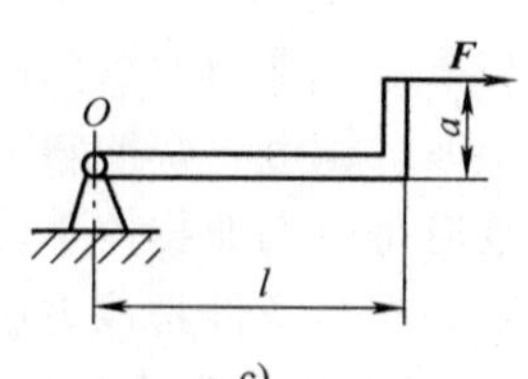

c)

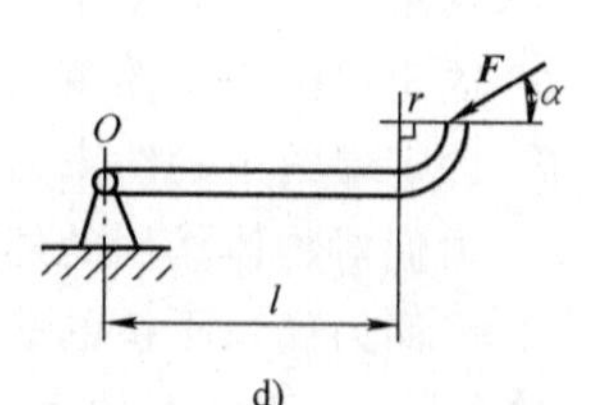

d)

图1-27　题三-2图

第2章 杆件的基本变形

学习目标

了解杆件的强度与刚度，了解内力、轴力与应力的概念，理解轴向拉伸与压缩、剪切与挤压、圆轴的扭转、直梁的弯曲等概念，了解弯曲与扭转的组合变形的概念，了解材料的力学性能及其应用。

引　言

图 2-1 所示为某车间生产用简易吊车，当吊起重物后，*AB* 杆要受力，若选用或设计该吊车，需进一步分析 *AB* 杆的受力性质及其变形特点。只有分析清楚 *AB* 杆的受力与变形情况后，才能正确选用或设计该吊车。

本章以之前已学的知识为基础，通过分析杆件内部的受力情况，着重研究杆件的基本变形，为杆件选择提供基本理论和计算方法。

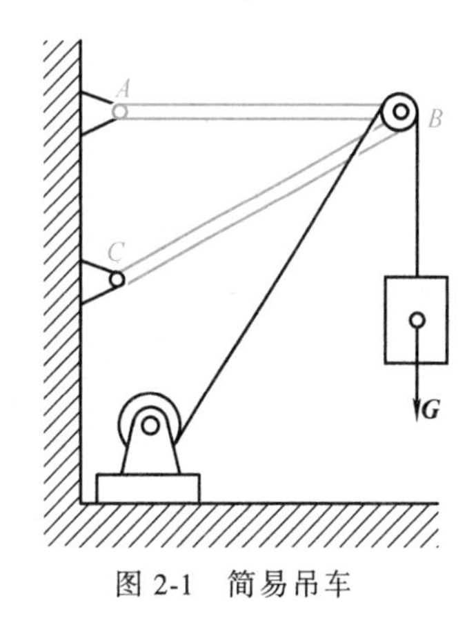

图 2-1　简易吊车

学习内容

2.1　概述

2.1.1　杆件的强度与刚度

杆件是各种工程结构组成单元的统称。例如机械中的轴、杆件、建筑物中的梁等均称为杆件。当杆件工作时，都要承受载荷作用，为确保杆件能正常工作，杆件必须满足以下要求：

1）有足够的强度，保证杆件在载荷作用下不发生破坏，例如桥梁在承受载荷时不会断裂。材料或构件受力时抵抗破坏的

能力称为强度。

2）有足够的刚度，工程上对杆件的变形也有一定的要求。例如减速器中的轴，不能出现较大的变形。材料或构件抵抗变形的能力称为刚度。

2.1.2 内力、截面法

1. 内力

由于杆件内部各部分之间存在着相互作用的内力，从而使杆件内部各部分之间相互联系以维持其原有形状。在外部载荷作用下，杆件内部各部分之间相互作用的内力会随之改变，这个因外部载荷作用而引起杆件内部力的改变量，称为附加内力，简称内力。

显然，内力是由于外载荷对杆件的作用而引起的，并随着外载荷的增大而增大。但是，任何杆件内力的增大都是有一定限度的，当外力超过内力的极限值时，杆件就会被破坏。可见杆件承受载荷的能力与其内力密切相关。因此，内力是研究杆件强度、刚度等问题的基础。

2. 截面法

截面法是求内力的基本方法。例如图 2-2a 所示杆件的两端因受拉力作用而处于平衡状态。欲求 $m—m$ 截面上的内力，可用一假想平面将杆件在 $m—m$ 处切开，分成左右两部分，如图 2-2b 所示。右部分对左部分的作用，用合力 $\boldsymbol{F}_N$ 表示，左部分对右部分的作用，用合力 $\boldsymbol{F}'_N$ 表示，$\boldsymbol{F}_N$ 和 $\boldsymbol{F}'_N$ 互为作用力和反作用力，它们大小相等、方向相反。因此，计算内力时，只需取截面两侧的任一段来研究即可。现取左段来研究，由平衡方程 $\sum F=0$，可得

$$F_N - F = 0, \qquad F_N = F$$

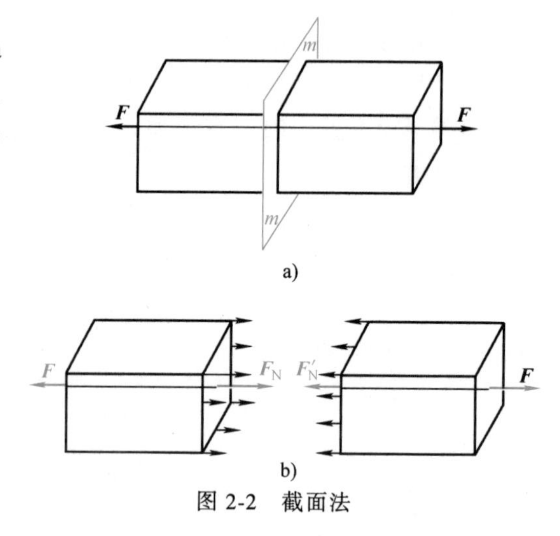

图 2-2 截面法

这种假想地用一截面将杆件截开，从而显示内力和确定内力的方法，称为截面法。它的步骤可归纳如下：

1）截开。在欲求内力的截面处，假想地将杆件截为两部分，任选其中一部分为研究对象。

2）代替。用作用于截面上的内力代替另一部分对研究对象的作用，画出研究对象的受

力图。

3）平衡。根据研究对象的平衡方程，确定内力的大小与方向。

2.1.3　杆件的基本变形

工程实际中的杆件多种多样，本章主要以杆件作为研究对象。杆件，即纵向尺寸远大于横向尺寸的构件。当外力以不同的方式作用于杆件时，将产生各种各样的变形形式，但其基本变形只有四种，即拉伸与压缩、剪切、扭转、弯曲。

2.2　轴向拉伸与压缩

2.2.1　拉伸与压缩的概念

轴向拉伸与压缩是工程中常见的一种基本变形，例如在图 2-3a 所示的支架中，AB 杆受到拉伸，BC 杆受到压缩（图 2-3b）。这类杆件的受力特点是：外力或合外力的作用线与杆件的轴线重合。变形特点是：杆件沿轴线伸长或缩短。杆件的这种变形形式称为轴向拉伸或压缩，这类杆件称为拉杆或压杆。

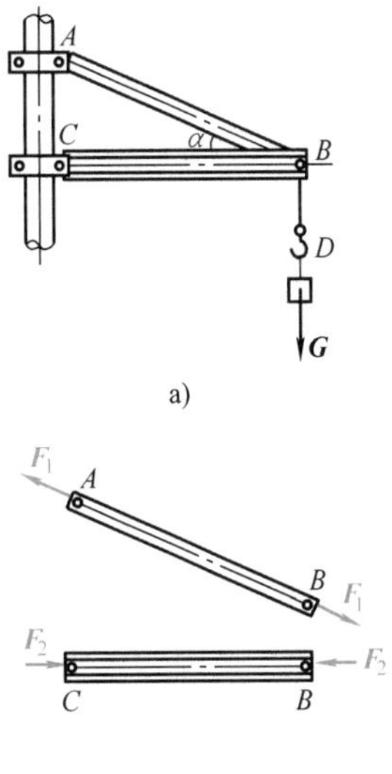

a)

b)

图 2-3　拉伸和压缩的实例

2.2.2　轴力和应力

1. 轴力

如图 2-4a 所示拉杆，运用截面法，将杆沿任一截面 $m—m$ 假想分为两部分（图 2-4b）。因拉杆的外力与轴线重合，由平衡条件可知，其任一截面上内力的作用线也必与杆的轴线重合，即垂直于杆的横截面，并通过截面形心，这种内力称为轴力，用 $\boldsymbol{F}_{\mathrm{N}}$ 表示。

轴力的大小由平衡方程求解，若取左段为研究对象，则

$$\sum F_x = 0, \qquad F_{\mathrm{N}} - F = 0$$

$$F_{\mathrm{N}} = F$$

轴力的正负号规定：当轴力的指向背离截面时，轴力为正，反之为负。

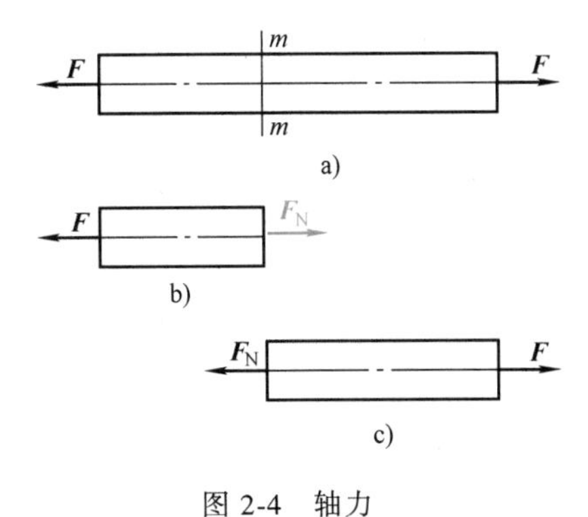

图 2-4　轴力

2. 横截面上的应力

拉压杆横截面上的轴力是横截面上分布内力的合力，内力在截面上某处的分布集度称为该点处的应力。实验表明，拉压杆横截面的内力是均匀分布的，且方向

垂直于横截面，如图2-5所示。拉压杆横截面上各点产生与横截面垂直的应力称为正应力，用σ表示（金属材料相关的国家标准中，应力常用R表示，如下文提到的抗拉强度等概念，但在表示与力学相关的概念时，应力仍用σ表示）。设拉压杆横截面面积为A，轴力为$\boldsymbol{F}_N$，则横截面上各点的正应力σ为

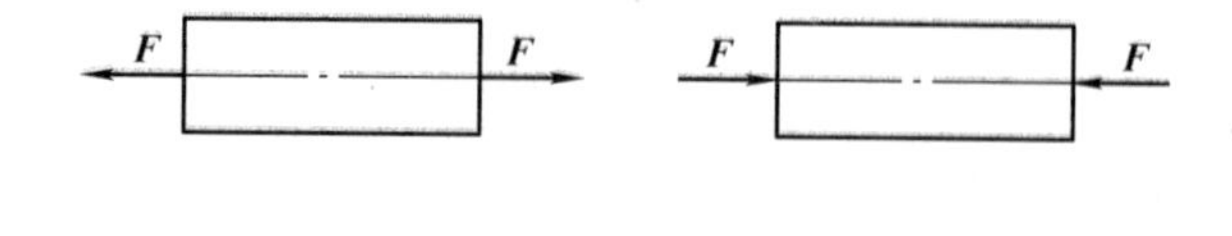

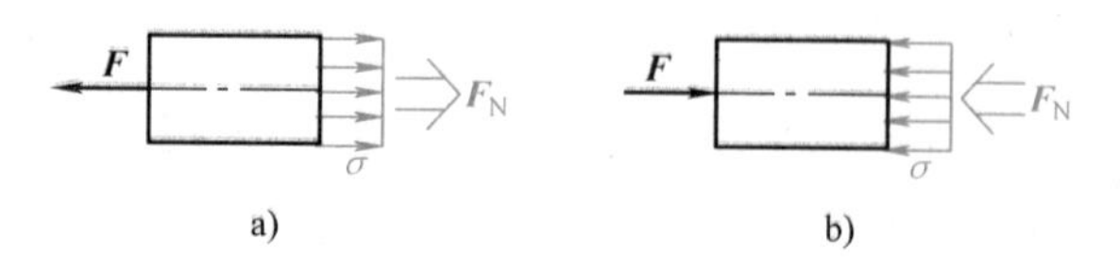

图2-5 正应力

$$\sigma = \frac{F_N}{A} \tag{2-1}$$

由式（2-1）可知，正应力与轴力具有相同的正负号，即拉应力为正（图2-5a），压应力为负（图2-5b）。

应力的单位是N/m^2，称为帕（Pa），因单位太小，常用兆帕（MPa）表示，其换算关系为

$$1MPa = 10^6 Pa = 1N/mm^2$$

2.2.3 材料在拉伸与压缩时的力学性能

材料的力学性能，主要指材料受外力作用时，在强度和变形方面所表现出来的性能。材料的力学性能是通过试验手段获得的。试验采用的是国家统一规定的标准试件，如图2-6所示，L_o为原始标距，L_c为平行长度。

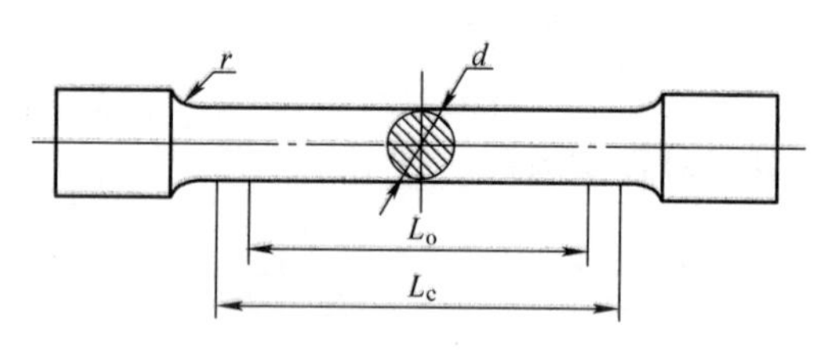

图2-6 拉伸试件

1. 低碳钢的力学性能

（1）拉伸时的力学性能 低碳钢是工程上广泛使用的金属材料，它在拉伸时所表现出来的力学性能具有典型性。通过试验可以得到低碳钢的R-ε曲线（应力-应变曲线），如图2-7所示。其中$\varepsilon=\Delta L/L_o$（ΔL为试件的伸长量），称为线应变。

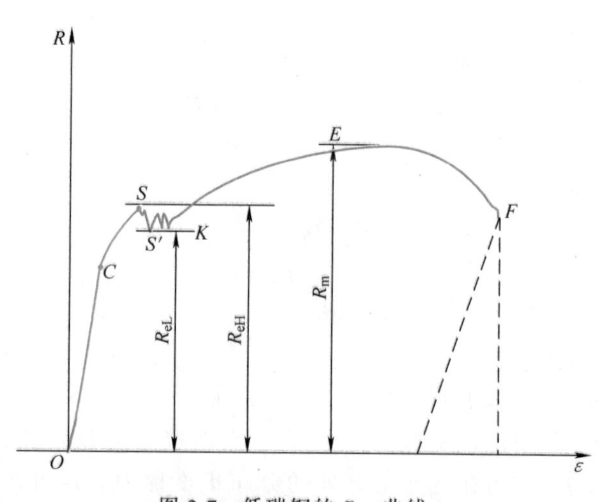

图2-7 低碳钢的R-ε曲线

根据低碳钢拉伸时的R-ε曲线，分析低碳钢的力学性能如下。

1）弹性阶段OC。此过程中R-ε曲线为直线，解除外力后变形完全消失。

2）屈服阶段SK。在R-ε曲线上出现一段近似水平的“锯齿”形阶段，R_{eL}为下屈服强度，R_{eH}为上屈服强度，在此阶

段内，应力变化不大，而应变却急剧增加，材料失去继续抵抗变形的能力，这种现象称为屈服，SK 段称为屈服阶段。由于下屈服强度比较稳定，故工程上一般只定义下屈服强度，屈服强度是衡量材料强度的一个重要指标。以往的国家标准中将屈服阶段的最低应力值定义为屈服点 σ_s 该物理量在工程实际中也会经常遇到。

小知识：*屈服强度指标很重要，工程实践中零件的承载能力就是以屈服强度来计算的。*

3）强化阶段 KE。过了屈服阶段以后，试样因塑性变形，其内部晶体组织结构重新得到了调整，其抵抗变形的能力有所增强，随着拉力的增加，伸长变形也随之增加，拉伸曲线继续上升，KE 曲线段称为强化阶段，图中的 R_m 称为材料的抗拉强度，它也是材料强度性能的重要指标。

4）断后伸长率和断面收缩率。材料的塑性可用试件断裂后遗留下来的塑性变形来表示，一般有下面两种表示方法：

① 断后伸长率（A），其公式为

$$A = \frac{L_u - L_o}{L_o} \times 100\%$$

式中　L_u——试件断裂后的标距长度；

L_o——试件原来的标距长度。

② 断面收缩率（Z），其公式为

$$Z = \frac{S_o - S_u}{S_o} \times 100\%$$

式中　S_o——试验前试件的横截面面积；

S_u——试件断口处最小横截面面积。

A、Z 大，说明材料断裂时产生的塑性变形大，塑性好。工程上通常将 $A>5\%$ 的材料称为塑性材料，如钢、铜、铝等；将 $A<5\%$ 的材料称为脆性材料，如铸铁、玻璃、陶瓷等。

（2）压缩时的力学性能　低碳钢压缩时的 R-ε 曲线（图 2-8）与拉伸时的 R-ε 曲线（图 2-8 虚线）相比，在屈服阶段以前，两条曲线基本重合。这说明塑性材料在压缩过程中的弹性模量、屈服强度与拉伸时相同，但在到达屈服阶段时不像拉伸试验时那样明显。屈服阶段以后，试样越压越扁，由于试样横截面面积不断增大，试样抗压能力也随之提高，曲线持续上升，不能测出抗压强度极限，故一般认为塑性材料的抗压强度等于抗拉强度。

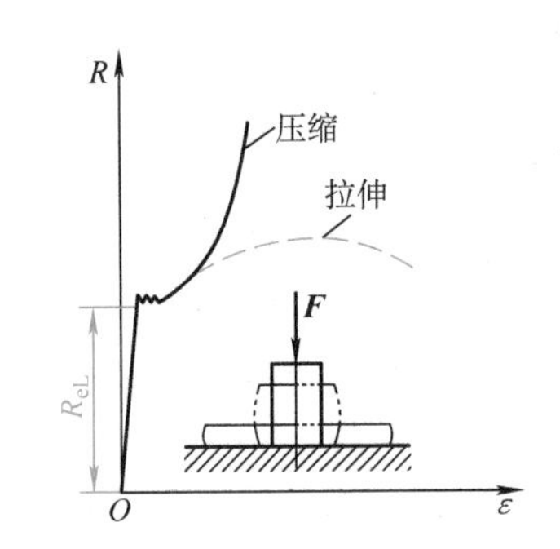

图 2-8　低碳钢压缩时的 R-ε 曲线

2. 铸铁的力学性能

铸铁是工程上广泛应用的一种脆性材料。用铸铁制成

标准试件，同样可得到铸铁拉伸和压缩时的 R-ε 曲线，如图 2-9 所示。图中虚线表示铸铁拉伸时的 R-ε 曲线，实线表示铸铁压缩时的 R-ε 曲线。以铸铁为代表的脆性金属材料，由于塑性变形很小，鼓胀效应不明显，当应力达到一定值后，试样在 45°～55°的方向上发生破裂，如图 2-9 所示。比较图中两条曲线，显然铸铁的抗压强度比抗拉强度要高得多。其他脆性材料也有这样的性质。因此，铸铁一类的脆性材料多用于承压杆件。

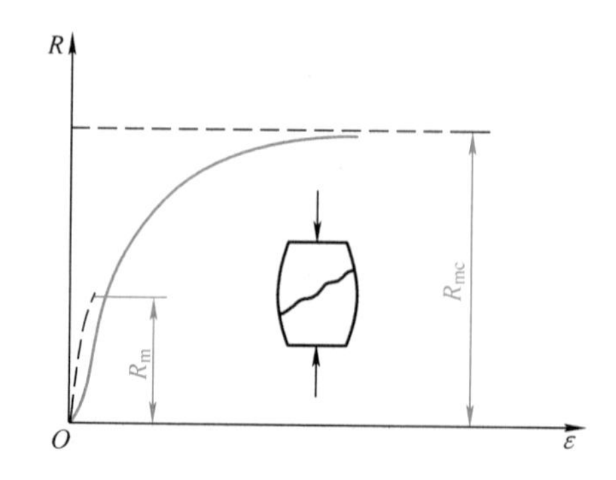

图 2-9　铸铁的 R-ε 曲线

R_{mc}—压缩强度极限　R_m—拉伸强度极限

2.3　剪切与挤压

1. 剪切的概念

剪床剪钢板是剪切的典型实例（图 2-10a）。剪切时，上、下切削刃以大小相等、方向相反、作用线相距很近的两个力 $\boldsymbol{F}$ 作用于钢板上，如图 2-10b 所示，使钢板在两个力间的截面 m—m 发生相对错动。

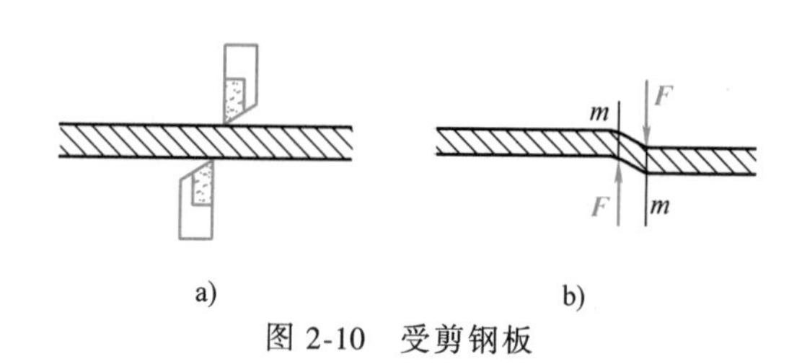

图 2-10　受剪钢板

工程实际中的许多连接件，如铆钉（图 2-11）、键（图 2-12）等都会发生剪切变形。对它们进行受力分析可知其受力特点是：杆件受到一对大小相等、方向相反、作用线平行且相距很近的外力。变形特点是：杆件两个力间的截面发生相对错动。发生相对错动的截面（图中的 m—m 截面）称为剪切面，它位于两个反向的外力作用线之间，并与外力平行。

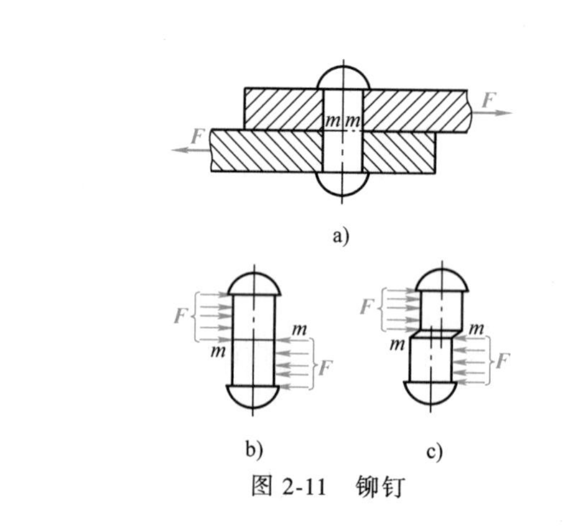

图 2-11　铆钉

2. 挤压的概念

在杆件发生剪切变形的同时，往往伴随着挤压变形，如前述的铆钉和键联接，在传递力的接触面上，由于局部承受较大的压力，会出现塑性变形，这种现象称为挤压。发生挤压的接触面称为挤压面。挤压面上的压力称为挤压力。挤压面就是两杆件的接触面，一般垂直于外力作用线。图 2-13 所示为铰制孔用螺栓的挤压与剪切的受载情况。

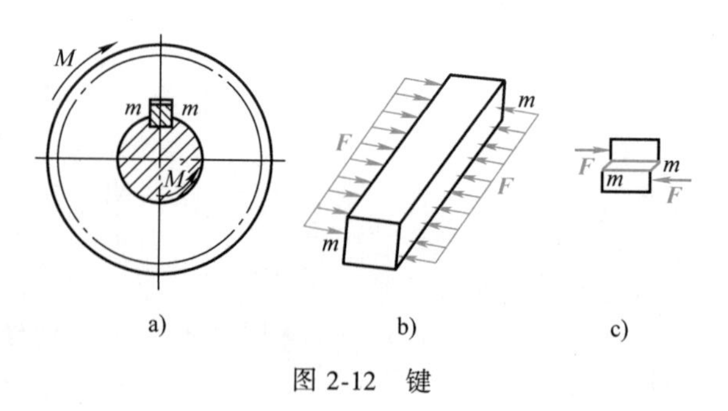

图 2-12　键

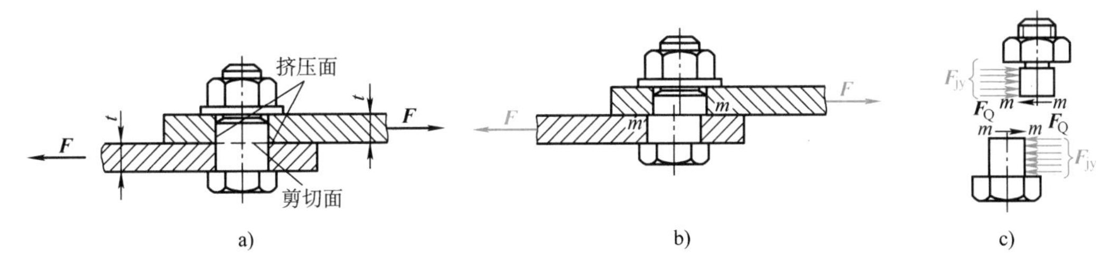

图 2-13　铰制孔用螺栓的挤压与剪切

2.4　圆轴的扭转

工程实际中，有很多杆件是承受扭转作用而传递动力的。例如，用于钻孔的钻头（图 2-14a），汽车转向轴（图 2-14b），以及传动系统的传动轴 AB（图 2-14c）等均是扭转变形的实例，它们都可简化为如图 2-14d 所示的计算简图。从计算简图可以看出，杆件扭转变形的受力特点是：在与杆件轴线垂直的平面内受到若干个力偶的作用；其变形特点是：杆件的各横截面绕杆轴线发生相对转动，杆轴线始终保持直线。

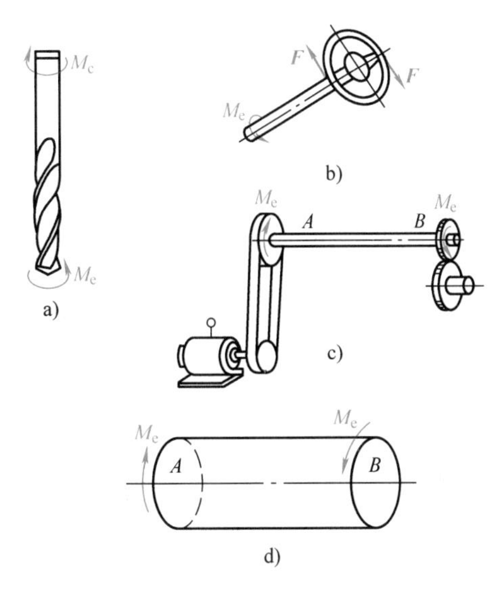

图 2-14　扭转的实例

在日常生活中，拧毛巾、拧床单都可以看到明显的扭转变形，用旋具旋紧螺钉、钥匙开门时，也可以产生难以察觉的微小的扭转变形。

工程上常将以扭转变形为主的杆件称为轴。机械中的轴，多数是圆截面和环形截面，统称为圆轴。

图 2-15 所示为齿轮减速器简图，A 点处为联轴器，电动机通过联轴器把转矩传给齿轮轴 AB，AB 轴上安装的齿轮 1 通过与齿轮 2 的啮合把转矩传到 CD 轴上，CD 轴再把转矩传给工作机，完成预定的工作。这里的电动机轴、AB 轴、CD 轴都能传递转矩，也都在承受扭转变形（当然，同时还受弯曲变形，下节讨论）。

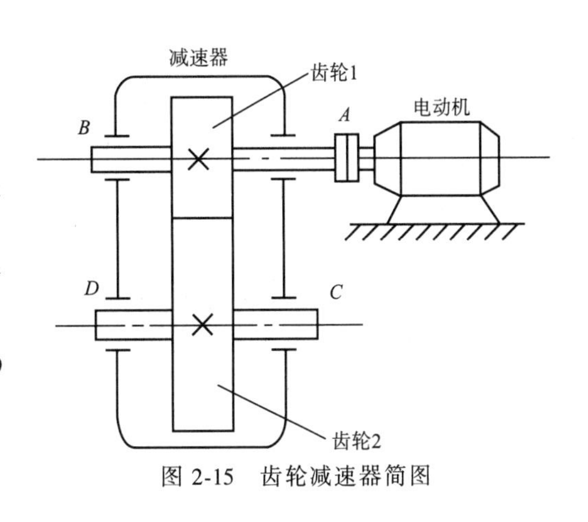

图 2-15　齿轮减速器简图

2.5　直梁的弯曲

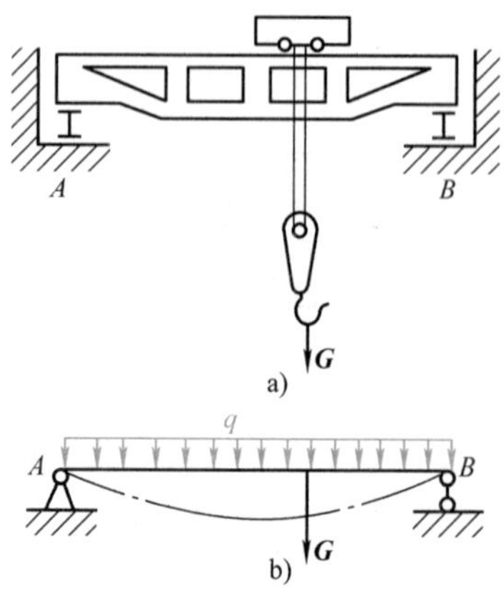

图 2-16　桥式起重机的横梁

弯曲变形是工程上常见的一种基本变形。例如桥式起重机的横梁，如图 2-16 所示。这类杆件的受力与变形的主要特点是：在杆件轴线平面内承受垂直于轴线方向的外力作用，或承受力偶作用，使杆件的轴线由直线变成曲线，这种变形形式称为弯曲变形。工程中常将以弯曲变形为主的杆件称为梁。仅由平衡方程可求出全部约束力的梁称为静定梁。

1. 静定梁的基本形式

按照支座对梁的约束情况，静定梁有以下三种基本形式：

（1）简支梁　梁的一端是固定铰链支座，另一端是活动铰链支座，如图 2-17 所示。

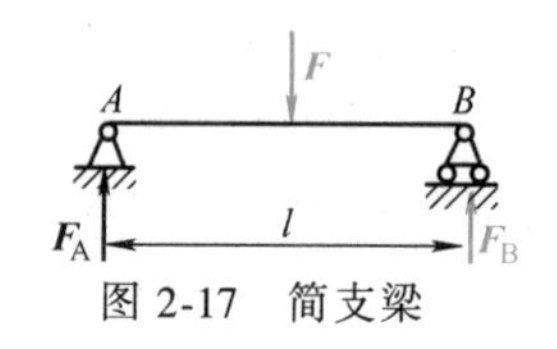

图 2-17　简支梁

（2）外伸梁　一端或两端有外伸部分的简支梁，如图 2-18 所示。

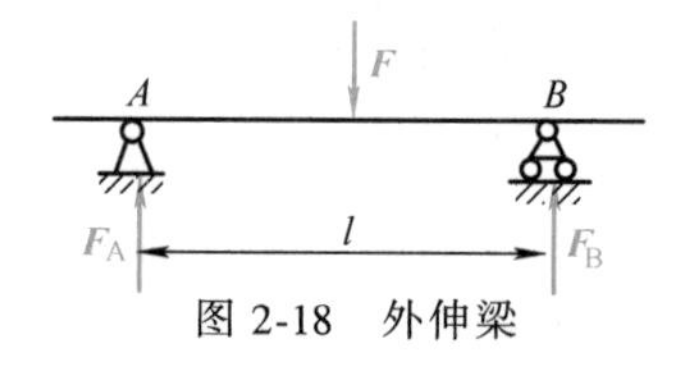

图 2-18　外伸梁

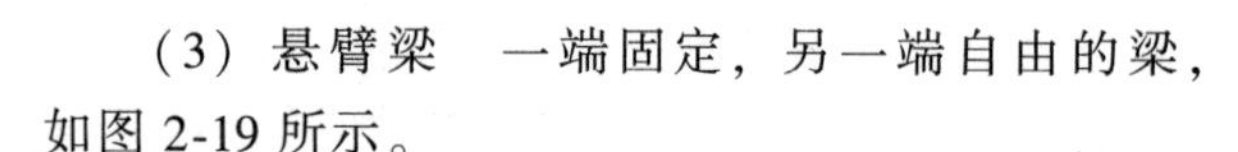

（3）悬臂梁　一端固定，另一端自由的梁，如图 2-19 所示。

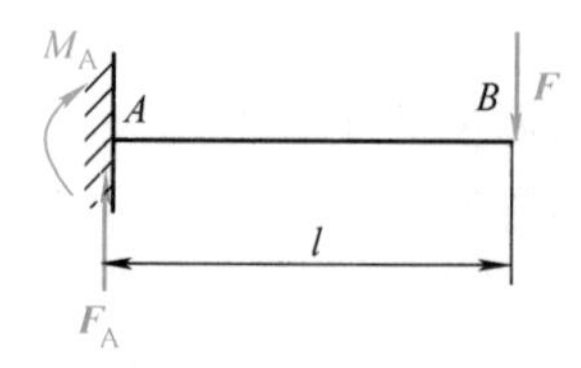

图 2-19　悬臂梁

梁的两个支座之间的距离 l，称为梁的跨度。

2. 平面弯曲的概念

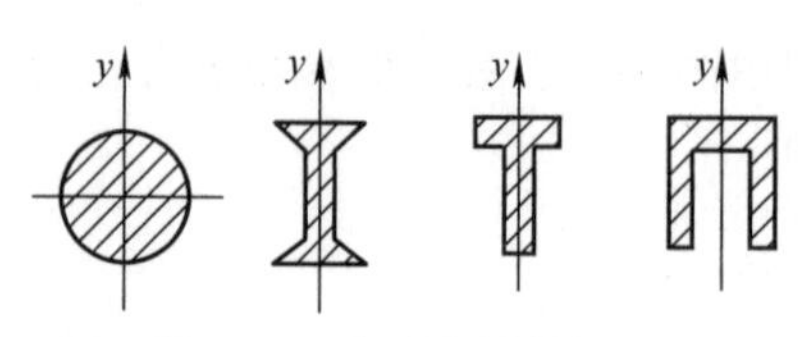

图 2-20　有对称轴的梁

工程中常见的梁，其横截面至少有一条对称轴，如图 2-20 所示。截面的对称轴与梁的轴线所确定的平面称为梁的纵向对称平面（图 2-21）。若梁上所有外力（包括外力偶）都作用在梁的纵向对称平面内，则变形后梁的轴线将变成位于纵向对称平面内的一条平面曲线，这种弯曲称为平面弯曲。

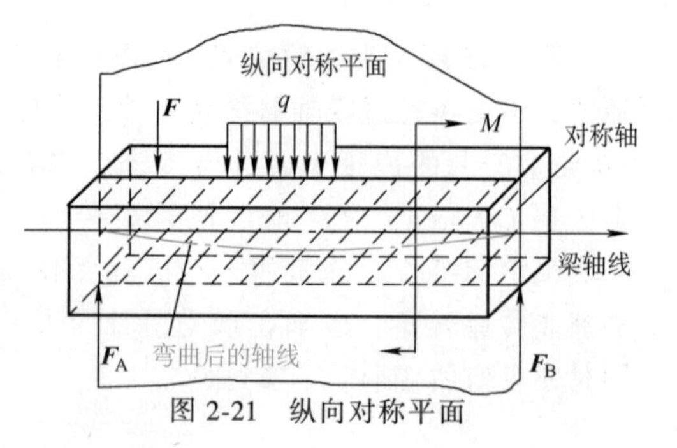

图 2-21　纵向对称平面

*2.6　弯曲与扭转的组合变形

机械传动中的转轴，一般都在弯曲与扭转的组合变形下工作，图 2-22 所示为电动机驱动的传动轴，该轴 A、B 两点为支点，AB 段轴受弯曲作用，电动机的转矩通过 BC 段带动整个轴转动，BC 段又受转矩作用，故 AB 轴既受弯曲又受扭转，在弯扭组合作用下工作。

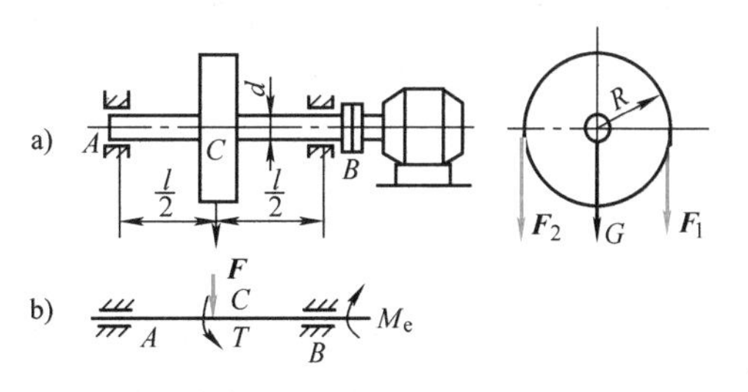

图 2-22　传动轴受力分析

小提示：工程实践中使用的轴多数是在这种弯扭组合作用下工作的。

实例分析

实例一　试求图 2-23 所示的杆横截面 1—1 和 2—2 的内力，已知 $F_1 = 26\text{kN}$，$F_2 = 14\text{kN}$，$F_3 = 12\text{kN}$。

分析过程如下：

使用截面法，沿截面 1—1 将杆件分成两段，取出左段并画出受力图如图 2-23b 所示，用 F_{N1} 表示右段对左段的作用，由平衡方程 $\sum F_x = 0$，得

$$F_1 - F_{N1} = 0$$

$$F_{N1} = F_1 = 26\text{kN}(\text{压})$$

同理，可以计算横截面 2—2 上的内力 F_{N2}，由截面 2—2 左段（图 2-23c）的平衡方程 $\sum F_x = 0$，得

$$F_1 - F_2 - F_{N2} = 0$$

$$F_{N2} = F_1 - F_2 = 12\text{kN}(\text{压})$$

若研究截面 2—2 的右段（图 2-23d），由平衡方程 $\sum F_x = 0$，得

$$F_{N2} - F_3 = 0$$

$$F_{N2} = F_3 = 12\text{kN}(\text{压})$$

所得结果与前面相同，说明计算从左段或右段都可以。

上述结果表明，拉（压）杆任一截面上的力，数值上等于该截面任一侧面所有外力的代数和。

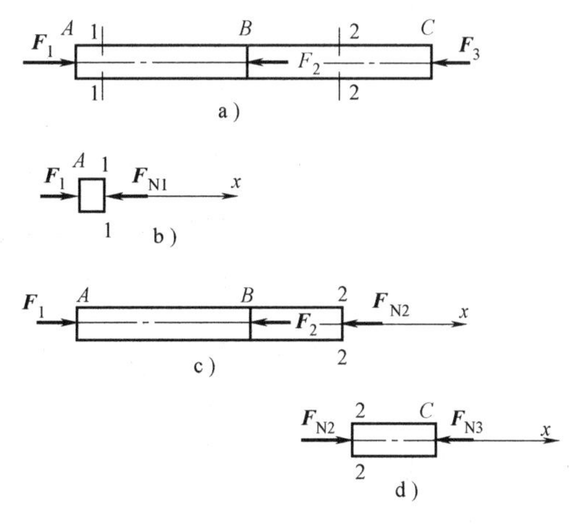

图 2-23　直杆受力分析

实例二　图 2-24 所示为两级圆柱齿轮减速

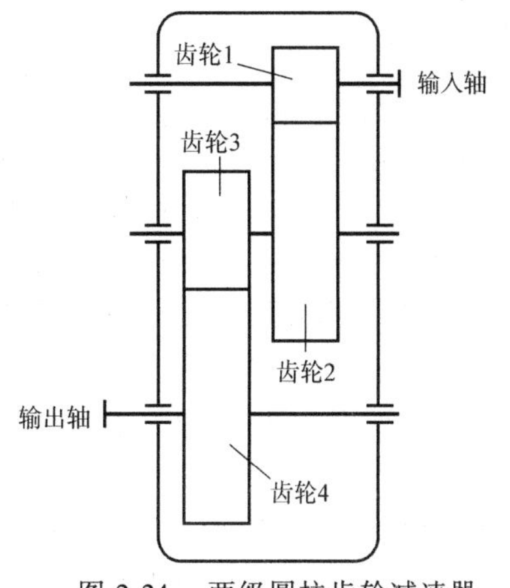

图 2-24　两级圆柱齿轮减速器

器，输入轴把电动机的转矩通过齿轮 1 传递给齿轮 2，齿轮 2 和齿轮 3 同轴，齿轮 3 把转矩传递给齿轮 4，然后输出。齿轮 1 在传递转矩的同时也受到垂直轴的力的作用，使轴受弯曲作用，其他两轴也同样受到垂直于轴的力的作用。故减速器的三根轴都是既受扭转又受弯曲作用，即都是弯扭组合变形。

知识小结

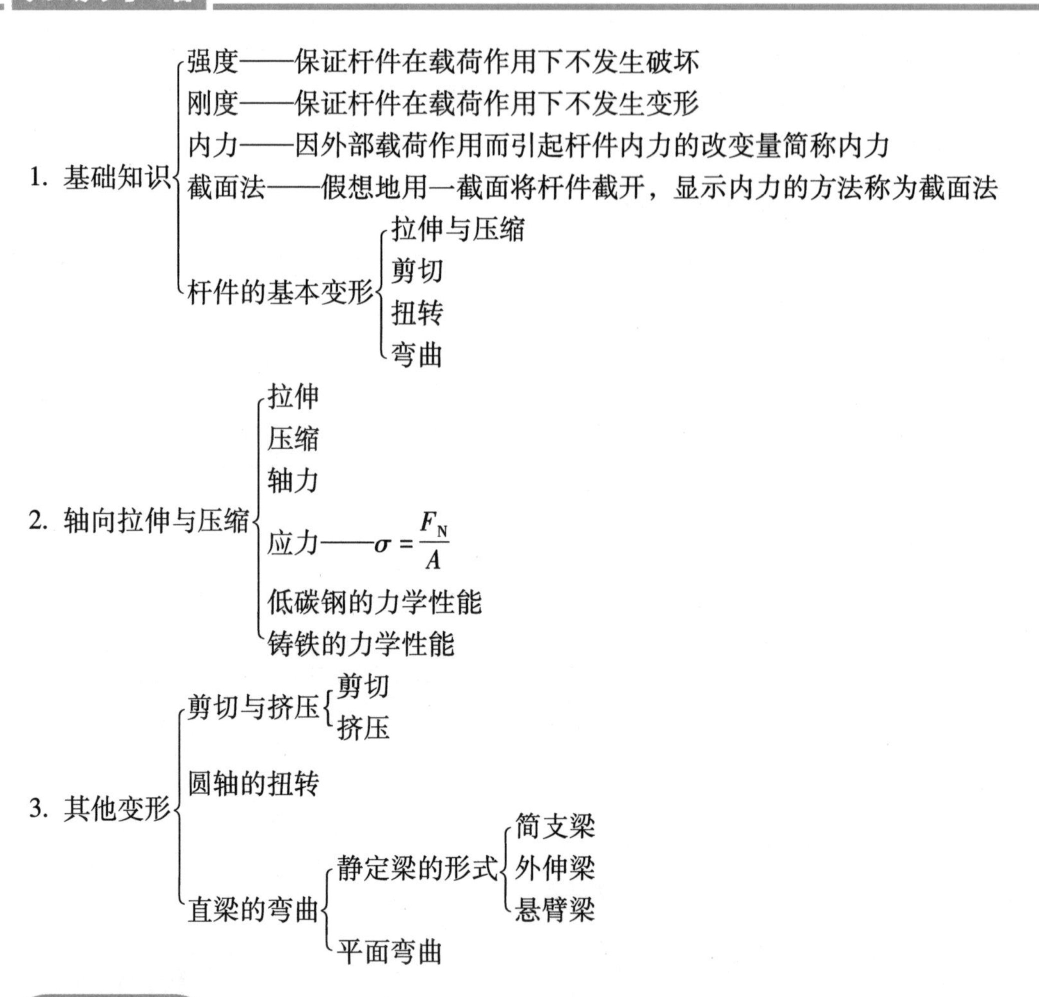

习　题

一、判断题（认为正确的，在括号内打✓，反之打×）

1. 内力是杆件在外力作用下其内部产生的作用力。（　）
2. 两根材料相同，粗细不等的杆件，在相同拉力作用下，它们的内力是不相等的。（　）
3. 两根材料相同，粗细不等的杆件，在相同拉力作用下，它们的应力是不相等的。（　）
4. 内力在截面上某点处的分布集度称为该点处的应力。（　）
5. 断后伸长率和断面收缩率是衡量材料塑性的两个重要指标。（　）

6. 杆件两端受到等值、反向且共线的两个外力作用时，一定产生轴向拉伸或压缩变形。（　　）

7. 一般情况下，如在铆钉和键联接中，联接件同时受到剪切和挤压的作用，只是剪切力和挤压力的作用面不一样。（　　）

8. 扭转变形的特点是杆件的各横截面绕杆轴线发生相对转动，杆轴线始终保持直线。（　　）

9. 一端是固定铰链支承，一端是活动铰链支承的梁，称为外伸梁。（　　）

10. 工程机械上常用的轴既受弯曲作用又受扭转作用，即受到弯扭组合作用。（　　）

二、选择题（将正确答案的字母序号填写在横线上）

1. 如图 2-25 所示结构，若用铸铁制作杆 1，用低碳钢制作杆 2，是否合理________。

A. 合理　　B. 不合理　　C. 无法判断

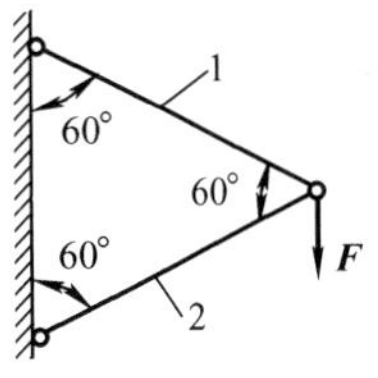

1
60°
60°
60°
F
2

图 2-25　题二-1 图

2. 杆件在外力作用下抵抗变形的能力称为________。

A. 强度　　B. 刚度

3. 吊车起吊重物时，钢丝绳不被拉断是因为钢丝绳有足够的________。

A. 强度　　B. 刚度

4. 传动系统中传动轴的变形是________。

A. 拉伸　　B. 压缩　　C. 扭转

5. 建筑物的立柱受________变形。

A. 拉伸　　B. 压缩　　C. 扭转

6. ________是平面弯曲？

A. 载荷与约束力均作用在梁的纵向对称面内的弯曲

B. 剪力为常数的平面弯曲

C. 只有弯矩而无剪力的平面弯曲

第3章 机械工程材料基本知识

学习目标

了解机械零件常用金属材料的力学性能；理解机械工程常用材料——钢及铸铁的种类、牌号、性能和应用，了解常用的热处理方法；了解机械零件常用非铁金属及非金属材料的基本知识、种类及用途。

引 言

机械制造和日常生活中的所有物品都是由各种材料制成的。如图3-1所示的运动自行车，齿盘、飞轮和链条、辐条用不同种类的钢制造，车把、车架和车圈用铝合金制造，车的轮胎用的是非金属材料——橡胶，车座的上部分和圈瓦也是非金属材料——工程塑料。

图3-1 自行车

在机械工程中常用的材料有：钢铁材料、非铁金属（如铜、铝及其合金）及非金属材料（如塑料、橡胶等）。各种材料的性能均有差异，尤其是钢铁材料通过热处理后，其性能变化更大。实践证明，材料的性能差异主要与它们的化学成分、工作温度及热处理工艺等有关。

由于目前机械工程材料中应用最广泛的是钢铁材料，故本章重点介绍钢铁材料的基本知识，同时简介非铁金属和工程塑料的基本知识。

学习内容

3.1 金属材料的力学性能

金属材料的力学性能是指金属材料在外力作用下所表现出来的性能。力学性能主要有强

度、塑性、硬度和冲击韧度等。

1. 强度

对于金属材料，在静载荷作用下，抵抗塑性变形或断裂的能力称为强度。抵抗能力越大，金属材料的强度越高。强度大小通常用应力来表示。

2. 塑性

金属材料在断裂前产生永久变形的能力称为塑性。常用拉伸试样在断裂时的最大相对变形量来表示塑性指标。

3. 硬度

材料抵抗局部变形，特别是塑性变形、压痕或划痕的能力称为硬度。硬度是反映金属材料软硬程度的一个指标，也是各种零件和工具必须具备的性能指标之一。工程上常用的有布氏硬度、洛氏硬度和维氏硬度。

布氏硬度（符号为 HBW）适用于测定 HBW 值小于 650 的金属材料。主要用来测量灰铸铁、钢铁金属，以及退火、正火和调质处理的钢材等。

洛氏硬度（符号为 HRA、HRB 和 HRC）多用来直接测量成品或较薄工件的硬度。

维氏硬度（符号为 HV）常用来测量薄片金属、金属镀层及零件表面硬化层的硬度。

4. 冲击韧度

金属材料抵抗冲击载荷作用而不破坏的能力，称为冲击韧度。

冲击韧度值低的材料称为脆性材料，它破坏时无明显变形，断口较平整，呈瓷状。而冲击韧度值高的韧性材料破坏前有明显的变形，断口呈灰色纤维状。

一般来说，强度、塑性两者均好的材料，冲击韧度值也高。材料的冲击韧度值除取决于其化学成分和显微组织外，还与加载温度、速度、试样的表面质量（如缺口、表面粗糙度等）、材料的冶金质量等有关。加载越快、温度越低、表面质量越差，则冲击韧度值越低。

3.2　钢

钢和铸铁是机械工业生产中广泛应用的金属材料，它们是以铁和碳两种元素为基本组元的复杂合金，统称为铁碳合金。

钢中碳的质量分数一般在 2.11%以下，并含有其他元素的材料。

铸铁是碳的质量分数大于 2.11%的铁碳合金。碳的质量分数为 2.11%通常是钢和铸铁的分界线。

根据各种合金元素的规定含量，将钢分为非合金钢、低合金钢和合金钢三大类。

按主要质量等级、主要性能及使用特性可分为普通质量、优质和特殊质量钢，而合金钢只有优质和特殊质量钢。

3.2.1　非合金钢（碳素钢）的性能、特点和应用

非合金钢也称碳素钢或碳钢，是碳的质量分数小于 2.11%，并含有少量的硫、磷、锰、硅等杂质元素的铁碳合金。其中硫、磷是炼钢时由原料进入钢中，炼钢时难于除尽的有害杂质；锰、硅是在炼钢加入脱氧剂时带入钢中的，是有益元素。

（1）非合金钢的分类　非合金钢有多种分类方法，常用的分类方法有三种：

1）按钢的含碳量分类。

低碳钢：碳的质量分数 w_C<0.25%。

中碳钢：碳的质量分数 w_C = 0.25%～0.6%。

高碳钢：碳的质量分数 w_C>0.6%。

2）按钢的质量分类。碳钢质量的高低，主要根据钢中杂质硫的质量分数和磷的质量分数来划分。可分为普通碳素钢、优质碳素钢和高级优质碳素钢。

普通碳素钢：w_S≤ 0.035%，w_P≤0.035%。

优质碳素钢：w_S≤0.030%，w_P≤0.030%。

高级优质碳素钢：w_S≤0.020%，w_P≤0.025%。

3）按用途分类。

碳素结构钢：用于制造金属结构、机械零件。

碳素工具钢：用于制造刃具、量具和模具。

（2）碳素结构钢　凡用于制造机械零件和各种工程结构件的钢都称为结构钢。根据质量分为碳素结构钢和优质碳素结构钢。

1）碳素结构钢。碳的质量分数一般为0.06%～0.38%，硫、磷的含量较高，工艺性能（焊接性、冷成形性）优良；其价格便宜，产量较大，用途广。

碳素结构钢和低合金高强度结构钢的牌号由代表屈服点的汉语拼音首位字母、屈服点数值、质量等级符号（A、B、C、D）、脱氧方法符号（F—沸腾钢、B—半镇静钢、Z—镇静钢、TZ—特殊镇静钢，其中Z和TZ可省略）四个部分按顺序组成。

常用碳素结构钢的牌号、性能特点及用途见表3-1。

表3-1　常用碳素结构钢的牌号、性能特点及用途

牌号	等级	性能特点	用途举例
Q195		塑性好，有一定的强度	用于载荷较小的钢丝、垫圈、铆钉、开口销、拉杆、地脚螺栓、冲压件等
Q215	A	塑性好，焊接性好	用于钢丝、垫圈、铆钉、拉杆、短轴、金属结构件、渗碳件、焊接件等
	B		
Q235	A	有一定的强度，塑性、冲击韧度、焊接性好，易于冲压、可满足钢结构的要求，应用广泛	用于连杆、拉杆、轴、螺栓、螺母、齿轮等机械零件及角钢、槽钢、圆钢、工字钢等型材
	B		
	C		
	D		
Q275	A	较高的强度、塑性、焊接性较差	用于强度要求较高的轴、连杆、齿轮、键、金属构件
	B		
	C		
	D		

注：1. 本类钢通常不进行热处理而直接使用，因此只考虑其力学性能和有害杂质含量，不考虑碳的质量分数。

2. A、B级钢为普通质量非合金钢；C、D级钢为优质非合金钢。

2）优质碳素结构钢。优质碳素结构钢是用来制造较为重要机械零件的非合金结构钢，

其特点是：化学成分准确、力学性能可靠；硫、磷有害杂质元素含量较少，钢的质量较高；可经过热处理来进一步改善力学性能。

优质碳素结构钢，牌号用两位数字表示，这两位数字表示钢中平均碳的质量分数的万分之几。若钢中锰的质量分数较高时，在数字后面附化学元素符号 Mn。

常用优质碳素结构钢的牌号、力学性能及用途见表 3-2。

表 3-2　常用优质碳素结构钢的牌号、力学性能及用途

牌号	力学性能							用途举例
	R_m /MPa	R_{eL} /MPa	A (%)	Z (%)	a_K/(J·cm^{-2})	HBW 热轧	HBW 退火	
	不小于					不大于		
08F	295	175	35	60		131		用于制造强度要求不高，而需经受大变形的冲压件、焊接件。如外壳、盖、罩、固定挡板等
08	325	195	33	60		131		用于制造受力不大的焊接件、冲压件、锻件和心部强度要求不高的渗碳件。如角钢、支臂、帽盖、垫圈、锁片、销、小轴等。退火后可作电磁铁或电磁吸盘等磁性零件
10	335	205	31	55		137		
15	375	225	27	55		143		主要用作低负荷、形状简单的渗碳、碳氮共渗零件，如小轴、小模数齿轮、仿形样板、套筒、摩擦片等，也可用作受力不大但要求韧性较好的零件，如螺栓、起重钩、法兰盘等
20	410	245	25	55		156		
30	490	295	21	50	63	179		用作截面较小、受力较大的机械零件，如螺钉、丝杠、转轴、曲轴、齿轮等。30 钢也适于制作冷顶锻零件和焊接件，但 35 钢一般不作焊接件
35	530	315	20	45	55	197		
40	570	335	19	45	47	217	187	用于制作承受负荷较大的小截面调质件和应力较小的大型正火零件，以及对心部强度要求不高的表面淬火件，如曲轴、传动轴、连杆、链轮、齿轮、齿条、蜗杆、辊子等
45	600	355	16	40	39	229	197	
50	630	375	14	40	31	241	207	用作要求较高强度和耐磨性或弹性、动载荷及冲击载荷不大的零件，如齿轮、连杆、轧辊、机床主轴、曲轴、犁铧、轮圈、弹簧等
55	645	380	13	35		255	217	
65	695	410	10	30		255	229	主要在淬火，中温回火状态下使用。用作要求较高弹性或耐磨性的零件，如气阀弹簧、弹簧垫圈、U 形卡、轧辊、轴、凸轮及钢丝绳等
65Mn	735	430	9	30		285	229	
70	715	420	9	30		269	229	用作截面不大、承受载荷不太大的各种弹性零件和耐磨零件，如各种板簧、螺旋弹簧、轧辊、凸轮、钢轨等
75	1080	880	7	30		285	241	

注：1. 表中数据摘自 GB/T 699—2015（优质碳素结构钢）。

2. 锰的质量分数较高的各种钢（15Mn~70Mn），其性能和用途与相应钢号的钢基本相同，但淬透性稍好，可制作截面稍大或要求强度稍高的零件。

3）碳素工具钢。碳的质量分数一般为 0.65%~1.35%。碳素工具钢用来制造低速、手动刀具及常温下使用的工具、模具和量具等。其特点是：均属于高碳特殊质量的非合金工具钢；均需要热处理（淬火与回火）；硫、磷有害杂质元素含量较少，质量较高。

碳素工具钢的牌号是用 T（碳的汉语拼音首位字母）的后面加数字表示，数字表示钢的平均碳的质量分数的千分之几。碳素工具钢都是优质钢，含锰量较高的钢要在数字后面标注“Mn”，高级优质钢在钢号后面标注“A”，例如T10、T10A、T8Mn等。

小提示：通过学习本节内容，要了解各类钢的性能、特点和应用场合，初步掌握材料的一般选用原则。

3.2.2 合金钢的性能、特点和应用

合金钢就是在碳素钢的基础上，为了改善钢的性能，在冶炼时有目的地加入一些其他元素的钢。加入的元素称合金元素。合金钢中常加入的元素有硅、锰、镍、钨、钒、钛、铝、硼、铌、锆和稀土元素等。

（1）合金钢的分类　合金钢的分类方法很多，按主要用途一般分为以下三类。

合金结构钢：主要用于制造重要的机械零件和工程结构。

合金工具钢：主要用于制造各种刃具、量具和模具。

特殊钢：做特殊用途和具有特殊性能的钢，如不锈钢、耐热钢、耐磨钢和磁钢等。

（2）合金钢的牌号　我国合金钢的牌号是按照合金钢中的碳的质量分数及所含合金元素的种类（元素符号）和含量来编制的。一般牌号的首部是表示的平均含碳的质量分数的数字，数字含义与优质碳素结构钢是一致的。对于结构钢，数字表示平均含碳的质量分数的万分之几，对于工具钢数字表示平均含碳的质量分数的千分之几。当钢中某合金元素（如Mn）的平均含量 $w_{Mn}<1.5\%$ 时，牌号中只标出元素符号，不标明含量；当 w_{Mn} 分别为1.5%～2.5%、2.5%～3.5%…时，在该元素后面相应地用整数2、3…注出其平均含量。

1）合金结构钢，例如60Si2Mn，表示平均 $w_C=0.60\%$、$w_{Si}=2\%$、$w_{Mn}<1.5\%$ 的合金结构钢；09Mn2表示平均 $w_C=0.09\%$、$w_{Mn}=2\%$ 的合金结构钢。钢中钒、钛、铝、硼、稀土等合金元素，虽然含量很低，仍应在钢中标出，例如40MnVB、25MnTiBRe等。

2）合金工具钢，当平均 $w_C<1.0\%$ 时，如前所述，牌号前数字以千分之几（一位数）表示；当 $w_C\geqslant1.0\%$ 时，为了避免与合金结构钢相混淆，牌号前不标数字。例如9Mn2V表示平均 $w_C=0.9\%$，$w_{Mn}=2\%$，$w_V<1.5\%$ 的合金工具钢。CrWMn表示钢中平均 $w_C\geqslant1.0\%$，$w_W<1.5\%$，$w_{Mn}<1.5\%$ 的合金工具钢。

高速工具钢牌号不标出碳的质量分数，例如W18Cr4V。

3）滚动轴承钢，牌号前面冠以汉语拼音字母G，其后为铬元素符号Cr，其铬的质量分数以千分之几表示，其余合金元素与合金结构钢牌号规定相同，例如GCr15SiMn钢。

（3）合金结构钢　合金结构钢按用途不同，可分为低合金高强度结构钢、合金渗碳钢、合金调质钢、滚动轴承钢等。

1）低合金高强度结构钢。低合金高强度结构钢是在碳素钢的基础上加入少量合金元素（合金元素的质量分数总和小于3%）而制成，是一类低碳低合金钢。主加元素以锰元素为主，还有钒、钛、铌、铝、铬、镍等元素。它与非合金钢相比具有较高的强度、韧性、耐蚀性及良好的焊接性，而且价格也与非合金钢相接近，采用低合金高强度结构钢代替普通碳素结构钢可减轻结构重量，保证使用可靠，节约钢材，因此，广泛用于制造桥梁、车辆、船舶、容器、建筑钢筋、结构件等。

2）合金渗碳钢。属于低碳合金结构钢，需经渗碳、淬火、低温回火后才能使零件达到

“表硬心韧”的特点，常用来制造承受强烈冲击载荷和摩擦、磨损的零件，如汽车、拖拉机中的变速齿轮、内燃机上的凸轮轴、活塞等。合金渗碳钢中碳的质量分数一般为 0.1%～0.25%，加入的主要合金元素是铬、镍、锰、硼等，还加入少量的钒、钛等元素。20CrMnTi 是应用最广泛的合金渗碳钢。

常用渗碳钢的牌号、热处理、力学性能及用途见表 3-3。

表 3-3　常用渗碳钢的牌号、热处理、力学性能及用途

类别	牌号	热处理方式及温度/℃			力学性能(不小于)			用途举例
		渗碳	淬火	回火	R_m/MPa	R_{eL}/MPa	A(%)	
低淬透性	20Cr	930	800(水或油)	200	850	550	10	齿轮、小轴、活塞销等
	20MnV	930	880(水或油)	200	800	600	10	同上，也用作锅炉、高压容器管道等
	20CrV	930	800(水或油)	200	850	600	12	齿轮、小轴、顶杆、活塞销、耐热垫圈
中淬透性	20Mn2	930	770～800(油)	200	820	600	10	小齿轮、小轴、活塞销等
	20CrMn	930	850(油)	200	950	750	10	齿轮、轴、蜗杆、活塞销、摩擦轮
	20CrMnTi	930	860(油)	200	1100	850	10	汽车、拖拉机上的变速器齿轮
	20SiMnVB	930	780～800(油)	200	≥1200	≥100	≥10	代替 20CrMnTi
高淬透性	18Cr2Ni4WA	930	850(空)	200	1200	850	10	大型渗碳齿轮和轴类件
	20Cr2Ni4A	930	780(油)	200	1200	1100	10	同上
	15CrMn2SiMo	930	860(油)	200	1200	900	10	大型渗碳齿轮、飞机齿轮

3）合金调质钢。调质钢是指经调质（淬火+高温回火）处理后使用的钢。合金调质钢中碳的质量分数为 0.25%～0.50%，主加合金元素为锰、铬、硅、镍、硼等，还加入少量的钼、钨、钒、钛等元素，40Cr 是合金调质钢中最常用的一种，其强度比 40 钢高 20%，并有良好的韧性。

常用调质钢的牌号、热处理、力学性能及用途见表 3-4。

表 3-4　常用调质钢的牌号、热处理、力学性能及用途

类别	牌号	热处理方式及温度/℃		力学性能(不小于)						退火状态 HBW	用途举例
		淬火	回火	毛坯尺寸/mm	R_m/MPa	R_{eL}/MPa	A(%)	Z(%)	A_K/J		
低淬透性钢	40Cr	850 油	520(水或油)	25	980	785	9	45	47	207	重要调质件，如轴类件、连杆螺栓、进气阀和重要齿轮等
	40MnB	850 油	500(水或油)	25	980	785	10	45	47	207	主轴、曲轴、齿轮、柱塞等
	40MnVB	850 油	520(水或油)	25	980	785	10	45	47	207	可代替 40Cr 及部分代替 40CrNi 作重要零件，也可代替 38CrSi 作重要销
中淬透性钢	30CrMnSi	880 油	520(水或油)	25	1080	885	10	45	39	229	用作截面不大而要求力学性能高的重要零件，如齿轮、轴、轴套等
	35CrMo	850 油	550(水或油)	25	980	835	12	45	63	229	重要调质件，如曲轴、连杆及代替 40CrNi 作大截面轴类件
	38CrMoAl	940(水或油)	640(水或油)	30	980	835	14	50	71	229	作渗氮零件，如高压阀门，缸套等

（续）

类别	牌号	热处理方式及温度/℃		力学性能(不小于)						退火状态HBW	用途举例
		淬火	回火	毛坯尺寸/mm	R_m/MPa	R_{eL}/MPa	A(%)	Z(%)	A_K/J		
高淬透性钢	40CrMnMo	850油	600(水或油)	25	980	785	10	45	63	217	相当于40CrNiMo的高级调质钢
	40CrNiMoA	850油	600(水或油)	25	980	835	12	55	78	269	作高强度零件,如航空发动机轴,在<500℃工作的喷气发动机承载零件
	25Cr2Ni4WA	850油	550(水)	25	1080	930	11	45	71	369	作力学性能要求很高的大断面零件

4）滚动轴承钢。主要用于制造滚动轴承的内、外套圈，以及滚动体的特殊质量的合金结构钢。此外还可制造某些工具，例如模具、量具等。这类钢一般碳的质量分数为 $w_C=0.95\%\sim1.15\%$，铬的质量分数为0.6%~1.65%，经淬火、低温回火后具有高而均匀的硬度和耐磨性、高抗拉强度和接触疲劳强度、足够的韧性和对大气的耐蚀能力。常用的滚动轴承钢有GCr9、GCr15、GCr15SiMn等。

3.3 铸钢

将熔炼好的钢液直接铸成零件或毛坯，这种铸件称为铸钢件。与铸铁相比，铸钢的力学性能，特别是抗拉强度、塑性、韧性较高，因此，铸钢一般用于制造形状复杂、综合力学性能要求较高的零件（如轧钢机支架、水泵体等）。这类零件由于形状复杂，在工艺上难于用锻造或机械加工的方法制造，在性能上又不能用力学性能较低的铸铁制造。

碳素铸钢又称为铸造碳钢，简称铸钢。铸钢中碳的质量分数一般为0.15%~0.60%。铸钢的牌号用ZG后面加两组数字组成，如ZG200-400表示屈服强度不低于200MPa，抗拉强度或强度极限不低于400MPa的铸钢。若牌号末尾标字母H（焊）表示该钢是焊接结构用碳素铸钢。

3.4 钢的热处理

热处理是机械制造工艺中不可缺少的组成部分，钢经过热处理后，能充分发挥材料的潜力，改善其使用性能与工艺性能，提高产品的质量，延长使用寿命。所谓热处理，是将金属在固态下加热、保温和冷却，使其内部的组织结构发生变化，以获得所需性能的工艺方法。

根据热处理的目的、加热和冷却方法的不同，热处理有退火、正火、淬火、回火及表面热处理等几种。

3.4.1　钢的退火与正火

1. 退火

将钢材或钢件加热到适当温度，保持一定时间，随后缓慢冷却的热处理工艺称为退火。一般缓冷常用炉冷、灰冷、砂冷等。

退火的主要目的是为了降低钢的硬度，提高塑性和韧性，便于切削加工和冷变形加工；消除内应力，细化晶粒、改善组织、为后续工序作组织准备，消除钢中的残余应力，防止变形和开裂。

根据钢的成分、原始组织和不同目的，退火可分为：均匀化退火（扩散退火）、完全退火、球化退火、等温退火、去应力退火和再结晶退火等。

2. 正火

正火是将钢材或钢件加热到规定的正火温度，保温适当的时间后，在静止的空气中冷却的热处理工艺。

（1）正火的应用　普通结构件以正火作为最终热处理，以提高其力学性能；低碳钢正火可以改善其切削加工性能；过共析钢正火可消除网状二次渗碳体，为球化退火和淬火工艺作好组织准备。

（2）正火与退火的应用区别　正火与退火从所得到的组织上没有本质区别，其目的均为细化晶粒、改善组织和改善切削加工性能，但正火的生产效率高、成本低。因此，一般普通结构件应尽量采用正火代替退火。

3.4.2　钢的淬火与回火

1. 淬火

淬火是指将钢件加热到规定的淬火温度，保持一定时间，然后以适当速度冷却到室温的热处理工艺。

淬火主要是为了提高钢的强度、硬度和耐磨性，经过回火后，使工件获得高硬度和耐磨性，提高弹性和韧性，以达到强化材料的目的。例如提高工具、轴承等的硬度和耐磨性；提高弹簧的弹性极限；提高轴类零件的综合力学性能等。

2. 回火

回火是指钢件淬硬后，再加热到某一温度，保温一定时间，然后冷却到室温的热处理工艺。

淬火钢件回火的主要目的是稳定组织和形状尺寸；消除淬火应力；调整硬度、提高韧性，以获得所需要的力学性能。

热处理生产中常按回火温度将其分为低温回火、中温回火和高温回火。钢件的回火组织与力学性能也将随回火温度而改变。

3.4.3　钢的表面热处理

表面热处理是指仅对工件表层进行热处理以改变其组织和性能的工艺。通常分为表面淬火和化学热处理两类。

1. 表面淬火

表面淬火是指仅对表层进行淬火的工艺。其方法是通过快速加热使工件表层迅速达到淬火温度，而心部还未达到临界淬火温度时立即快速冷却，使其表层得到淬火组织而心部组织不变，以满足“表硬心韧”的性能要求。目前生产中常用的表面淬火方法有火焰淬火和感应加热淬火。

2. 化学热处理

化学热处理是指将金属或合金工件置于一定温度的活性介质中保温，使一种或几种元素渗入它的表层，以改变其化学成分、组织和性能的热处理工艺。其特点是表层不仅有组织改变也有化学成分的改变。按钢件表面渗入元素的不同，化学热处理可分为渗碳、氮化（渗氮）、碳氮共渗、渗硼、渗硅、渗铬等。

3.5 铸铁

铸铁具有良好的铸造性、耐磨性、减振性和切削加工性，生产简单，价格便宜，经合金化后具有良好的耐热性或耐蚀性。因此，铸铁在工业生产中获得广泛应用，据统计，汽车、拖拉机中铸铁零件约占重量的50%~70%，机床中约占重量的60%~90%，许多形状复杂或受压力及摩擦作用的零件，大多用铸铁制造。但是，铸铁塑性、韧性较差，一般的铸铁抗拉强度较低。因此，铸铁一般用于形状复杂不能用锻造、轧制、拉丝等方法成形的零件。

根据碳在铸铁中存在的形态不同，可将其分为下列几种：灰铸铁、可锻铸铁、蠕墨铸铁、球墨铸铁。

3.5.1 灰铸铁

灰铸铁断口呈灰色，是工业常用铸铁中价格最低和应用最广泛的一种铸铁，在汽车、拖拉机、机床、起重装卸机械、内燃机车、铁道车辆等部门中大量采用。

灰铸铁的牌号以“HT+数字组成”表示，其中“HT”是“灰”和“铁”的汉语拼音字首，表示灰铸铁，数字表示其最低的抗拉强度。常用灰铸铁的牌号用HT和三位数字表示，例如HT150表示灰铸铁的最低抗拉强度为150MPa。

灰铸铁用热处理的方法来提高其力学性能效果不大。通常对灰铸铁进行热处理的目的是减少铸件中的应力，消除铸件薄壁部分的白口组织，提高铸件工作表面的硬度和耐磨性等。常用的热处理方法是消除应力退火、消除铸件白口、降低硬度退火、表面淬火（如机床床身导轨、缸体内壁）。

常用灰铸铁的牌号、力学性能及用途见表3-5。

表3-5 常用灰铸铁的牌号、力学性能及用途

牌号	最小抗拉强度/MPa	应用举例
HT100	100	适用于负荷小，对摩擦、磨损无特殊要求的零件，如盖、油盘、支架、手轮
HT150	150	适用于承受中等负荷的零件，如机床支柱、底座、刀架、齿轮箱、轴承座
HT200	200	适用于承受较大负荷的零件，如机床床身、立柱，汽车缸体、缸盖、轮毂、联轴器、油缸、齿轮、飞轮
HT250	250	

（续）

牌　号	最小抗拉强度/MPa	应用举例
HT300	300	适用于承受高负荷的重要零件，如齿轮、凸轮、大型发动机曲轴、缸体、缸套、缸盖、高压油缸、阀体、泵体
HT350	350	

注：灰铸铁是根据强度分级的，一般采用30mm铸造试棒，切削加工后进行测定。

3.5.2 可锻铸铁

可锻铸铁与灰铸铁相比具有较高的强度和韧性。常用来制造一些形状复杂而减振及强度要求较高的薄壁小型铸件，如管接头、汽车和拖拉机后桥外壳、低压阀门等。

可锻铸铁的牌号由三个字母和两组数字组成。KTH表示黑心可锻铸铁，KTZ表示珠光体可锻铸铁；第一组数字表示最低抗拉强度，第二组数字表示最低断后伸长率。例如KTZ450-06表示珠光体可锻铸铁，最低抗拉强度为450MPa，最低断后伸长率为6%。

3.5.3 球墨铸铁

球墨铸铁具有优良的性能，所以在机床、冶金、化工、铁道等部门，用来制造性能要求较高的铸件，有时可代替非合金钢或低合金钢来制造某些负荷较大、受力较复杂的重要铸、锻件，如内燃机车曲轴、凸轮轴、齿轮等。

球墨铸铁的牌号用QT和两组数字表示。QT表示球墨铸铁，第一组数字表示最低抗拉强度，第二组数字表示最小断后伸长率，例如，QT450-10表示球墨铸铁，最低的抗拉强度为450MPa，最低的断后伸长率为10%。

3.5.4 蠕墨铸铁

蠕墨铸铁的性能介乎灰铸铁和球墨铸铁之间，其抗拉强度和抗疲劳强度相当于铁素体球墨铸铁，减震性、导热性、耐磨性、切削加工性和铸造性能又近似于灰铸铁。

蠕墨铸铁的牌号用RuT和数字表示。RuT表示蠕墨铸铁，数字表示最低抗拉强度，如RuT200表示该材料为蠕墨铸铁，最低抗拉强度为200MPa。

3.6 非铁金属

非铁金属是指除钢铁材料以外的其他金属，也称有色金属材料，如铜、铝、镁等。非铁金属的种类很多，其产量虽不及钢铁材料，但是由于它们具有许多特殊的性能，如良好的导电性和导热性、较低的密度和熔化温度、良好的力学性能和工艺性能等，因此，也是现代工业生产中不可缺少的重要金属材料。

工业常用的非铁金属有铜及铜合金、铝及铝合金、镁及镁合金、钛及钛合金、滑动轴承合金等。

3.6.1 铜及铜合金

1. 纯铜

纯铜呈紫红色，故俗称紫铜，其熔点为1082℃，密度为8.98g/cm^2。纯铜的导电性和导热性仅次于金和银，且有良好的抗磁性、耐蚀性（抗大气和海水腐蚀）。

纯铜的塑性很好，容易进行热压力或冷压力加工。但纯铜的抗拉强度不高，硬度很低，一般不宜做结构材料，主要用于制作导电材料及配制铜合金的原料。

2. 铜合金

铜合金是在纯铜的基础之上，加入适量合金元素而成的金属材料。与纯铜相比，工业上广泛采用的是铜合金。常用的铜合金有黄铜、青铜和白铜三大类。按其加工方法不同又可分为加工和铸造两类铜合金。

（1）黄铜　是指以锌为主加元素的铜合金，因色黄而得名。加工黄铜又分为普通黄铜和特殊黄铜。普通黄铜的牌号用“H”加数字组成。例如H90、H80、H70等，主要用来制造冷凝管、散热器、铆钉、螺母、垫圈及导电零件。

（2）青铜　青铜是指除黄铜和白铜以外的铜合金，因铜与锡的合金呈青色而得名。按主加元素种类可分为锡青铜、铅青铜、铝青铜和铍青铜等。按加工方法不同又可分为加工青铜和铸造青铜两类。

青铜的代号用“Q”加第一个主加元素符号及除去铜以外的成分数字组表示，铸造青铜应在代号前加“Z”（铸造），如ZCuSn10Pb1等，常用来制造较高负荷、中等转速下工作的耐磨、耐蚀零件，如轴瓦、衬套等。

3.6.2　铝及铝合金

铝及铝合金广泛用于电气、航天、汽车、机车等部门。在非铁金属及其合金中，铝及其合金是应用较广泛的一类金属材料，其产量仅次于钢铁。

1. 纯铝

纯铝是一种银白色的金属。纯铝的铝的质量分数最少为99.0%，熔点为660℃，密度为2.72g/cm^3，仅为铁的1/3，是一种轻型金属。纯铝的导电性、导热性好，仅次于铜、银、金。在大气中有良好的耐蚀性。

纯铝的塑性好，但强度低，工业上常通过合金化来提高其强度。纯铝广泛应用于电气工程、航天部门和汽车等机械制造部门。

2. 铝合金

铝合金是指以铝为基础，加入适量合金元素（如铜、镁、硅、锰、锌等）组成的合金。其强度比纯铝高得多，而且还可通过变形、热处理等方法进一步强化。铝合金一般可分为变形铝合金和铸造铝合金两大类。

（1）变形铝合金　常用的变形铝合金有防锈铝、硬铝、超硬铝、锻铝等。

变形铝合金的牌号用四位字符体系表示。牌号的第一位数字表示铝合金的组别；牌号的第二位字母表示原始铝合金的改型情况，A为原始铝合金，其他为原始铝合金的改型合金；牌号的最后两位数字用来区别同一组中不同的铝合金。

防锈铝主要是铝—锰系和铝—镁系合金，属于不能用热处理强化的铝合金，只能通过冷压力加工提高强度，具有适中的强度和优良的塑性、耐蚀性和焊接性能。常用的防锈铝有5A05、3A21等。主要用于制造热交换器、壳体、油箱、饮料器、焊接件、骨架等零件。

硬铝主要是铝—镁—铜系合金，经热处理能获得相当高的强度，但耐蚀性较纯铝差。常用的硬铝有2A12。主要用于制造型材、冲压件、铆钉、飞机螺旋桨叶片等。

超硬铝主要是铝—镁—铜—锌系合金，其强度高于硬铝，但耐蚀性较差，经热处理后强度很高。常用的超硬铝有 7A04、7A06 等。主要用于制造受力较大的结构架，如飞机大梁和起落架等。

锻铝主要是铝—镁—铜—硅系合金，其力学性能与硬铝相近，有良好的锻造性能和耐蚀性，可通过热处理进一步强化。常用的锻铝有 2A50。主要用于制作航空仪表工业中形状复杂、要求强度高的锻件。

（2）铸造铝合金　铸造铝合金的种类很多，按其化学成分不同可分为：铝—硅系、铝—铜系、铝—镁系、铝—锌系四类。

铸造铝合金代号由字母 ZL 及三位数字组成。ZL 表示“铸铝”，后面第一个数字表示合金系列，其中 1、2、3、4 分别表示铝硅、铝铜、铝镁、铝锌系列合金，ZL 后面第二、三两位数字表示顺序号，例如 ZL102 表示铝硅系 02 号铸造合金。

铸造铝合金与变形铝合金相比，合金元素的含量较高，具有良好的铸造性能，但塑性与韧性较低，不能进行压力加工，只用于铸造。

3.7　工程塑料

工程塑料是以天然或合成树脂为基体，再加入添加剂（如增塑剂、稳定剂、填充剂、润滑剂和染料等），在一定温度与压力下塑制成型的一种非金属材料。它具有成型加工性能好，生产效率高，原料来源广泛等特点，所以是一种良好的工程材料。

工程塑料的品种很多，分类方法也很多。在工业上通常按受热性能和制品功能进行分类。

（1）按塑料的热性能分类　根据树脂在加热和冷却时所表现的性质，把塑料分为热塑性塑料和热固性塑料两大类：

1）热塑性塑料。热塑性塑料主要由聚合树脂加入少量稳定剂、润滑剂等制成。这类塑料受热软化，冷却后变硬，再次加热又软化，冷却后又硬化，可多次重复。常用的热塑性塑料有聚乙烯、聚氯乙烯、聚丙烯、聚酰胺（即尼龙）、ABS 塑料、聚甲醛、聚碳酸酯、聚苯乙烯、聚四氟乙烯等。

这类塑料具有较好的力学性能，但耐热性和刚性较差。

2）热固性塑料。热固性塑料大多是以缩聚树脂为基础，加入各种添加剂而成。这类塑料加热时软化，可塑造成型，但固化后的塑料既不溶于溶剂，也不再受热软化，只能塑制一次。常用的热固性塑料有酚醛塑料、氨基塑料、环氧树脂塑料及有机硅塑料等。这类塑料具有较好的耐热性，但力学性能差。

（2）按塑料制品的功能分类　根据塑料制品功能的不同，把塑料分为通用塑料、工程塑料和特种塑料。

1）通用塑料。指产量大、价格低、应用范围广的一类塑料，如聚氯乙烯、聚乙烯、聚丙烯、聚苯乙烯、酚醛塑料和氨基塑料等，主要用于制造日常生活用品、包装材料和一般零件。

2）工程塑料。指强度高，能代替金属来制造机械零件的塑料，如ABS塑料、有机玻璃、尼龙、聚碳酸酯、聚四氯乙烯、聚甲醛、聚砜等，主要用于制造机械零部件。

3）特种塑料。它是指具有特种性能和特种用途的塑料，如医用塑料等。

3.8 机械工程材料的选用

机械工程材料的选择是一个复杂的技术与经济问题，合理地选用材料对于保证产品质量、降低生产成本有着极为重要的作用。要想合理地选择材料，就要熟悉常用机械工程材料的性能、应用场合，还应该了解零件的工作状况、受力情况和失效形式。

零件材料选择的一般基本原则是在满足零件使用性能要求的前提下，同时兼顾材料的加工工艺性能和经济性。

1. 材料的使用性能

材料的使用性能应满足零件的工作要求，应能保证零件在设计使用时间内工作安全可靠，完成设计指定的工作效能。不同的机械零件因为受力、工作条件和失效形式不同，要求材料的使用性能是不一样的。因此，选择零件的材料时，要根据零件的实际使用情况，合理分析，选择合适的工程材料。

2. 材料的工艺性能

材料的工艺性能是指金属材料在制造机械零件的过程中，适应各种冷、热加工的性能，也就是金属材料采用某种加工方法制成成品的难易程度。它包括铸造性能、锻造性能、焊接性能、热处理性能和切削加工性能等。

（1）铸造性能　金属熔化成液态后，在铸造成型时具有的一种特性。衡量金属材料铸造性的指标有：流动性、收缩率和偏析倾向。金属材料中，灰铸铁和青铜的铸造性能较好。

（2）锻造性能　金属材料在锻造过程中承受塑性变形的性能。锻造性能直接与材料的塑性及强度有关，也与材料的成分和加工条件有关，例如大部分铜、铝的合金在冷态下就具有很好的锻造性能；碳素钢在加热状态下，锻造性能也很好；而青铜、铸铝、铸铁等几乎不能锻造。

（3）焊接性能　焊接性能指材料在一定的施工条件下焊接成按规定设计要求的杆件，并满足预定服役要求的能力。焊接性能好的金属能获得没有裂纹、气孔等缺陷的焊缝，并且焊接接头具有一定的力学性能。导热性好、收缩小的金属材料焊接性能都比较好，例如低碳钢具有良好的焊接性能，高碳钢、不锈钢、铸铁的焊接性能较差。

（4）切削加工性能　金属材料的切削加工性能是指金属材料在切削加工时的难易程度。切削加工性能好的金属对使用的刀具磨损较小，切削量大，加工表面也比较光洁。切削性能的好坏与金属材料的硬度、导热性、金属内部结构、加工硬化等因素有关，尤其与硬度关系较大，材料硬度在170~230HBW时最易切削加工。从材料的种类而言，铸铁、铜合金、铝合金及一般碳钢都具有较好的切削加工性，而高合金钢的切削加工性较差。

3. 材料的经济性

在保证零件使用性能和加工质量的前提下，应尽量选用价格低廉、加工方便而费用低、

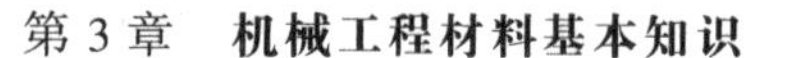

便于采购、运输和管理的材料。表 3-6 为常用金属材料的相对价格比较表，可以看出，在金属材料中，碳素结构钢和合金结构钢相比，碳素结构钢的价格比较低廉，故一般选用碳素结构钢能满足要求的就不选合金结构钢。

表 3-6　常用金属材料的相对价格比较

材　　料	相对价格	材　　料	相对价格
碳素结构钢	1	碳素工具钢	1.4~1.5
低合金结构钢	1.2~1.7	低合金工具钢	2.4~3.7
优质碳素结构钢	1.4~1.5	高合金工具钢	5.4~7.2
易切削钢	2	高速钢	13.5~15
合金结构钢	1.7~2.9	铬不锈钢	8
铬镍合金结构钢	3	普通黄铜	13
滚动轴承钢	2.1~2.9	球墨铸铁	2.4~2.9

实例分析

图 3-2 所示为轴系部件，根据各个零件的功用合理选择材料。

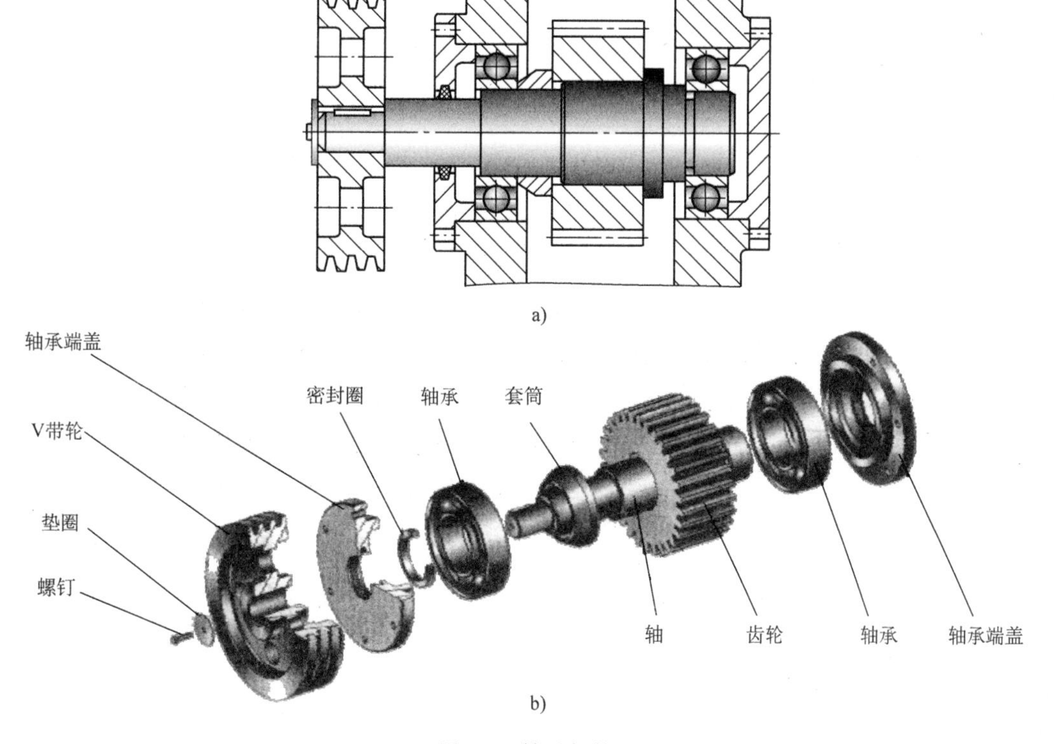

图 3-2　轴系部件

现将各个零件所用材料列表，见表3-7。

表3-7　零件材料

零件名称	所用材料	零件名称	所用材料
螺钉	碳素结构钢Q235等	套筒	碳素结构钢Q235等
垫圈	碳素结构钢Q215等	轴	优质碳素钢或合金钢
V带轮	铸铁	齿轮	优质碳素钢（45钢等）或合金钢（40Cr等）
轴承端盖	铸铁	轴承（套件）	外圈、内圈、滚子用滚动轴承钢（GCr15等），保持架用低碳钢板或铜合金、塑料等
密封圈	毛毡		

知识小结

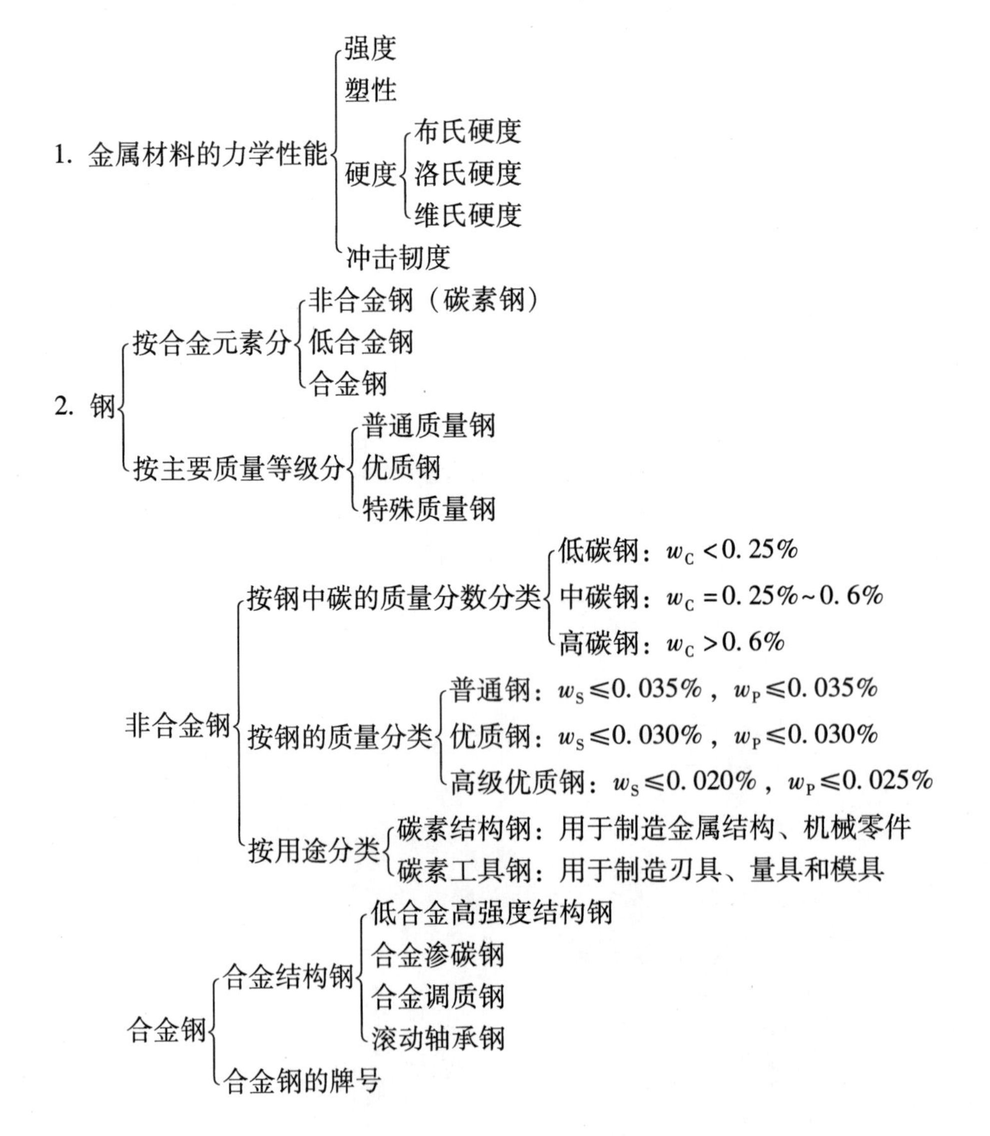

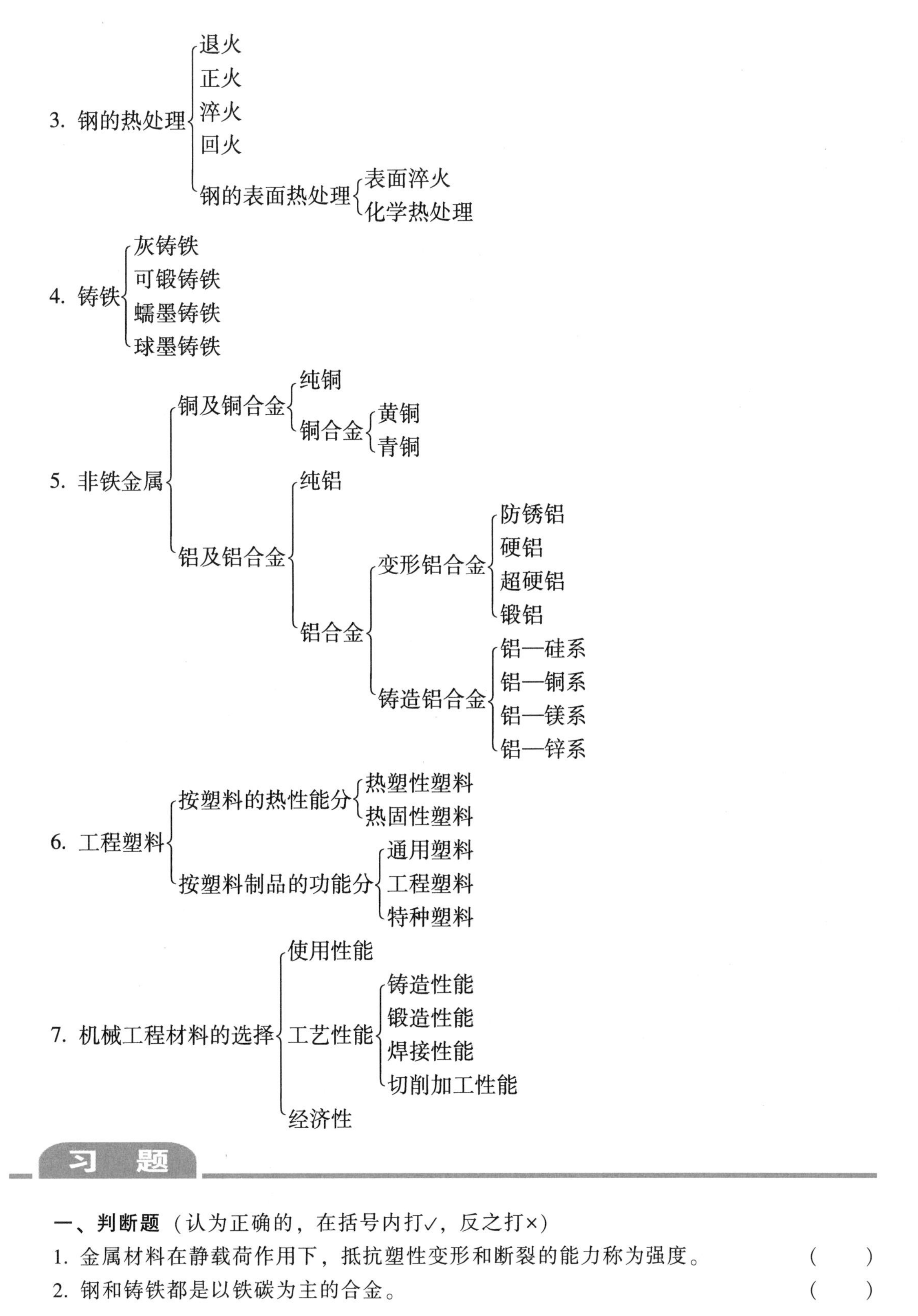

习　题

一、判断题（认为正确的，在括号内打✓，反之打×）

1. 金属材料在静载荷作用下，抵抗塑性变形和断裂的能力称为强度。（　　）
2. 钢和铸铁都是以铁碳为主的合金。（　　）

3. 在钢中要严格控制硫、磷元素的含量。（　　）

4. 碳素工具钢属于高碳钢。（　　）

5. 合金工具钢只有通过热处理，才能显著提高其力学性能。（　　）

6. 可锻铸铁比灰铸铁的塑性、韧性好，故可以锻造加工。（　　）

7. 特殊黄铜是不含锌的黄铜。（　　）

8. 变形铝合金不能热处理强化。（　　）

9. 塑料的主要成分是树脂。（　　）

10. 热固性塑料可以反复重塑。（　　）

二、选择题（将正确答案的字母序号填写在横线上）

1. 金属材料抵抗塑性变形或断裂的能力称为________。

A. 强度　　B. 塑性　　C. 硬度

2. 金属材料抵抗局部变形，特别是塑性变形、压痕或划痕的能力称为________。

A. 强度　　B. 塑性　　C. 硬度

3. 将钢材或钢件加热到适当温度，保持一定时间后，随后缓慢冷却的热处理方式是________。

A. 正火　　B. 淬火　　C. 退火

4. 生产实践中，淬火钢件回火的目的是________。

A. 提高塑性和冲击韧度　　B. 消除淬火应力　　C. 提高硬度和耐磨性

5. 铸铁是工业生产中应用最多的材料，若要求材料具有良好的铸造性能和切削加工性，还要有良好的减摩性和减振性，应选用________。

A. 灰铸铁　　B. 可锻铸铁　　C. 球墨铸铁

6. 制作齿轮减速器的箱体，应选择________。

A. 灰铸铁　　B. 可锻铸铁　　C. 球墨铸铁

7. 制作钉子、铆钉、垫圈及轻负荷的冲压件，应选用________。

A. 碳素结构钢　　B. 合金钢　　C. 碳素工具钢

8. 制作钻头、锉刀和刮刀等，应选用________。

A. 碳素结构钢　　B. 合金钢　　C. 碳素工具钢

9. 制作一般用途的齿轮、轴等零件，应选用________。

A. 碳素结构钢　　B. 合金钢　　C. 碳素工具钢

10. 制造较高负荷、中等滑动速度下工作的耐磨、耐蚀零件，如轴瓦、衬套等，应选用________材料。

A. 铜合金　　B. 铸造黄铜　　C. 铸造青铜

第4章 平面连杆机构

学习目标

基本了解平面运动副及机构的组成；会应用自由度计算公式计算机构的自由度；熟悉平面四杆机构的基本类型及机构的演化；会判断机构的类型，了解常见机构的应用场合，了解机构的基本特性；了解其他机构的应用。

引　言

日常生活和工业生产实践中广泛应用的各种机械设备，都是人们按需要将各种机构（零件）组合在一起，来完成各式各样的任务以满足人们生活和生产的需要。

图4-1所示为牛头刨床的实物外形图。

图4-1　牛头刨床

图4-2所示为牛头刨床的结构示意图。

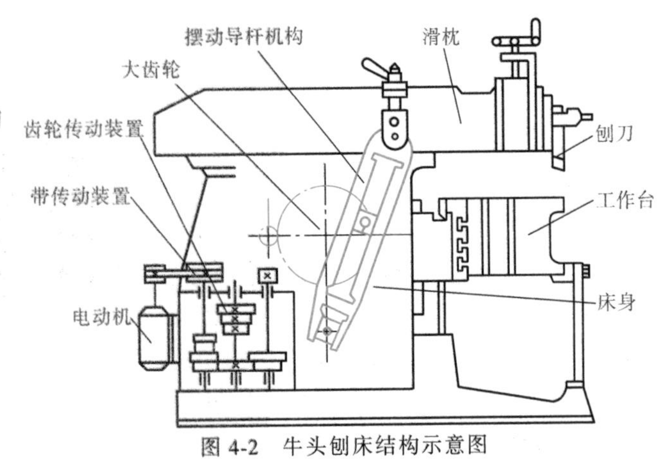

图4-2　牛头刨床结构示意图

牛头刨床工作的主运动是滑枕的往复移动。使得滑枕往复移动的机构是摆动导杆机构。图4-3所示为牛头刨床摆动导杆机构的机构示意图，图4-4所示为机构运动简图，可以看出摆动导杆机构由许多零件（大齿轮、摇块、导杆、滑枕等）用不同的运动副连接组成。

由此可看出，一台机器由很多的机构组成，在众多的机构中，平面连杆机构是常用机构，例如图4-3所示的摆动导杆机构就是典型的平面连杆机构的一种。

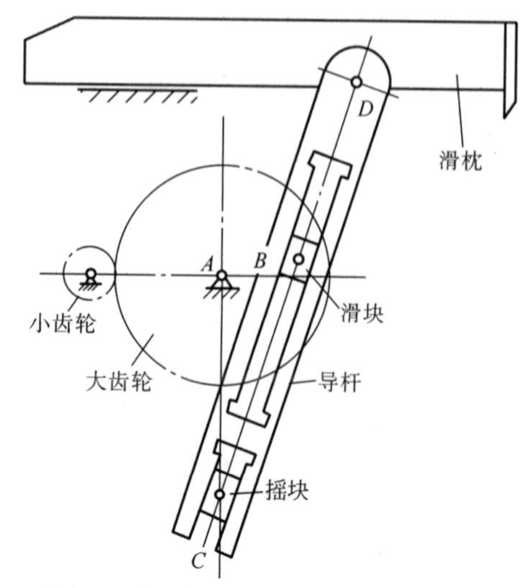

图4-3　摆动导杆机构的机构示意图

要合理和高效地使用各种机械设备，就要充分理解和掌握机构的特性、组成和运动状态。

本章主要介绍有关机构的组成和机构具有确定运动的条件；介绍平面连杆机构的组成及其基本类型。

小常识：当设计、研究机构，或分析机构运动原理时，需要一种用规定符号和简单线条，表示机构各构件间相对运动及运动特征的图形，这种图形称为机构运动简图。本章的机构分析都是在机构运动简图上进行的。

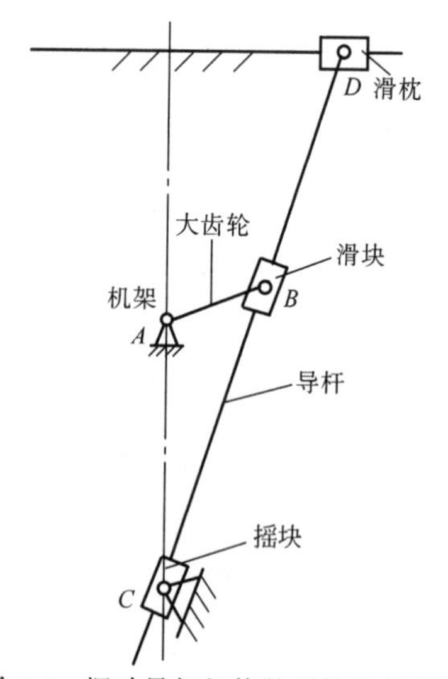

图4-4　摆动导杆机构的机构运动简图

学习内容

4.1　运动副及其分类

1. 构件

构件是组成机构的基本的运动单元，一个零件可以成为一个构件，例如图4-4所示的导杆，但多数构件实际上是由若干零件固定连接而组成的刚性组合。例如图4-5所示的齿轮构件，就是由轴、键和齿轮连接组成的。

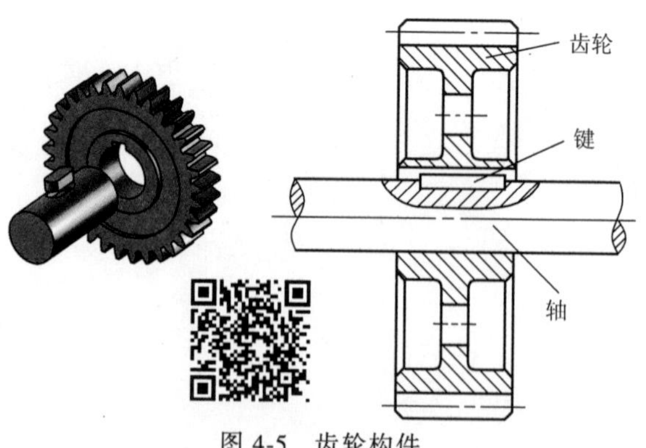

图4-5　齿轮构件

在机构运动简图中，构件均用直线或小方块表示，如图 4-6a、b 所示，图 4-6c、d 表示参与形成两个运动副的构件，图 4-6e、f 表示参与形成三个运动副的构件。

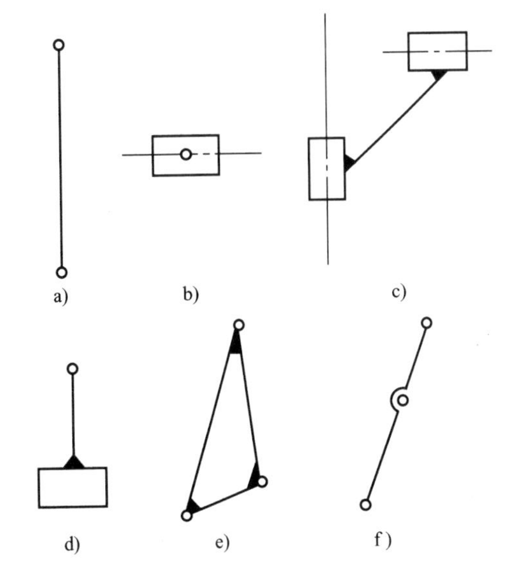

图 4-6 构件的表示方法

2. 运动副

构件与构件之间既保证直接接触和制约，又保持确定相对运动的可动连接称为运动副。

两构件在同一平面内所组成的运动副称为平面运动副。构件间为面接触形式的运动副称为低副，常见的平面低副有转动副和移动副，如图 4-7 所示。

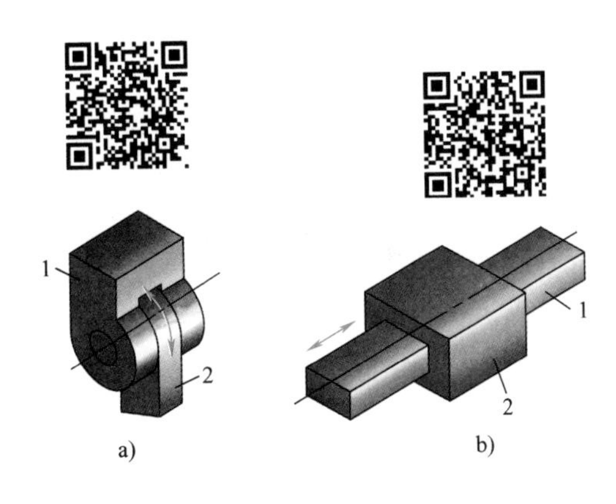

图 4-7 平面低副

a）转动副 b）移动副

图 4-8 所示为转动副的表示方法，圆圈表示转动副，图 4-8a 表示两个构件都能运动，图 4-8b、图 4-8c 中的构件 1 带斜线，表示固定构件（机架）。多用图 4-8c 所示的图形表示原动件。

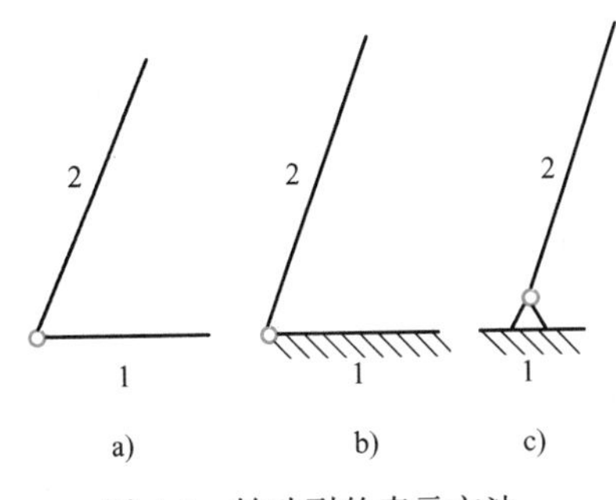

图 4-8 转动副的表示方法

图4-9所示为移动副的表示方法，带斜线的构件1表示机架，构件2表示滑块。

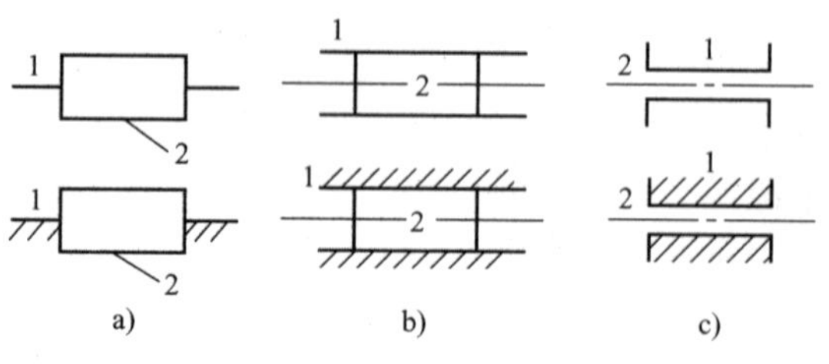

图4-9　移动副的表示方法

构件间为点、线接触形式的运动副称为高副，常见的平面高副有凸轮副和齿轮副，如图4-10所示。

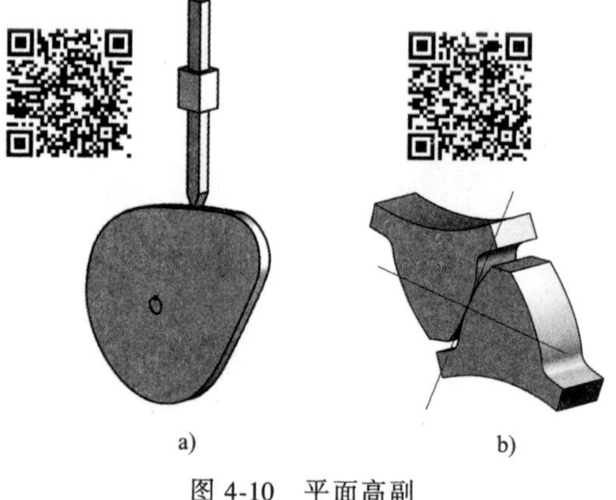

图4-10　平面高副
a）凸轮副　b）齿轮副

图4-11所示为高副的表示方法，图4-11a表示凸轮副，图4-11b、c表示齿轮副。

关键知识点：构件间既保证直接接触又有相对运动的连接称为运动副。面接触形式的是低副，常见的有转动副和移动副。点或线接触的是高副，常见的有凸轮副和齿轮副。

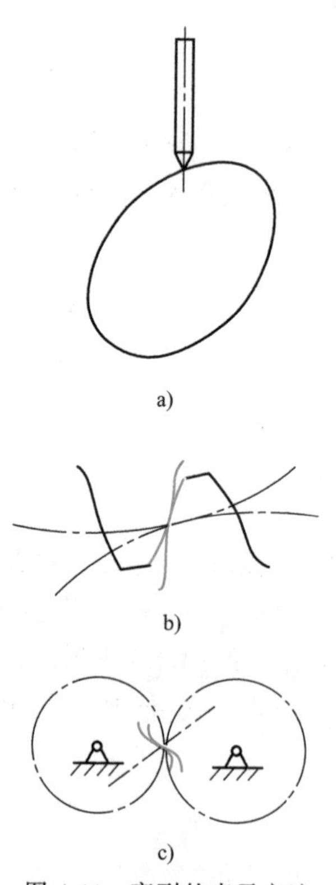

图4-11　高副的表示方法

4.2　平面机构的自由度

1. 构件的自由度

在平面运动中，一个自由构件具有三个独立的运动，如图 4-12 所示，即沿 x 轴和 y 轴的移动，以及在 xOy 平面内的转动。构件的这三个独立运动称为自由度，做平面运动的自由构件有三个自由度。

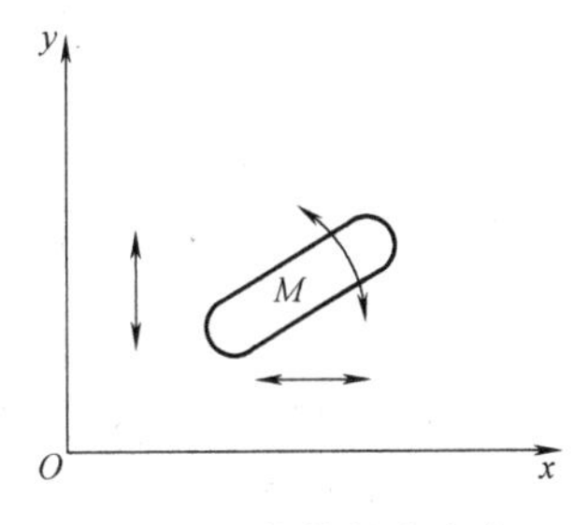

图 4-12　构件的自由度

小提醒：**一个机构能否正确运动，就是看机构的自由度数目和原动件数目是否相等，故机构自由度的计算是非常重要的。**

2. 运动副对构件的约束

构件通过运动副连接后，某些独立运动将受到限制，自由度随之减少，这种对构件独立运动的限制称为约束。每引入一个约束，构件就减少一个自由度，运动副的类型不同，引入的约束数目也不等。如图 4-7a 所示，转动副约束了构件沿 x 轴和 y 轴方向的移动，只保留了一个转动自由度。如图 4-7b 所示，移动副限制了构件沿 y 轴方向的移动和在 xOy 平面内的转动，只保留了一个沿 x 轴方向的移动自由度。如图 4-10 所示，高副只约束了沿接触处公法线方向的移动，保留了绕接触点的转动和沿接触处公切线方向的移动。由此可见，在平面机构中，平面低副引入两个约束，平面高副引入一个约束。运动副约束情况见表 4-1。

表 4-1　运动副约束情况

运动副名称	约束数目	保留数目	约束运动情况	保留运动情况
转动副	2	1	x 轴、y 轴的移动	xOy 平面内的转动
移动副	2	1	x 轴（或 y 轴）的移动、xOy 平面内的转动	y 轴（或 x 轴）的移动
齿轮副	1	2	接触处公法线方向的移动	接触处公切线方向的移动、绕接触点的转动
凸轮副	1	2	接触处公法线方向的移动	接触处公切线方向的移动、绕接触点的转动

关键知识点：**做平面运动的自由构件有三个自由度，平面低副引入两个约束，即限制了两个自由度，剩余一个自由度；平面高副引入一个约束，即限制了一个自由度，剩余两个自由度。**

3. 平面机构自由度的计算公式

假设一个平面机构有 N 个构件，其中必有一个机架（固定构件，自由度为零），故活动构件数为 $n=N-1$ 。在未用运动副连接之前，这些活动构件共有 $3n$ 个自由度，当用运动副将活动构件连接起来后，自由度则随之减少。如果用 P_L 个低副、P_H 个高副将活动构件连接起来，由于每个低副限制两个自由度，每个高副限制一个自由度，则该机构剩余的自由度数 F 为

$$F=3n-2P_L-P_H \tag{4-1}$$

小趣味：为什么在自由度计算公式中，用 F 表示自由度？用 n 表示构件数？用 P_L 表示低副？用 P_H 表示高副？

例 4-1 计算图 4-4 所示摆动导杆机构的自由度。

解 经分析，该机构的活动构件数 $n=5$（3 个块——滑枕、滑块、摇块和 2 个杆件——大齿轮、导杆），低副数 $P_L=7$（3 个移动副、4 个转动副），高副数 $P_H=0$，则机构的自由度为

$$F=3n-2P_L-P_H=3\times5-2\times7-0=1$$

4. 计算平面机构自由度时应注意的问题

在应用式（4-1）计算平面机构的自由度时，对下面几种情况必须加以注意。

（1）复合铰链 如图 4-13a 所示，A 处符号常会被误认为是一个转动副。若观察其侧视图（图 4-13b），就可以看出 A 处是构件 1 分别与构件 2 和构件 3 组成的两个转动副，只是此时两转动副的转动中心线重合。这种由两个以上构件在同一轴线上构成多个转动副的铰链，称为复合铰链。

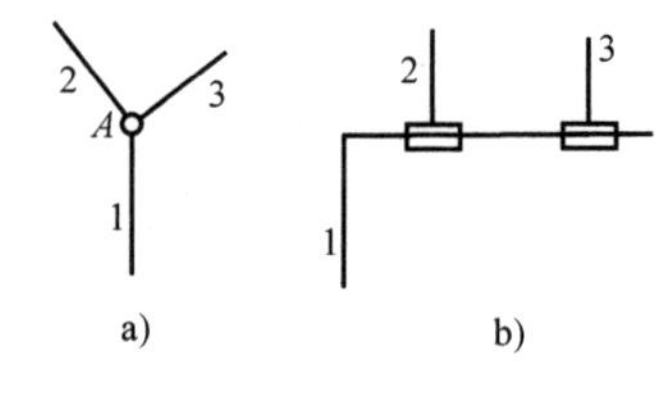

图 4-13 复合铰链

当组成复合铰链的构件数为 k 时，该处所包含的转动副数目应为 $k-1$。在计算机构自由度时，应注意是否存在复合铰链，以免漏算运动副。

例 4-2 计算图 4-14 所示摇筛机构的自由度。

解 机构中有 5 个活动构件，A、B、D、E、F 处各有 1 个转动副，C 处为 3 个构件组成的复合铰链，有 2 个转动副，故 $n=5$，$P_L=7$，$P_H=0$，则机构的自由度为

$$F=3n-2P_L-P_H=3\times5-2\times7-0=1$$

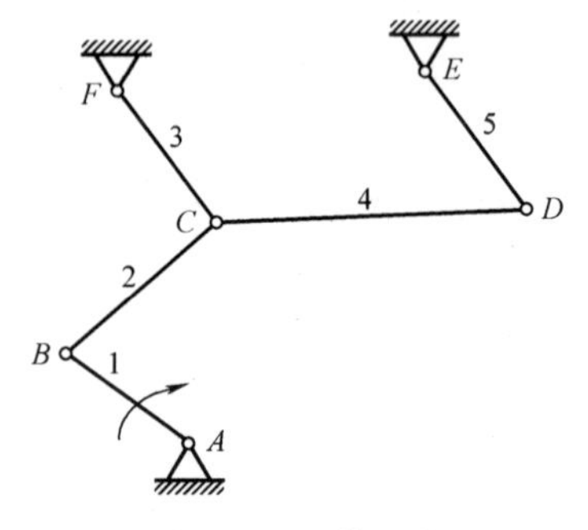

图 4-14 摇筛机构

例 4-3 计算图 4-15 所示圆盘锯的自由度。

解 圆盘锯机构由 7 个活动构件组成，A、B、D、E 处的铰链是复合铰链，每处都有 2 个转动副，C、F 两处是单个的铰链，故共有 10 个转动副，则机构的自由度为

$$F=3n-2P_L-P_H=3\times7-2\times10-0=1$$

机构的自由度为 1，说明只要有一个原动件，机构的运

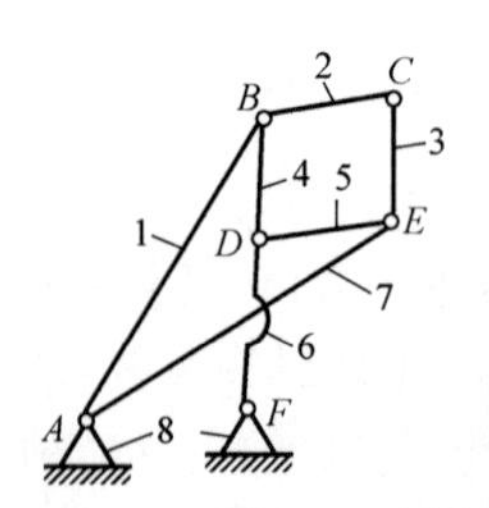

图 4-15 圆盘锯

动就确定。该机构一般将构件 6 为原动件，C 点的运动轨迹是一条直线。

（2）局部自由度 如图 4-16a 所示，滚子 2 可以绕 B 点做相对转动，但是滚子的转动对整个机构的运动不产生影响，只是减小局部的摩擦磨损。这种不影响整个机构运动的局部独立运动，称为局部自由度。计算机构自由度时，应假想滚子 2 与杆 3 固结（图 4-16b），消去局部自由度不计。

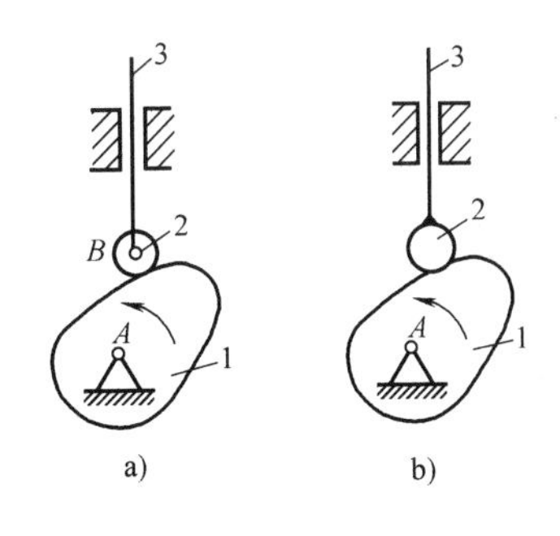

图 4-16 局部自由度

例 4-4 计算图 4-16 所示凸轮机构的自由度。

解 因有局部自由度，所以先将滚子 2 与杆 3 固结，再计算机构自由度，故 $n=2$、$P_L=2$、$P_H=1$，则机构的自由度为

$$F=3n-2P_L-P_H=3\times2-2\times2-1=1$$

局部自由度虽然不影响整个机构的运动，但可以使接触处的滑动摩擦变为滚动摩擦，减小摩擦阻力和磨损。因此，实际机械中常有局部自由度存在，如滚子、滚轮等。

小资料：这里主要讲的是平面机构的自由度，只用到平面运动副。在现代机械中，尤其是在自动化装配线上还经常用到空间运动副。属于空间运动副的有球面副、球销副、螺旋副和圆柱副等。空间运动副有六个自由度，可在空间自由转动，如常见的机械手、机械人等多用到空间运动副，现在的各种可变形的玩具等也用到很多空间运动副。

（3）虚约束 在一些特殊的机构中，有些运动副所引入的约束与其他运动副所起的限制作用相重复，这种不起独立限制作用的重复约束，称为虚约束。在计算机构自由度时，应除去虚约束。

例 4-5 计算图 4-17a 所示大筛机构的自由度。

解 机构中的滚子在 F 处有一个局部自由度。顶杆与机架在 E、E' 处组成两个导路平行的移动副，其中之一为虚约束。C 处为复合铰链。将滚子与顶杆视为一体，去掉移动副 E'，并在 C 点注明转动副个数，如图 4-17b 所示。将 $n=7$，$P_L=9$，$P_H=1$ 代入式（4-1），则机构的自由度为

$$F=3n-2P_L-P_H=3\times7-2\times9-1=2$$

计算结果表明机构的自由度为 2，说明该机构需要有两个原动件，机构的运动才能确定。

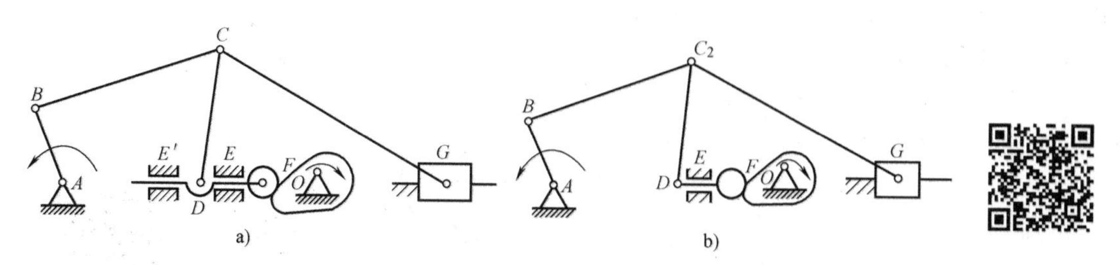

图 4-17　大筛机构

引入虚约束后，其所约束点处的运动轨迹与引入前的运动轨迹重合。虚约束对机构的运动虽不起作用，但可以增加机构的刚度、改善机构的受力、保持运动的可靠性等。因此，在机构中引入虚约束是工程实际中经常采用的主动措施。机构中常见的虚约束见表 4-2。

关键知识点： 自由度计算公式是 $F=3n-2P_L-P_H$，计算自由度时要注意复合铰链、局部自由度和虚约束。

表 4-2　机构中常见的虚约束

虚约束引入情况	机构简图	特征 特定几何条件	自由度计算及对虚约束处理措施
用转动副连接两构件上运动轨迹重合的点	机动车轮联动机构 B　2　$E(E_2、E_5)$　C　1　5　3　A　F　4　D	重复轨迹 构件 EF、AB、CD 彼此平行且相等	$F=3n-2P_L-P_H$ $=3\times3-2\times4=1$ 措施：拆去构件 5 及其引入的转动副 E、F
两构件组成多个转动副，且各转动副的轴线重合	齿轮轴轴承 B　B′　2　2　1	重复转动副 B、B' 两轴承共轴线	$F=3n-2P_L-P_H$ $=3\times1-2\times1=1$ 措施：只计算一个转动副（如 B），除去其余转动副（如 B'）
两构件组成多个移动副，且各移动副的导路平行或重合	气缸 2　B′　1　B	重复移动副 B、B' 两导路移动方向彼此平行	$F=3n-2P_L-P_H$ $=3\times1-2\times1=1$ 措施：只计算一个移动副（如 B），除去其余移动副（如 B'）

（续）

虚约束引入情况	机构简图	特征 特定几何条件	自由度计算及对虚约束处理措施
两构件组成多个平面高副，且各高副接触点处公法线重合	凸轮机构	重复高副 两接触点 B、B' 处公法线重合 重复移动副 C、C' 两导路移动方向彼此平行	$F=3n-2P_L-P_H$ $=3\times2-2\times2-1=1$ 措施：只计算一个高副（如 B），除去其余高副（如 B'）。另外，只计算一个移动副 C，除去其余移动副 C'
对机构运动不起作用的对称部分	齿轮机构	重复结构 对称的三个小齿轮 2、2′、2″大小相同	$F=3n-2P_L-P_H$ $=3\times4-2\times4-2=2$ 措施：只计算一个小齿轮（如 2），拆去其余小齿轮及其引入的运动副 小提醒：行星轮系中，齿轮 1、齿轮 3 和 H 杆三个构件和机架组成 3 个转动副，此处为复合铰链。

5. 平面机构具有确定运动的条件

机构的自由度就是机构所具有的独立运动的个数。由于原动件和机架相连，受低副约束后只有一个独立的运动。而从动件靠原动件带动，本身不具有独立运动。因此，机构的自由度必定与原动件数目相等。

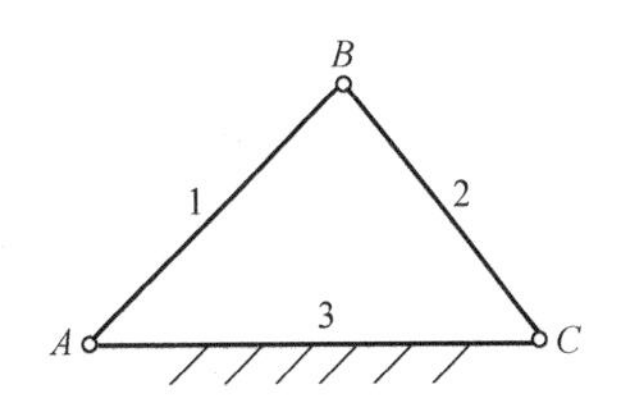

图 4-18　自由度为零（桁架）

如果机构的自由度数等于零，如图 4-18 所示，则构件组合在一起形成刚性结构，各构件之间没有相对运动，故不能构成机构。

如果原动件数小于自由度数，则机构就会出现运动不确定的现象，如图 4-19 所示。

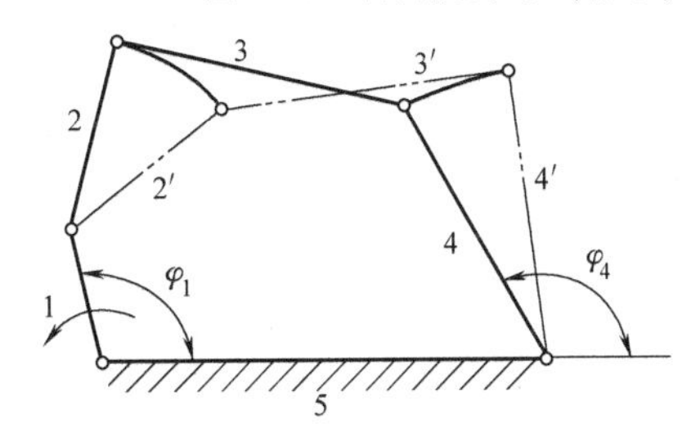

图 4-19　原动件数小于自由度数

如果原动件数大于自由度数，则机构中最薄弱的构件或运动副可能被破坏，如图4-20所示。

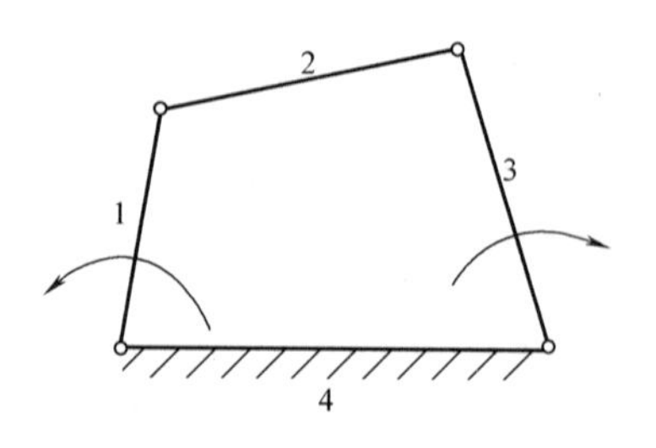

图4-20　原动件数大于自由度数

关键知识点：机构具有确定运动的条件是：机构的自由度数大于零且等于原动件数。

4.3　平面四杆机构的基本形式

平面连杆机构是将若干构件用低副（转动副和移动副）连接起来并做平面运动的机构，也称低副机构。

由于低副为面接触，故传力时压强低、磨损量小，且易于加工和保证精度，能方便地实现转动、摆动和移动这些基本运动形式及其相互间的转换等。因此，平面连杆机构在各种机器设备和仪器仪表中得到了广泛的应用。

平面连杆机构的缺点：由于低副中存在着间隙，将不可避免地引起机构的运动误差；不容易实现精确、复杂的运动规律。

简单的平面连杆机构是由四个构件用低副连接而成的，简称平面四杆机构。它应用广泛，是组成多杆机构的基础。因此，本章主要讨论平面四杆机构的有关问题。

根据有无移动副存在，平面四杆机构可分为铰链四杆机构和滑块四杆机构两大类（图4-21）。

4.3.1　铰链四杆机构

当平面四杆机构中的运动副都是转动副时，称为铰链四杆机构（图4-21a）。机构中固定不动的构件4称为机架；与机架相连的构件1、3称为连架杆，其中能做整周回转的连架杆1称为曲柄，只能做往复摆动的连架杆3称为摇杆（或摇块）；连接两连架杆的可动构件2称为连杆。

1. 铰链四杆机构的基本形式

铰链四杆机构按两连架杆的运动形式，分为三种基本形式：曲柄摇杆机构、双曲柄机构和双摇杆机构。

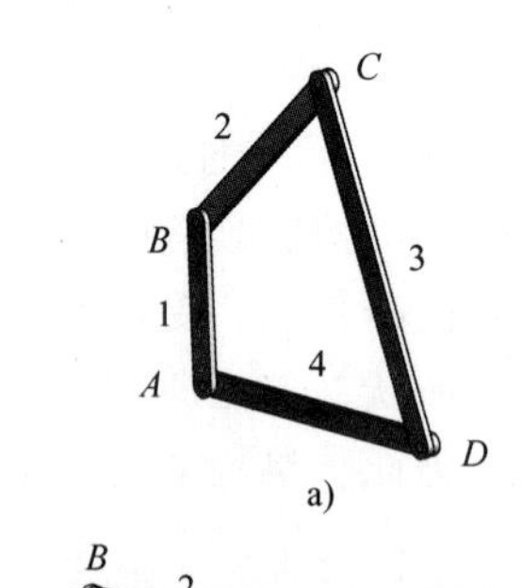

a）

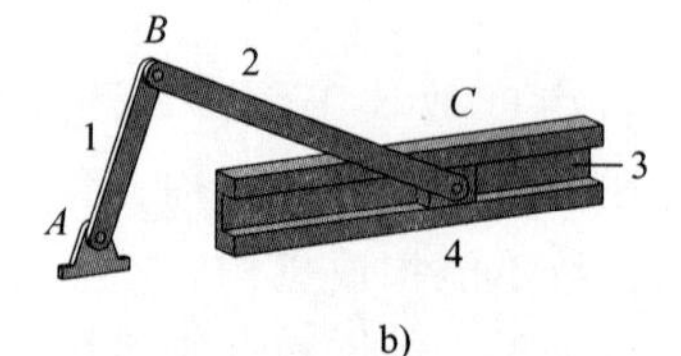

b）

图4-21　平面四杆机构
a）铰链四杆机构
b）滑块四杆机构

（1）曲柄摇杆机构　铰链四杆机构的两连架杆中，如果一个是曲柄，另一个是摇杆，则称为曲柄摇杆机构，如图 4-22 所示，图中 1 为曲柄，3 为摇杆。

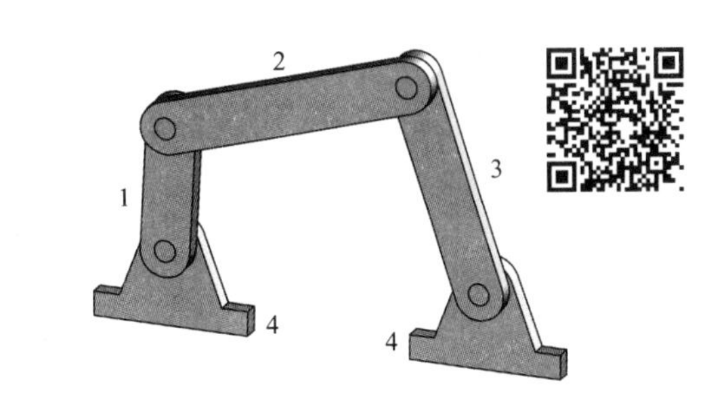

图 4-22　曲柄摇杆机构

曲柄摇杆机构的用途是改变传动形式，可将摆动转变为回转运动，如图 4-23 所示的缝纫机踏板机构，就是把踏板（摇杆）的摆动转变为曲柄（实际上是带轮）的转动。

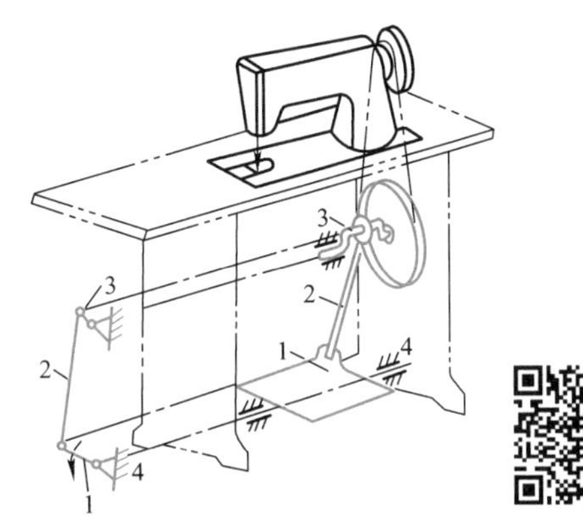

图 4-23　缝纫机踏板机构

日常生活中，健身用的跑步器也是曲柄摇杆机构的应用，如图 4-24 所示。

图 4-24　跑步器

（2）双曲柄机构　铰链四杆机构的两个连架杆均为曲柄时，称为双曲柄机构，如图 4-25 所示。

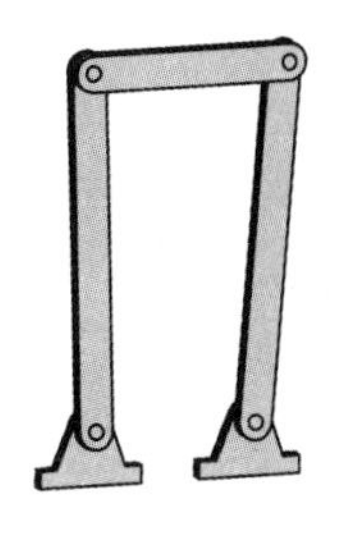

图 4-25　双曲柄机构

当两个曲柄的长度不相等时，为普通双曲柄机构。普通双曲柄机构的运动特点：当主动曲柄做匀速转动时，从动曲柄做周期性的变速转动，以满足机器的工作要求。例如图4-26所示的惯性筛，就是利用了双曲柄机构 *ABCD* 的这个特点。

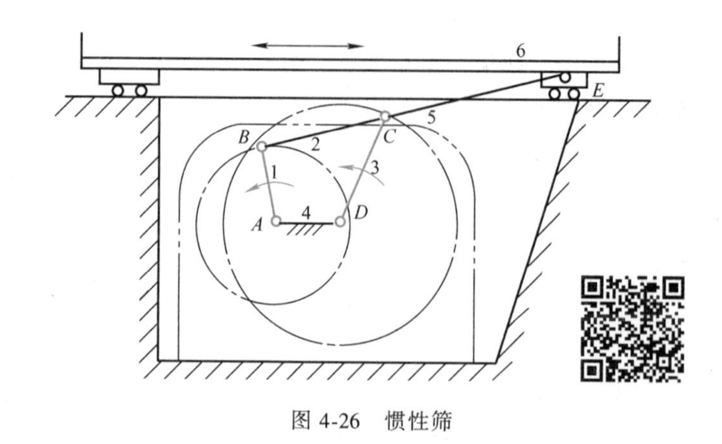

图 4-26　惯性筛

在双曲柄机构中，若相对的两杆长度分别相等，则称为平行双曲柄机构（图4-27）。

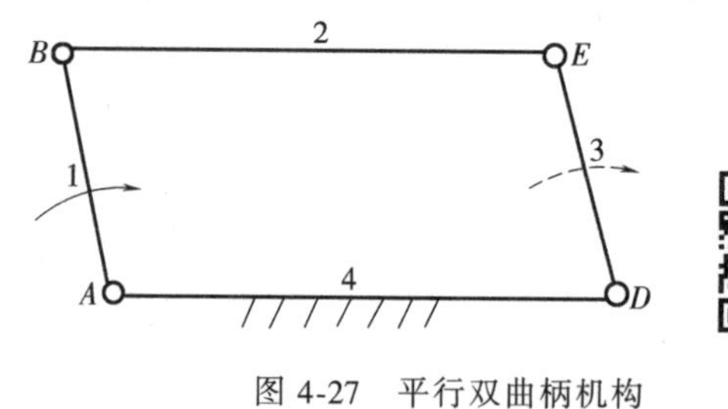

图 4-27　平行双曲柄机构

当两曲柄转向相同时，它们的角速度时时相等，连杆也始终与机架平行，四个构件形成一个平行四边形，故又称平行四边形机构。这种机构在工程上应用很广，例如图4-28所示的机车车轮联动机构。

图 4-28　机车车轮联动机构

图4-29所示的天平机构，也是利用平行四边形机构中主、从动曲柄运动相同和对边始终平行的特点，保证当使机构处于平衡时，砝码和称量物的质量一样，从而完成称量工作。

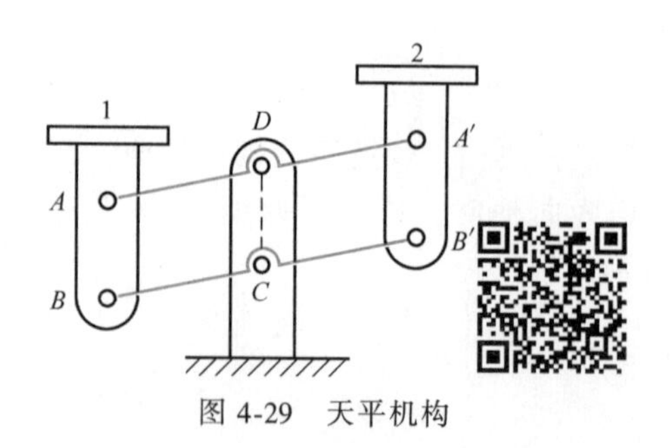

图 4-29　天平机构

平行双曲柄机构中还有一种是反向平行双曲柄机构，也就是从动曲柄的转向和主动曲柄的转向相反。图 4-30 所示的车门启闭机构就是反向平行双曲柄机构的应用，这样当 AB 杆摆动，左侧门打开的同时，通过 BC 杆的连接使得 CD 杆摆动，从而使右侧门同时打开。

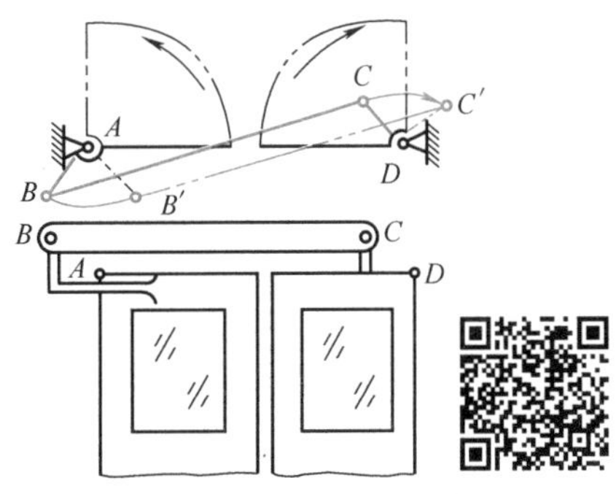

图 4-30　车门启闭机构

图 4-31 所示的引体向上训练器也是反向双曲柄机构的应用，利用反向双曲柄机构，靠自己的臂力把自己拉上去，以达到锻炼臂力等目的。

图 4-31　引体向上训练器

（3）双摇杆机构　若铰链四杆机构的两个连架杆均为摇杆，则称为双摇杆机构，如图 4-32 所示。

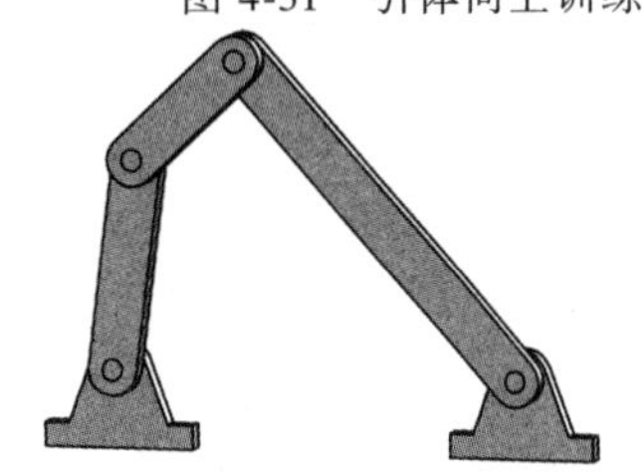

图 4-32　双摇杆机构

小提示：学习了平面连杆机构的基本形式后，注意观察身边能运动的各种机构是哪种类型，培养创新意识。

图 4-33 所示的港口起重机就是双摇杆机构的应用，该机构的最大优点是当重物被吊起往回收时，M 点的运动轨迹是一条直线，避免了被吊重物对起重机本身产生的冲击。

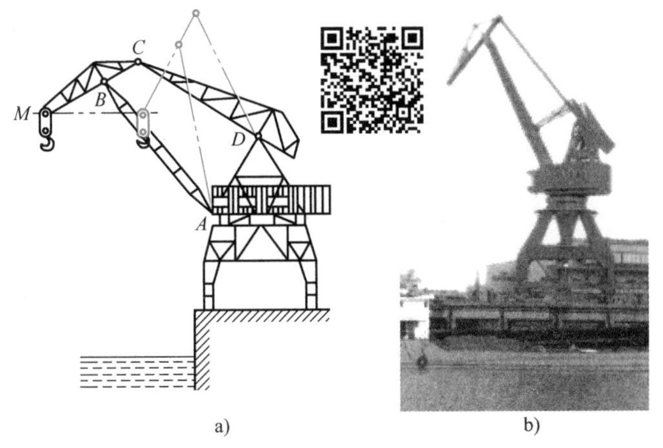

图 4-33　港口起重机

a）运动简图　b）实物图

图4-34所示的飞机起落架也是双摇杆机构的应用。

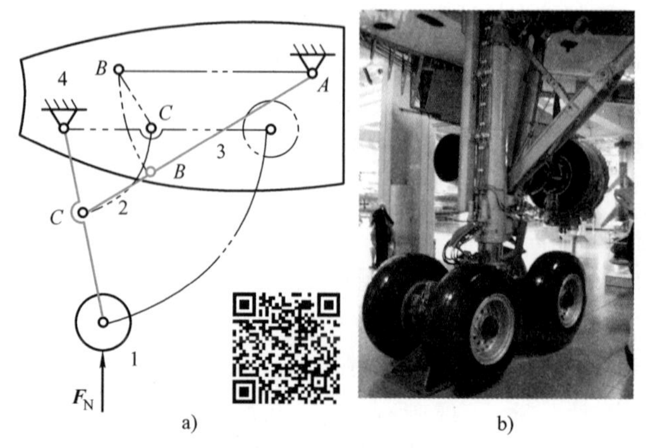

图4-34 飞机起落架
a）运动简图 b）实物图

生产实践中使用的剪板机也是利用双摇杆机构的特性来工作的，如图4-35所示，AB杆为摇杆主动件，当摇杆上的长柄往复摆动时，通过连杆BC带动另一个摇杆CD也上下摆动，CD杆同时也是动切削刃，动切削刃上下摆动和静切削刃一起完成剪钢板的工作。

图4-35 剪板机

2. 铰链四杆机构类型的判别

由上述可知，铰链四杆机构三种基本形式的主要区别就在于连架杆是否为曲柄。而机构是否有曲柄存在，则取决于机构中各构件的相对长度，以及最短构件所处的位置。对于铰链四杆机构，可按下述方法判别其类型。

1）当铰链四杆机构中最短构件的长度L_{min}与最长构件的长度L_{max}之和，小于或等于其他两构件长度l'、l''之和（即$L_{min}+L_{max} \leqslant l'+l''$，一般称为杆长条件）时：

①若最短构件为连架杆，则该机构一定是曲柄摇杆机构，如图4-36所示。

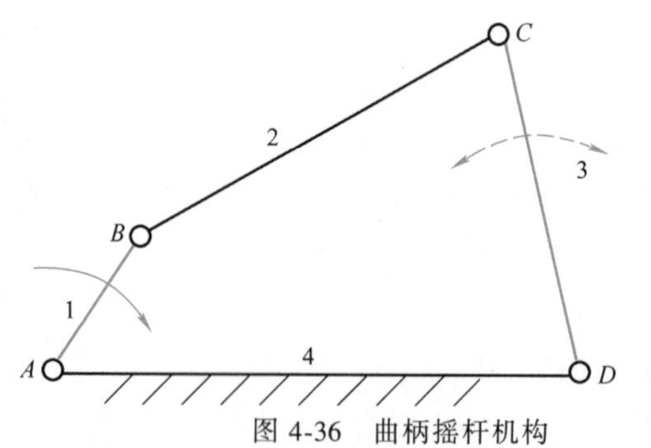

图4-36 曲柄摇杆机构

② 若最短构件为机架，则该机构一定是双曲柄机构，如图 4-37 所示。

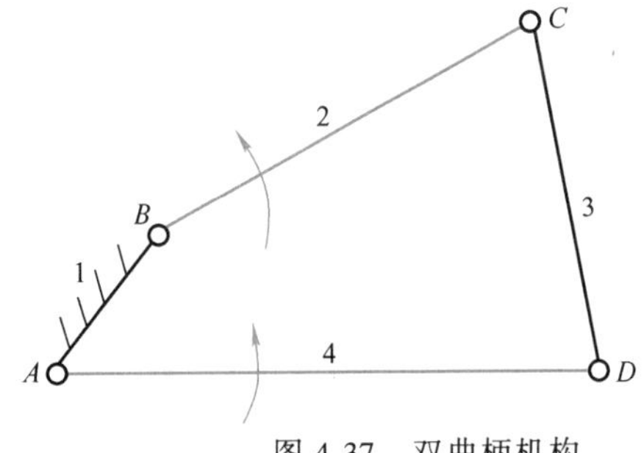

图 4-37　双曲柄机构

③ 若最短构件为连杆，则该机构一定是双摇杆机构，如图 4-38 所示。

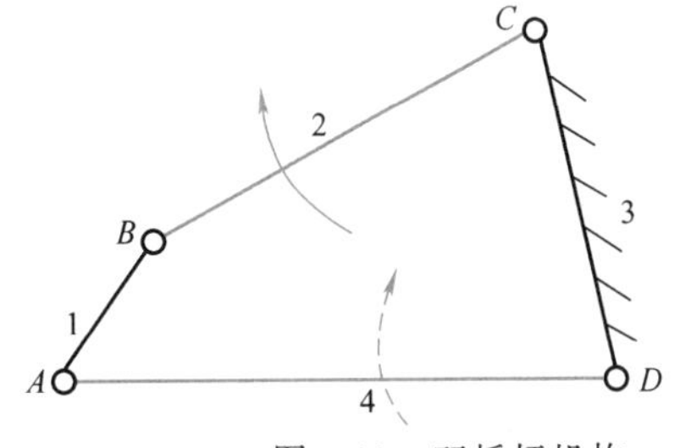

图 4-38　双摇杆机构一

2）当铰链四杆机构中最短构件的长度 L_{min} 与最长构件的长度 L_{max} 之和，大于其他两构件长度 l'、l''之和（即 $L_{min}+L_{max}>l'+l''$）时，则不论取哪个构件为机架，都无曲柄存在，机构只能是双摇杆机构，如图 4-39 所示。

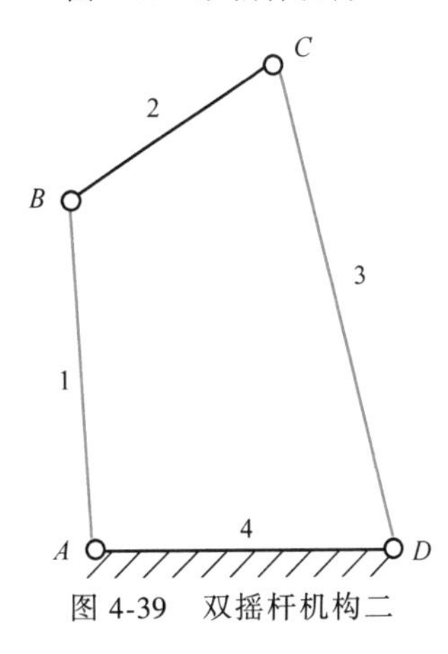

图 4-39　双摇杆机构二

小说明：铰链四杆机构几种形式的变换，关键是两条：一条是"杆长条件"；另一个条件就是看固定何杆为机架。

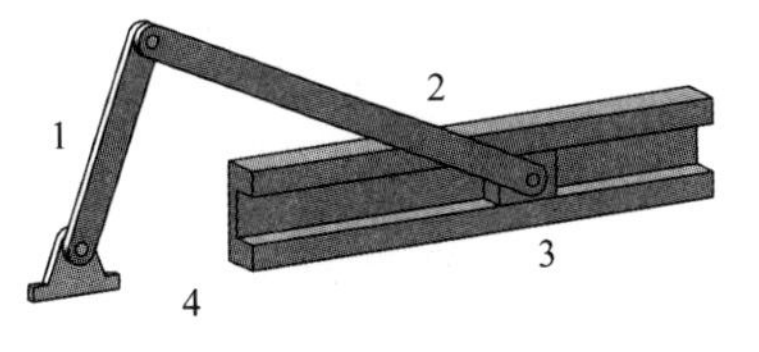

图 4-40　单滑块机构（对心曲柄滑块机构）

4.3.2　滑块四杆机构

凡含有移动副的四杆机构，均称为滑块四杆机构，简称滑块机构。按机构中滑块的数目，可分为单滑块机构（图 4-40）和双滑块机构（图 4-41）。

图 4-41　双滑块机构

1. 曲柄滑块机构

如图 4-40、图 4-42 所示，图中 1 为曲柄，2 为连杆，3 为滑块。若滑块移动导路中心通过曲柄转动中心，则称为对心曲柄滑块机构（图 4-40）；若滑块移动导路中心不通过曲柄转动中心，则称为偏置曲柄滑块机构（图 4-42），其中 e 为偏距。

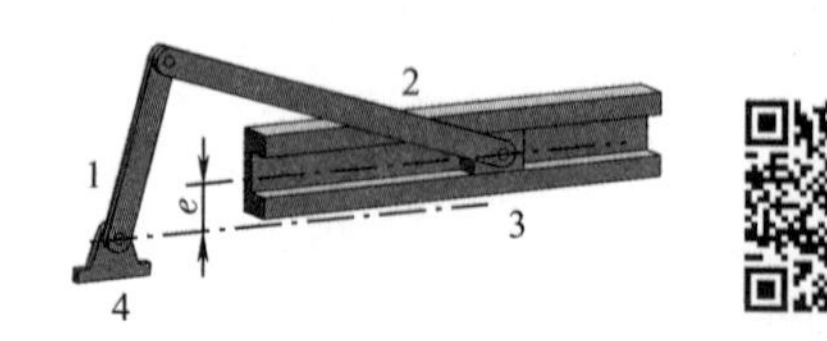

图 4-42　偏置曲柄滑块机构

曲柄滑块机构的用途很广，主要用于将回转运动转变为往复移动，如自动送料机构（图 4-43）。

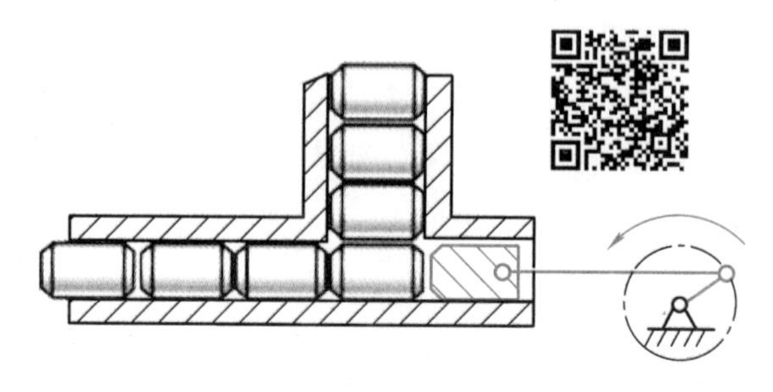

图 4-43　自动送料机构

图 4-44 所示家用夹核桃器也应用了曲柄滑块机构。

图 4-44　家用夹核桃器

当对心曲柄滑块机构的曲柄长度较短时，常把曲柄做成偏心轮的形式（图 4-45），称为偏心轮机构。这样不但增大了轴颈的尺寸，提高了偏心轴的强度和刚度，而且当轴颈位于轴的中部时，还便于安装整体式连杆，从而使连杆结构简化。偏心轮机构广泛应用于剪板机、压力机、内燃机、颚式破碎机等机械设备中。

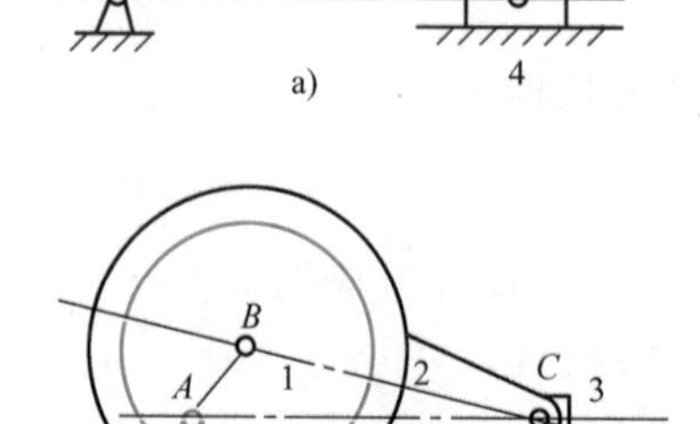

图 4-45　偏心轮机构

2. 导杆机构

如图 4-46a 所示，曲柄滑块机构如取构件 1 为机架，构件 2 为原动件，则当构件 2 做圆周转动时，导杆 4 也做整周回转（其条件为 $l_1<l_2$），此机构称作转动导杆机构。例如图 4-46b 所示简易刨床的主运动就利用了这种转动导杆机构。

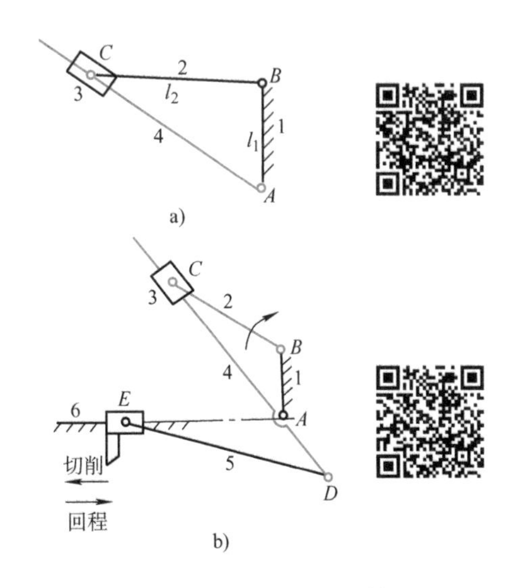

图 4-46　转动导杆机构
a）运动简图　b）简易刨床的主运动机构

当 $l_1>l_2$ 时，仍以构件 2 为原动件做连续转动时，导杆 4 只能往复摆动，故称为摆动导杆机构（图 4-47a），如牛头刨床中的主运动机构（图 4-47b）即为摆动导杆机构。

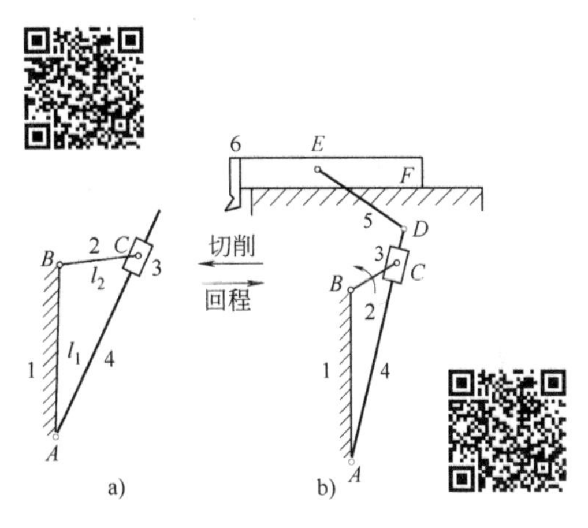

图 4-47　摆动导杆机构
a）运动简图　b）牛头刨床中的摆动导杆机构

3. 摇块机构

在图 4-45a 所示的曲柄滑块机构中，如取连杆构件 2 为机架，曲柄构件 1 做整周运动，导路构件 4 做摆动，则滑块 3 成了绕机架上 C 点做往复摆动的摇块，该机构就演变为摇块机构，如图 4-48a 所示。这种机构常用于摆动液压泵，如图 4-48b 所示。

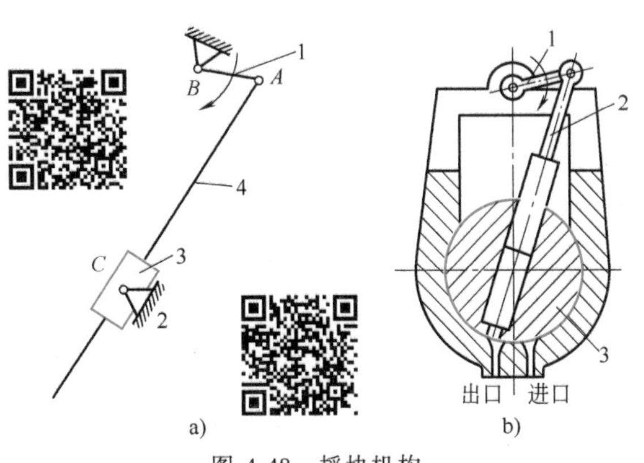

图 4-48　摇块机构
a）运动简图　b）摆动液压泵

图4-49所示的自卸汽车的翻斗机构，也是摇块机构的实际应用。

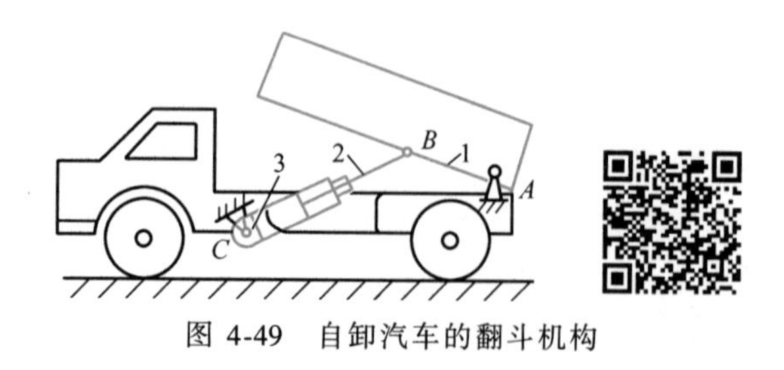

图4-49　自卸汽车的翻斗机构

4. 定块机构

曲柄滑块机构中，如取滑块3为机架，即得定块机构（图4-50a）。图4-50b所示的手动压水机是定块机构的应用实例。

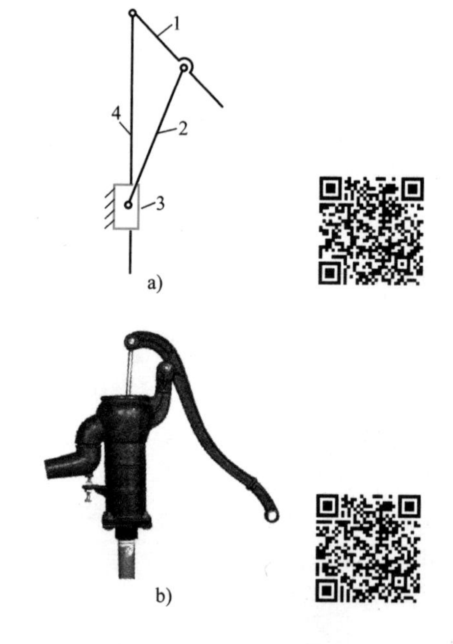

图4-50　定块机构及实例

a）运动简图　b）手动压水机

*4.4　平面四杆机构的基本特性

1. 急回特性

如图4-51所示的曲柄摇杆机构，原动件曲柄1在转动一周的过程中，有两次与连杆2共线（即为B_1AC_1，AB_2C_2），此时摇杆3分别处于C_1D和C_2D两个极限位置，曲柄与连杆两共线位置间所夹的锐角θ称为极位夹角。从图中可以看出，摇杆

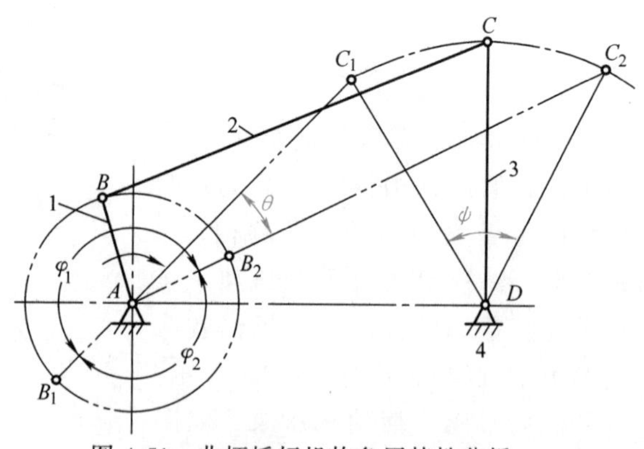

图4-51　曲柄摇杆机构急回特性分析

的两个极限位置间的夹角 ψ 是一定的，但摇杆由 C_1D 位置摆动到 C_2D（为工作行程）所转过的角度是 $\varphi_1=180°+\theta$，而摇杆由 C_2D 摆回到 C_1D（为返回行程）所转过的角度是 $\varphi_2=180°-\theta$，说明摇杆从 C_2D 位置摆回到 C_1D 比从 C_1D 位置摆动到 C_2D 的速度快。机构的这种返回行程比工作行程速度快的特性，称为机构的急回特性。

除曲柄摇杆机构外，偏置曲柄滑块机构（图 4-52）、摆动导杆机构（图 4-53）等也具有急回特性。

在往复工作的机械（如插床、插齿机、刨床、搓丝机等）中，常利用机构的急回特性来缩短空行程的时间，以提高劳动生产率。

2. 传力性能的标志——压力角

图 4-54 所示的铰链四杆机构在运动时，原动件 1 通过连杆 2 作用于从动件 3 上的力 $\boldsymbol{F}$ 是沿着连杆 BC 的方向，力 $\boldsymbol{F}$ 的方向线与力的作用点 C 的速度 v_C 方向线之间所夹的锐角称为压力角，用 α 表示。

在工程中，为了度量方便，常将压力角 α 的余角 γ（图 4-54）称为传动角，显然，因 $\gamma=90°-\alpha$，故 γ 越大，机构的传力性能就越好；反之，机构的传力性能就越差；当 γ 过小时，机构就会自锁。

3. 死点位置

图 4-55 所示的缝纫机踏板机构（曲柄摇杆机构）在工作时，当曲柄 AB（摇杆主动）与连杆 BC 共线时（图 4-55），不论连杆上的力 F 多大，曲柄都不能转动，机构所处的这种位置，称为死点位置。

显然，只要从动件与连杆存在共线位置，该机构就存在死点位置。

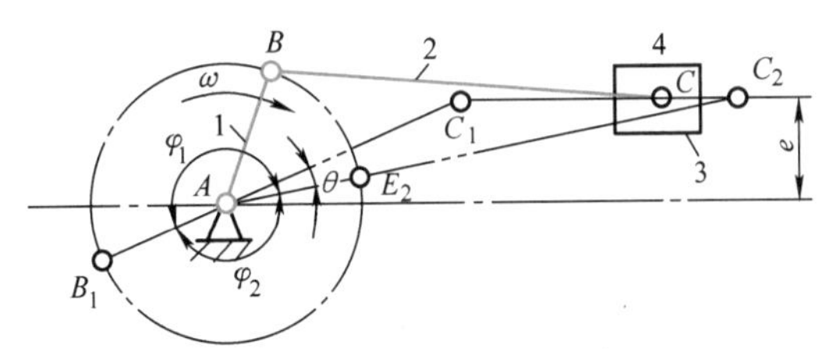

图 4-52　偏置曲柄滑块机构

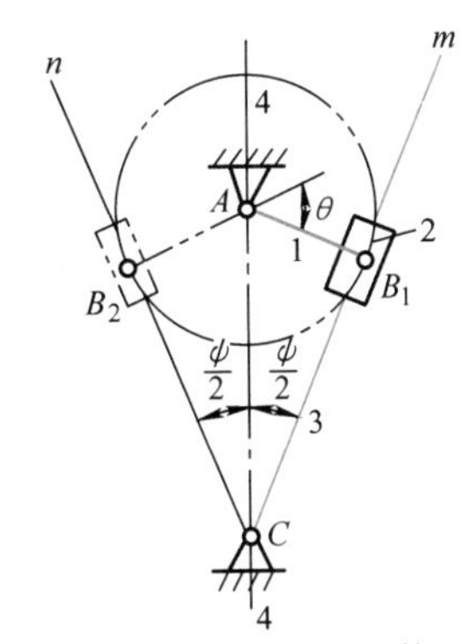

图 4-53　摆动导杆机构

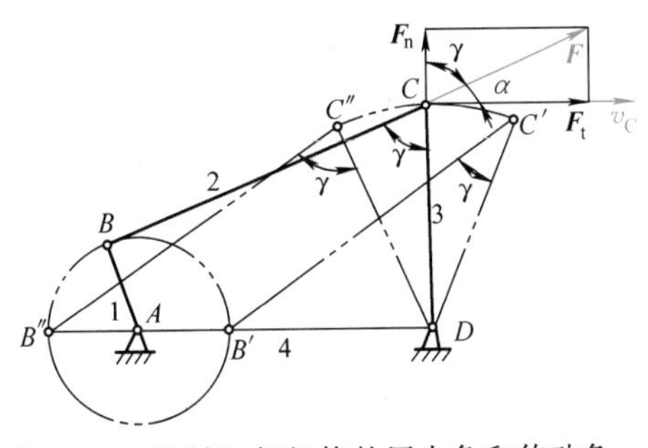

图 4-54　铰链四杆机构的压力角和传动角

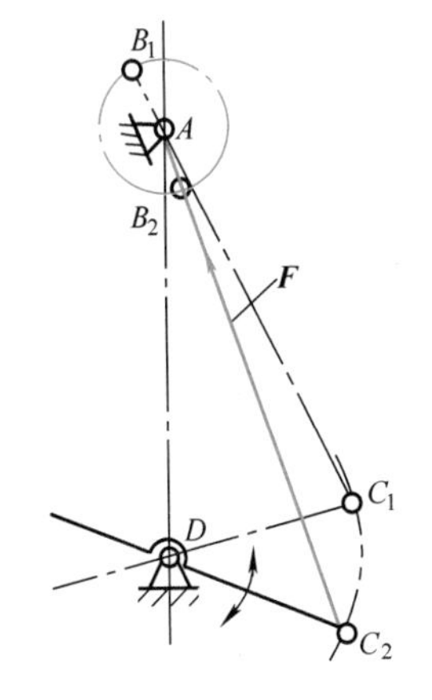

图 4-55　曲柄摇杆机构的死点位置

工程上也常利用机构的死点位置来实现一定的工作要求。图 4-56 所示为铣床快动夹紧机构，当工件被夹紧后，无论反力 F_N 有多大，因夹具 BCD 成一直线，机构（夹具）处于死点位置，都不会使夹具自动松脱，从而保证了夹紧工件的牢固性。

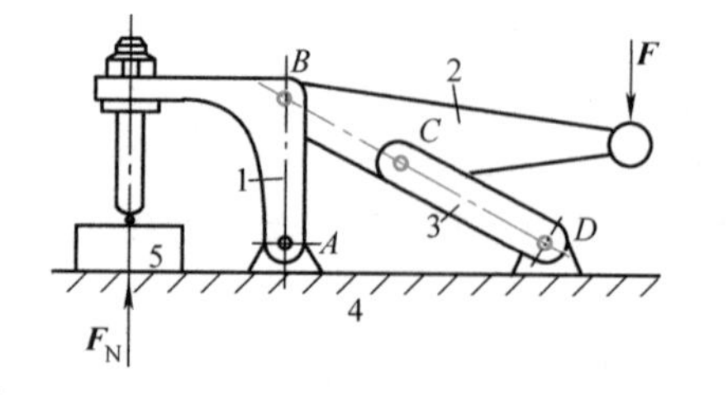

图 4-56　铣床快动夹紧机构

又如图 4-34 所示的飞机起落架机构，当飞机着陆时，虽然机轮受很大的反作用力 F_N，但因杆 3 与杆 2 共线，机构处于死点位置，机轮也不会折回，从而提高了机轮起落架工作的可靠性。

但死点位置有时也会成为机构运动的阻碍，影响设备的正常工作，工程中常用的解决办法是利用构件的惯性，使机构通过死点位置，如在曲轴上安装飞轮，也可采用相同机构错位排列，使两边机构的死点位置互相错开的方法来度过死点位置，图 4-57 所示为多缸内燃机的联动机构。

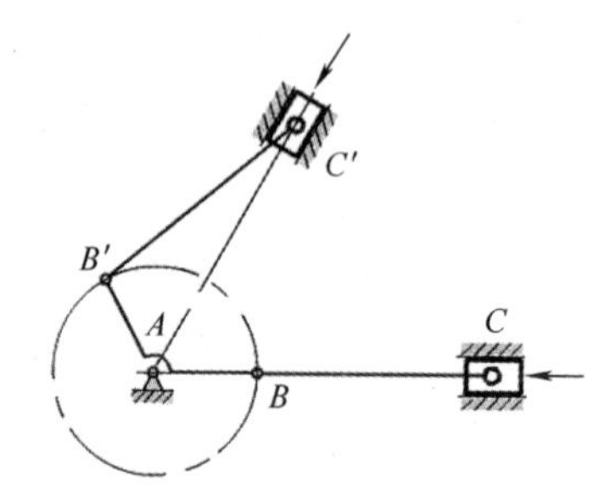

图 4-57　多缸内燃机的联动机构

4.5　多杆机构简介

多杆机构用在四杆机构的基础上添加杆组的方法来实现，添加杆组后一般要求不改变原机构的自由度数，因此所添加杆组的自由度数应为零，如一般添加的简单杆组为两个构件三个低副，例如图 4-58 所示插齿机主结构，就是在四杆机构（构件 1、构件 2、构件 3、构件 6）的基础上添加杆组（构件 4、构件 5）组成的。

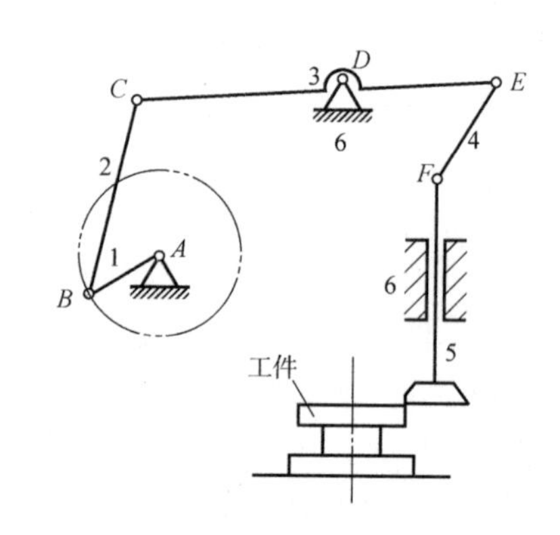

图 4-58　插齿机主结构

图 4-59 所示为手动压力机机构，是由双摇杆机构 $ABCD$ 和定块机构 $DEFG$ 串联组成的，前一机构的从动件 CD 杆正好是后一机构 $DEFG$ 的主动件。由杠杆定理可知，作用在手柄 AB 杆上的力，通过构件 1 和构件 3 的两次放大，使得冲头杆 6 的力量增大。

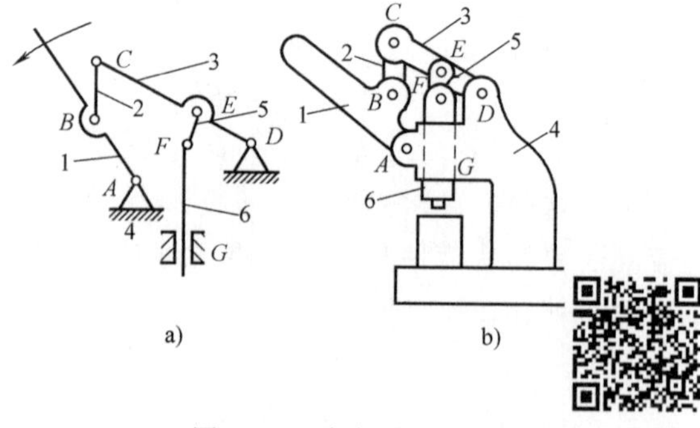

图 4-59　手动压力机机构
a）运动简图　b）结构简图

图 4-60 所示为由六杆机构组成的热轧钢料运输机，是在曲柄摇杆机构（构件 1、构件 2、构件 3、构件 4）的基础上添加杆组（构件 5、构件 6）组成的，构件 6 为滑块，即运输钢料的平台，该机构利用运输过程将钢料进行冷却。采用六杆机构，在摇杆 3 上添加杆组后，摇杆的摆动转变为滑块的移动，增大了行程。

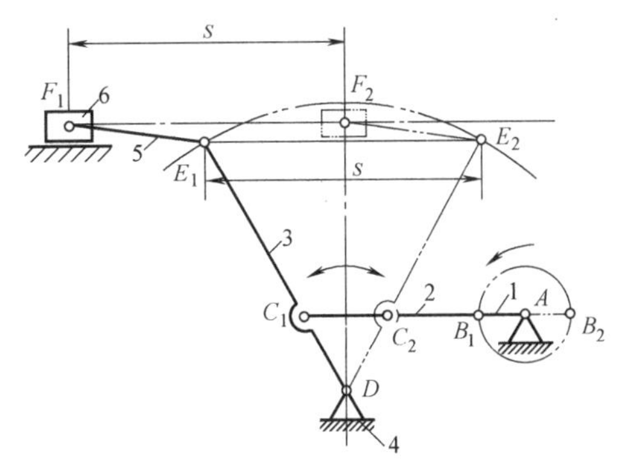

图 4-60　热轧钢料运输机

图 4-61 所示为自重式训练器，除手持的开式运动链外，其主要组成机构是曲柄摇杆机构 *ABCD* 和双曲柄机构 *DEFG* 组成的六杆机构，前一个机构的摇杆 *CD* 就是后一个机构的主动曲柄 *DE*。该健身器可以有两种锻炼方式。

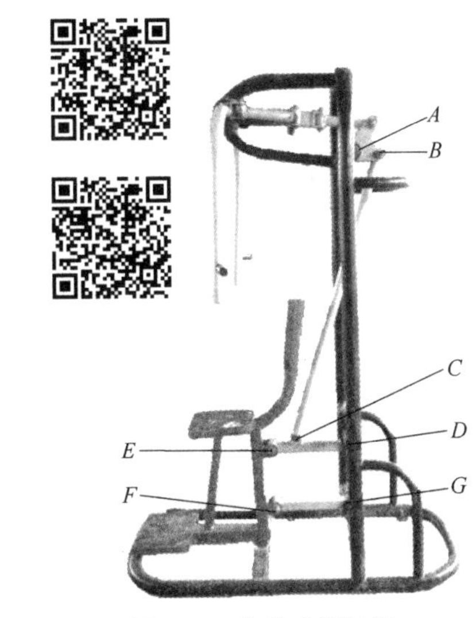

图 4-61　自重式训练器

图 4-62 所示的划船器也是一个六杆机构，可以理解为是一个在中间部位加了驱动装置的双摇杆机构。

图 4-62　划船器

小提示：观察健身器等能见到的运动机构，多为四杆或六杆机构，分析其运动原理，基本上是前面学过的铰链四杆机构的三种基本形式。

关键知识点：一般常见的多杆机构可以理解为由两个或两个以上的四杆机构串联组成，多用由两个四杆机构组成的多杆机构。这种机构的特点是前一个四杆机构的从动件往往是后一个四杆机构的原动件，这种机构的自由度数为 1，只需一个原动件。

4.6 其他机构简介

小提示：通过观察、分析日常生活中见到的应用实例，了解各类机构应用的场合，激发学习和创新机构的兴趣。

1. 开式机构

图4-63所示为环卫工人清理街道用的手动环保夹子，该夹子就是一个开式机构。当握紧手柄时，通过拉杆（实物中为一根钢丝）的向上运动，牵动组成夹子的两个构件绕各自的连接轴摆动，使得夹子口部收紧，夹起物品。

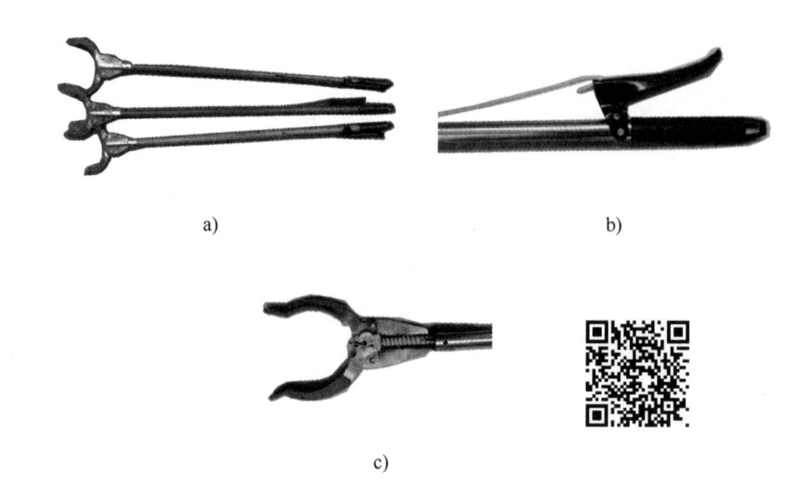

图4-63 手动环保夹子
a）夹子整体结构 b）手柄 c）夹子口部

建筑工地上常用的剪断钢筋的钳子也是开式机构，如图4-64所示。该钳子通过杠杆机构对力进行放大，故一般人用正常的力量可以用该钳子剪断直径为6~8mm的钢筋。

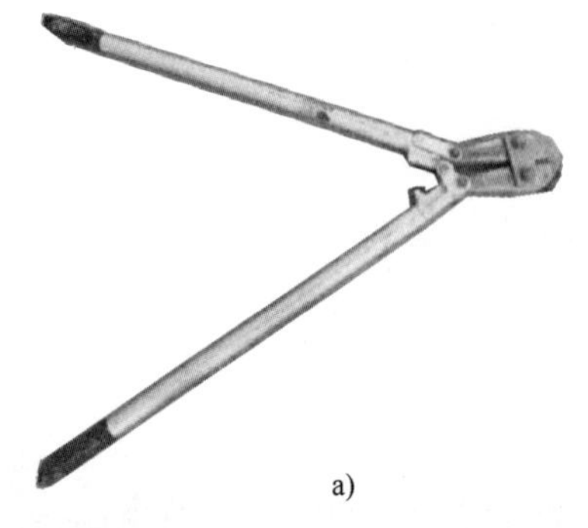

a)

b)

图4-64 剪断钢筋的钳子
a）钳子结构 b）用钳子剪断钢筋

2. 机械手

随着现代工业的发展和兴起，装配机械手得到广泛的应用，既提高了劳动生产率，又提高了装配精度，从而提高了机械整体的质量。机械手的运动不再是平面运动，而属于空间运动，机械手各连接部分多为空间运动副。图 4-65 所示为一般装配流水生产线上的装配用机械手。

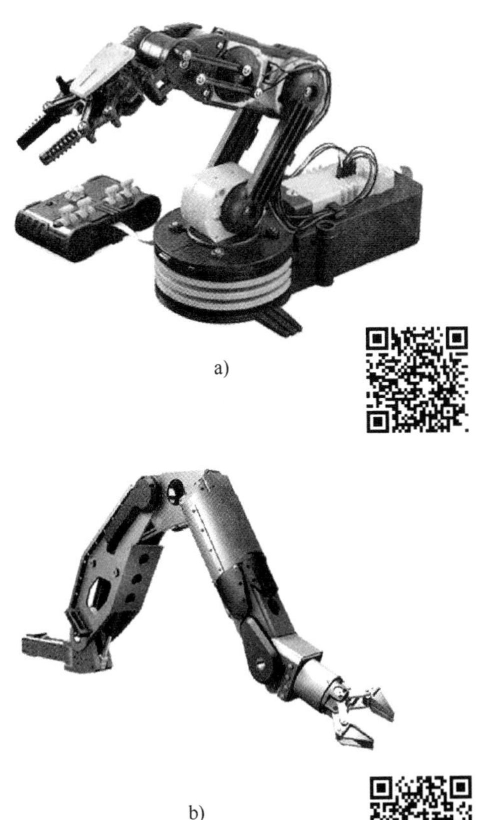

图 4-65　机械手

3. 工业机器人

工业机器人的控制系统是由计算机芯片和各种控制电路组成的，但执行部分及行走部分等是由多种复杂的机械装置组成的，可以说工业机器人是机械系统和控制系统完美组合的产物。简单来讲，工业机器人由主体、驱动系统和控制系统三个基本部分组成。图 4-66 所示为焊接机器人。

图 4-66　焊接机器人

实例分析

实例一 画出生活中常用的长把雨伞和折叠雨伞的机构运动简图，并计算其自由度数。

分析过程如下：

打开长把雨伞（图4-67）时，一般用一只手握住雨伞把，另一只手向上推动滑块至一定的位置，即可打开雨伞，画出长把雨伞机构运动简图如图4-68所示，构件6雨伞把为机架。该机构有5个活动构件，6个转动副，1个移动副，没有高副。故机构的自由度数为

$$F=3n-2P_L-P_H=3\times5-2\times7-0=1$$

这里的构件4、构件5不是虚约束，是一个杆组，是和构件2、构件3相对称的部分，雨伞就是由添加的构件2、构件3这种杆组（俗称骨架）来组成。

图4-67 长把雨伞实物图

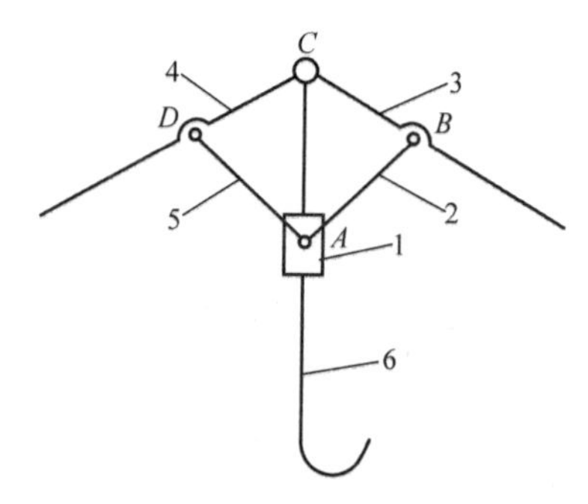

图4-68 长把雨伞机构运动简图

小常识：雨伞的骨架是不一样的，最少的是6组，其次有7组、8组、10组、12组、14组、16组，最多的是24组。

小提示：观察日常生活中的健身器材、折叠椅等机构，画出运动简图去分析其运动规律，可以发现所有机构都符合机构具有确定运动的条件。

同理，经分析可画出折叠雨伞（图4-69）的机构运动简图，如图4-70所示，构件10为机架，共有9个活动构件，12个转动副，1个移动副。

从图4-70可看出，雨伞左右两边是对称的，故计算自由度数时可只算一半。构件10为机架，按右侧计算，5个活动构件，7个低副（6个转动副，1个移动副），故自由度数为

$$F=3n-2P_L-P_H=3\times5-2\times7-0=1$$

图4-69 折叠雨伞实物图

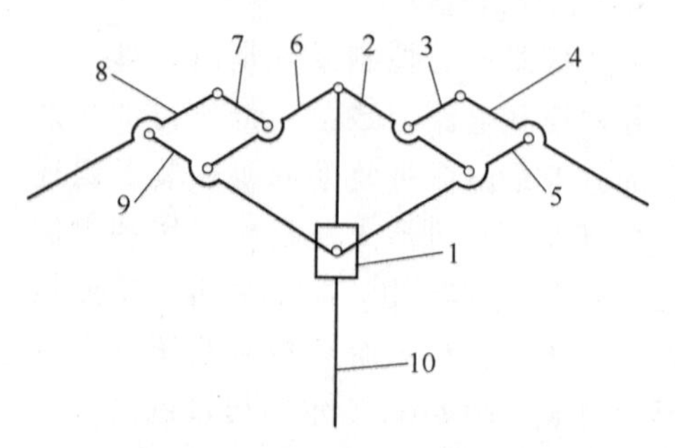

图4-70 折叠雨伞机构运动简图

实例二　在图 4-71 所示的铰链四杆机构中，已知 $L_{BC}=500\text{mm}$，$L_{CD}=350\text{mm}$，$L_{AD}=300\text{mm}$，L_{AB} 为变量。试讨论：

1）L_{AB} 值在哪些范围内可得到曲柄摇杆机构？

2）L_{AB} 值在哪些范围内可得到双曲柄机构？

3）L_{AB} 值在哪些范围内可得到双摇杆机构？

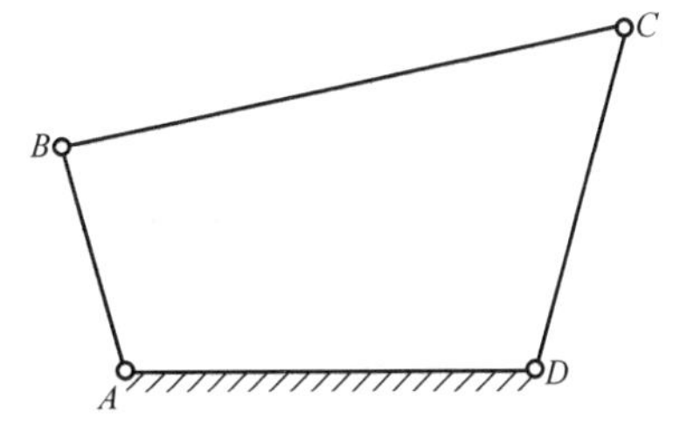

图 4-71　铰链四杆机构

分析过程如下。

1）曲柄摇杆机构。

取 L_{BC} 最长，L_{AB} 最短，$L_{BC}+L_{AB}\leqslant L_{CD}+L_{AD}$，则

$L_{AB}\leqslant L_{CD}+L_{AD}-L_{BC}=350\text{mm}+300\text{mm}-500\text{mm}=150\text{mm}$

得 $0<L_{AB}\leqslant 150\text{mm}$

2）双曲柄机构。

① 取 L_{BC} 最长，L_{AD} 最短，$L_{BC}+L_{AD}\leqslant L_{CD}+L_{AB}$，则

$L_{AB}\geqslant L_{BC}+L_{AD}-L_{CD}=500\text{mm}+300\text{mm}-350\text{mm}=450\text{mm}$

② 取 L_{AB} 最长，L_{AD} 最短，$L_{AB}+L_{AD}\leqslant L_{CD}+L_{BC}$，则

$L_{AB}\leqslant L_{CD}+L_{BC}-L_{AD}=350\text{mm}+500\text{mm}-300\text{mm}=550\text{mm}$

得 $450\text{mm}\leqslant L_{AB}\leqslant 550\text{mm}$

3）双摇杆机构。

① 取 L_{BC} 最长，L_{AB} 最短，$L_{BC}+L_{AB}>L_{CD}+L_{AD}$，则

$L_{AB}>L_{CD}+L_{AD}-L_{BC}=350\text{mm}+300\text{mm}-500\text{mm}>150\text{mm}$

② 取 L_{BC} 最长，L_{AD} 最短，$L_{BC}+L_{AD}>L_{AB}+L_{CD}$，则

$L_{AB}<L_{BC}+L_{AD}-L_{CD}=500\text{mm}+300\text{mm}-350\text{mm}<450\text{mm}$

③ 取 L_{AB} 最长，L_{AD} 最短，$L_{AB}+L_{AD}>L_{BC}+L_{CD}$，则

$L_{AB}>L_{BC}+L_{CD}-L_{AD}=500\text{mm}+350\text{mm}-300\text{mm}>550\text{mm}$

$L_{AB}>550\text{mm}$ 时为双摇杆机构。

L_{AB} 的最长可分为两种情况：

第一种情况认为 L_{AB} 最长时机构为等腰三角形，即

$$L_{AB\max}=L_{BC}+L_{CD}=500\text{mm}+350\text{mm}=850\text{mm},$$
$$550\text{mm}<L_{AB}\leqslant 850\text{mm}$$

第二种情况认为 L_{AB} 最长时机构向右可拉成一条直线，即

$$
\begin{aligned}
L_{ABmax} &= L_{BC}+L_{CD}+L_{AD} \\
&= 500\text{mm}+350\text{mm}+300\text{mm} \\
&= 1150\text{mm},
\end{aligned}
$$

$$550\text{mm}<L_{AB}\leqslant 1150\text{mm}$$

由上面计算可知：

$0<L_{AB}\leqslant 150$mm 时为曲柄摇杆机构；

150mm$<L_{AB}<$450mm 时为双摇杆机构；

450mm$\leqslant L_{AB}\leqslant$550mm 时为双曲柄机构；

550mm$<L_{AB}\leqslant$1150mm 时为双摇杆机构。

上述结果可用图 4-72 来表示。

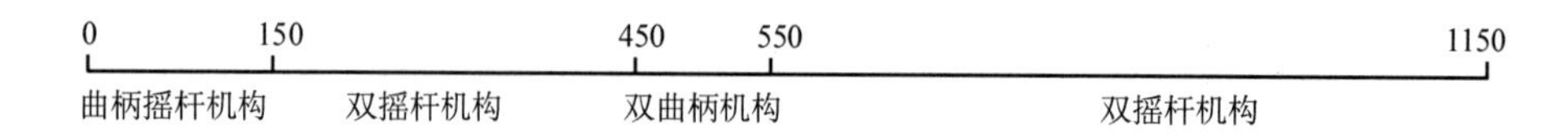

图 4-72　不同机构的构件长度示意（单位：mm）

知识小结

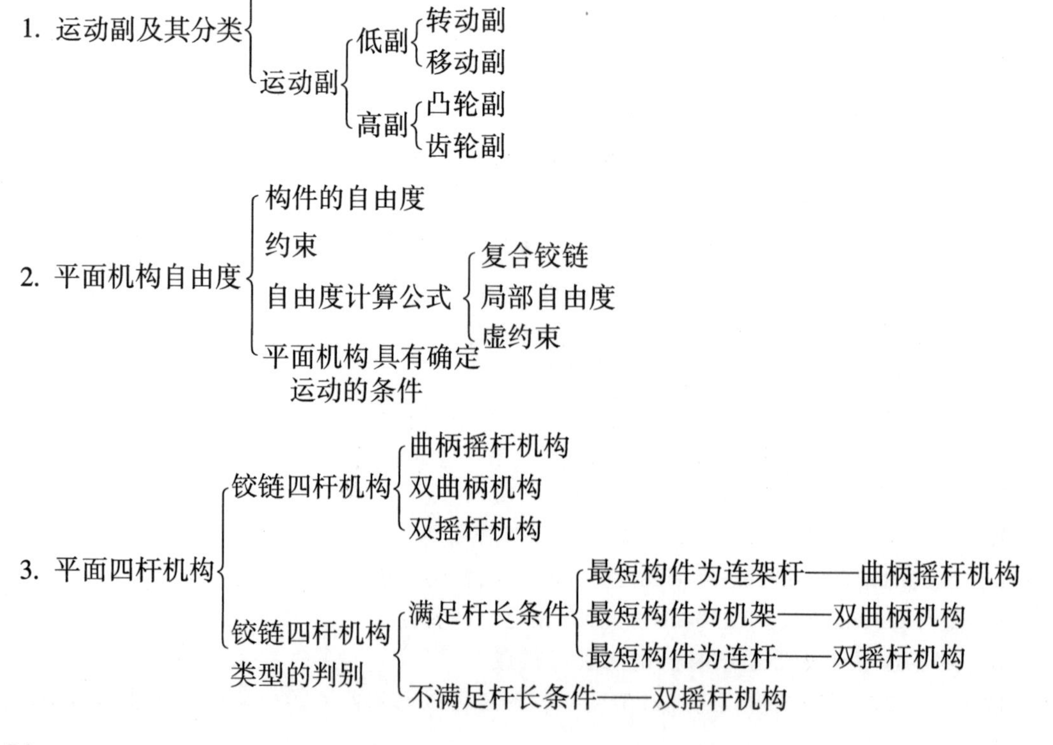

4. 滑块四杆机构
   - 单滑块机构——曲柄滑块机构
     - 对心曲柄滑块机构
     - 偏置曲柄滑块机构
   - 双滑块机构
   - 偏心轮机构

5. 曲柄滑块机构变化
   - 导杆机构
     - 转动导杆机构
     - 摆动导杆机构
   - 摇块机构
   - 定块机构

6. 平面四杆机构的基本特性
   - 急回特性
   - 压力角
   - 死点位置

7. 其他机构
   - 多杆机构
   - 开式机构
   - 机械手
   - 工业机器人

习　题

一、判断题（认为正确的，在括号内打✓，反之打×）

1. 构件与构件之间直接接触而又能保持确定运动的可动连接称为运动副。（　　）
2. 两构件通过面接触所形成的运动副称为低副。（　　）
3. 高副由于是点或线的接触，在承受载荷时单位面积压力较小。（　　）
4. 转动副限制了构件的转动自由度。（　　）
5. 在同一个机构中，计算自由度数时机架只有一个。（　　）
6. 由于在计算机构自由度数时要将虚约束去掉，故设计机构时应避免出现虚约束。（　　）
7. 在一个具有确定运动的机构中原动件只能有一个。（　　）
8. 机构具有确定相对运动的条件是机构的自由度数大于零。（　　）
9. 铰链四杆机构中能做整周转动的构件称为曲柄。（　　）
10. 曲柄摇杆机构中曲柄一定是主动构件。（　　）
11. 在曲柄长度不等的双曲柄机构中，主动曲柄做等速转动，从动件做变速转动。（　　）
12. 在铰链四杆机构中，曲柄一定是最短杆。（　　）
13. 根据铰链四杆机构各杆的长度，即可判断其类型。（　　）
14. 在铰链四杆机构中，传动角越大，机构的传力性能越好。（　　）
15. 曲柄为原动件的摆动导杆机构一定具有急回特性。（　　）
16. 对心曲柄滑块机构没有急回特性。（　　）
17. 一个铰链四杆机构，通过机架变换，一定可以得到曲柄摇杆机构、双曲柄机构以及

双摇杆机构。（　　）

18. 在铰链四杆机构中，若最短杆与最长杆长度之和小于或等于其他两杆之和，且最短杆为连架杆时，则机构中只有一个曲柄。（　　）

19. 在曲柄摇杆机构中，当曲柄为主动件时，曲柄和连杆共线两次时所夹得锐角称为极位夹角。（　　）

20. 在曲柄摇杆机构中，当摇杆为主动件时，曲柄和连杆共线两次时，机构出现死点位置。（　　）

21. 曲柄摇杆机构运动时，无论何构件为主动件，一定有急回特性。（　　）

22. 曲柄摇杆机构中，当曲柄为主动件时，只要机构的极位夹角 $\theta>0°$，则机构必然有急回特性。（　　）

23. 平面四杆机构有无死点位置，与何构件为原动件无关。（　　）

24. 压力角是从动件上受到的主动力方向与受力点速度方向所夹的锐角。（　　）

25. 压力角越大，有效动力就越大，机构动力传递性越好，效率越高。（　　）

二、选择题（将正确答案的字母序号填写在横线上）

1. 两构件在同一平面上的接触形式是面接触，其运动副类型是________。

A. 凸轮副　　B. 低副　　C. 齿轮副

2. 在自行车前轮的下列几处连接中，属于运动副的是________。

A. 前叉与轴　　B. 轴与车轮　　C. 辐条与钢圈

3. 两个构件组成转动副后，约束情况是________。

A. 约束两个移动，剩余一个转动

B. 约束一个移动、一个转动，剩余一个移动

C. 约束三个运动

4. 两个构件组成移动副后，约束情况是________。

A. 约束两个移动，剩余一个转动

B. 约束一个移动、一个转动，剩余一个移动

C. 约束三个运动

5. 若两个构件组成高副，则其接触形式为________。

A. 面接触　　B. 点或线接触　　C. 点或面接触

6. 计算自由度数时，对于虚约束应该________。

A. 除去不算　　B. 考虑在内　　C. 除去与否都行

7. 一般门与门框之间有2~3个铰链，这应为________。

A. 复合铰链　　B. 局部自由度　　C. 虚约束

8. 机构中引入虚约束，可使机构________。

A. 不能运动　　B. 增加运动的刚性　　C. 对运动无所谓

9. 当机构中原动件数________机构自由度数时，该机构具有确定的相对运动。

A. 小于　　B. 大于　　C. 等于

10. 在曲柄摇杆机构中，能够做整周转动的连架杆称为________。

A. 曲柄　　B. 连杆　　C. 机架

11. 能够把整周转动变成往复摆动的铰链四杆机构是________机构。

A. 双曲柄　　B. 双摇杆　　C. 曲柄摇杆

12. 在满足杆长条件的双摇杆机构中，最短杆应是________。

A. 连架杆　　B. 连杆　　C. 机架

13. 曲柄滑块机构有死点存在时，其主动件为________。

A. 曲柄　　B. 滑块　　C. 曲柄与滑块均可

14. 在曲柄滑块机构中，如果取曲柄为机架，则形成________机构。

A. 导杆　　B. 摇块　　C. 定块

15. 在曲柄滑块机构中，如果取滑块为机架，则形成________机构。

A. 导杆　　B. 摇块　　C. 定块

16. 在曲柄滑块机构中，如果取连杆为机架，则形成________机构。

A. 导杆　　B. 摇块　　C. 定块

17. 在摆动导杆机构中，若曲柄为原动件且做等速转动，其从动导杆做________。

A. 往复变速摆动　　B. 往复等速摆动

18. 平面四杆机构处于死点时，其传动角 γ 为________。

A. 0°　　B. 90°　　C. $0°<\gamma<90°$

19. 为使机构能顺利通过死点，常采用在高速轴上安装________来增大惯性。

A. 齿轮　　B. 飞轮　　C. 凸轮

20. 杆长不等的铰链四杆机构，若以最短杆为机架，则是________。

A. 双曲柄机构　　B. 双摇杆机构　　C. 双曲柄机构或双摇杆机构

21. 下列铰链四杆机构中，能实现急回运动的是________。

A. 双摇杆机构　　B. 曲柄摇杆机构　　C. 双曲柄机构

22. 铰链四杆机构 $ABCD$ 各杆的长度分别为 $L_{AB}=40$mm，$L_{BC}=90$mm，$L_{CD}=55$mm，$L_{AD}=100$mm。若取 L_{AB} 杆为机架，则该机构为________。

A. 双摇杆机构　　B. 双曲柄机构　　C. 曲柄摇杆机构

23. 已知对心曲柄滑块机构的曲柄长 $L_{AB}=200$mm，则该机构的行程 H 为________。

A. 200mm　　B. 400mm　　C. 200mm$<H<$400mm

24. 如图 4-73 所示的汽车转向架中，$ABCD$ 为等腰梯形，它属于________。

A. 双摇杆机构　　B. 双曲柄机构　　C. 曲柄摇杆机构

图 4-73　题二-24 图

25. 当曲柄为原动件时，下述________具有急回特性。

A. 平行双曲柄机构　　B. 对心曲柄滑块机构　　C. 摆动导杆机构

三、分析题

1. 计算图 4-74 所示各机构的自由度数，并说明哪处是复合铰链，哪处是局部自由度，

哪处是虚约束。

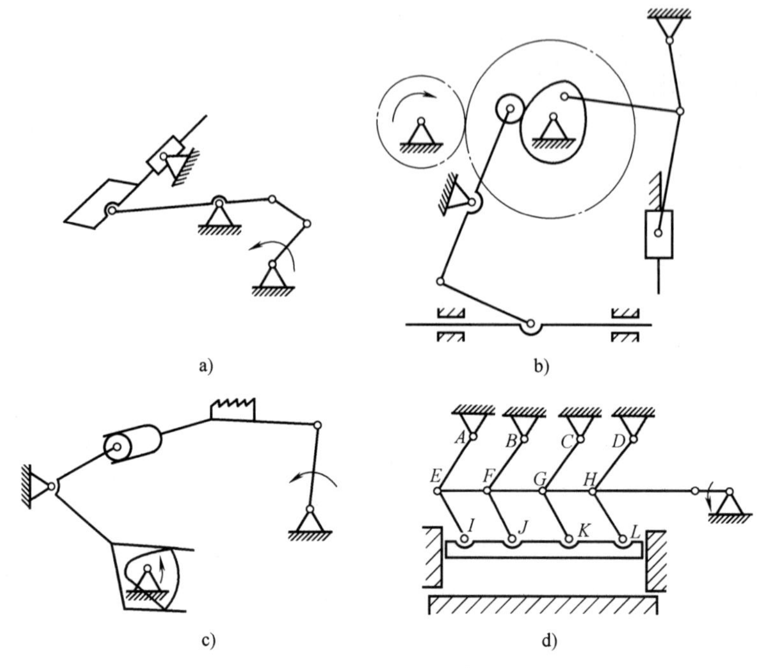

图 4-74 题三-1 图

a）推土机的推土结构 b）冲压机构 c）缝纫机的送布机构 d）压力机的工作机构

2. 根据图 4-75 中注明的尺寸，判断四杆机构的类型。

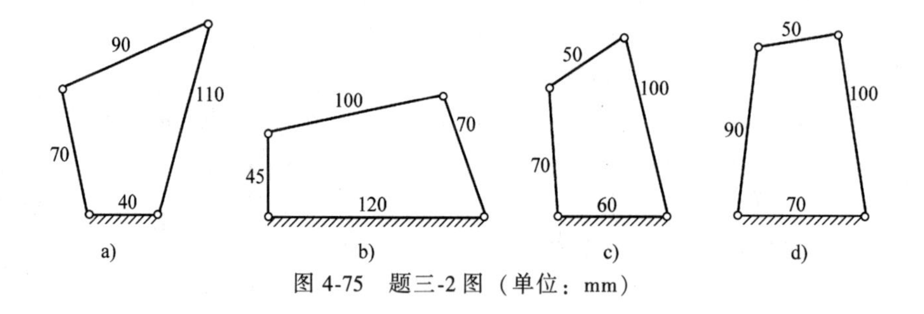

图 4-75 题三-2 图（单位：mm）

第5章 其他常用机构

学习目标

了解凸轮机构、棘轮机构、槽轮机构等的工作原理、结构、类型和在生产实践中的应用。

引　言

在工程实践和日常生活中，除了常用的平面连杆机构外，还广泛应用其他机构，如凸轮机构、棘轮机构和槽轮机构等。凸轮机构是机械传动中的一种常用机构，在许多机器中，特别是各种自动化和半自动化机械、仪表和操纵控制装置中，为实现各种复杂的运动要求，常采用凸轮机构。棘轮机构和槽轮机构能将主动件的连续转动转变为从动件的时动时停的周期性运动，故称为间歇运动机构。

图5-1所示为钉鞋机。钉鞋机的主要机构是凸轮机构。转动手柄，几个凸轮机构同时工作，完成钉鞋的全套动作。

图5-1　钉鞋机

图5-2所示的电影放映机卷片机构为一槽轮机构。槽轮上有四条径向槽，拨盘转一周，槽轮转90°，影片移动一个画面并停留一定的时间，从而满足人眼“视觉暂留”现象的要求。

本章主要介绍这些常用机构的工作原理、类型特点及应用场合。

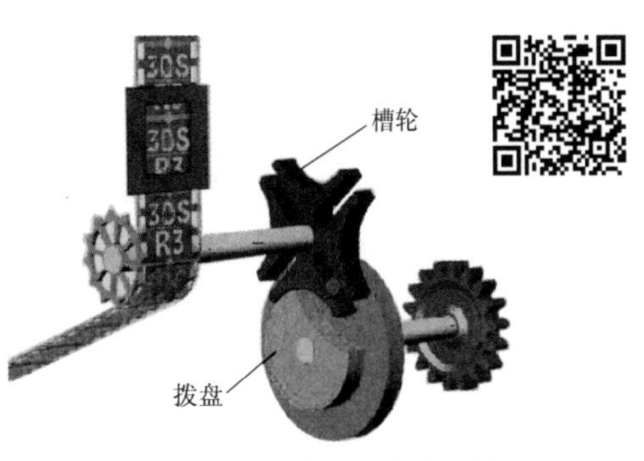

图5-2　电影放映机卷片机构

学习内容

5.1 凸轮机构的类型和应用

凸轮机构是由凸轮、从动件和机架组成的高副机构。凸轮机构按其运动形式，分为平面凸轮机构和空间凸轮机构两种，其机构如图 5-3 所示。

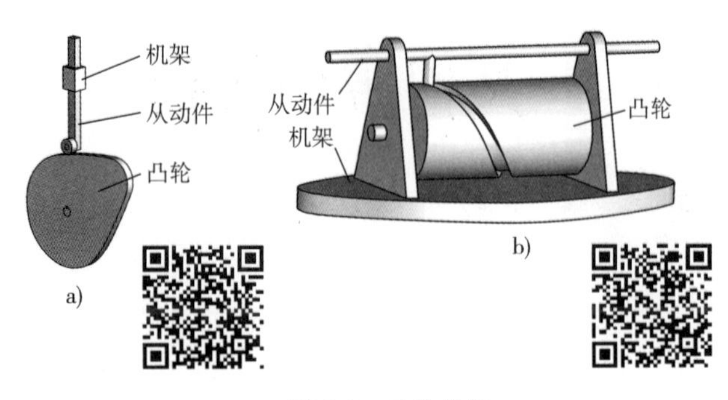

图 5-3 凸轮机构

a）平面凸轮机构 b）空间凸轮机构

1. 凸轮机构的应用及特点

图 5-4 所示为用于内燃机配气的凸轮机构。盘形凸轮等速回转时，由于其轮廓向径不同，迫使从动件（气门挺杆）上下移动，从而控制气门的启闭，以满足配气时间和气门挺杆运动规律的要求。

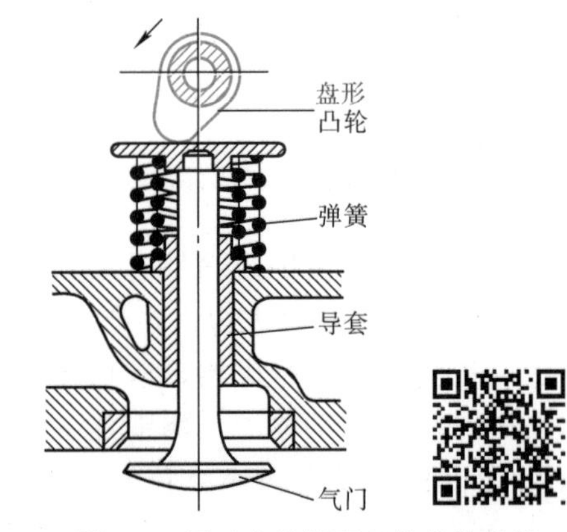

图 5-4 用于内燃机配气的凸轮机构

图 5-5 所示为靠模车削加工机构。移动凸轮用作靠模板，在车床（机架）上固定，被加工件回转时，刀架（从动件）靠滚子在移动凸轮的曲线轮廓的驱使下做横向进给，从而切削出与靠模板曲线轮廓一致的工件。

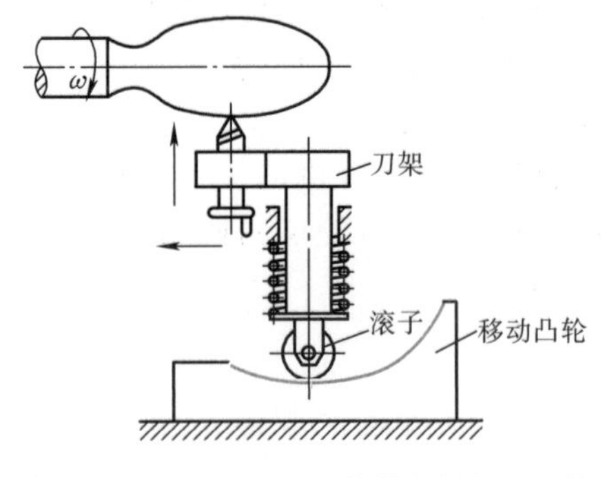

图 5-5 靠模车削加工机构

图 5-6 所示为绕线机的引线机构。当绕线轴快速转动时，通过蜗杆传动带动盘形凸轮缓缓转动，通过尖顶 A 使引线杆（从动件）往复摆动，从而使线均匀地卷绕在线轴上。

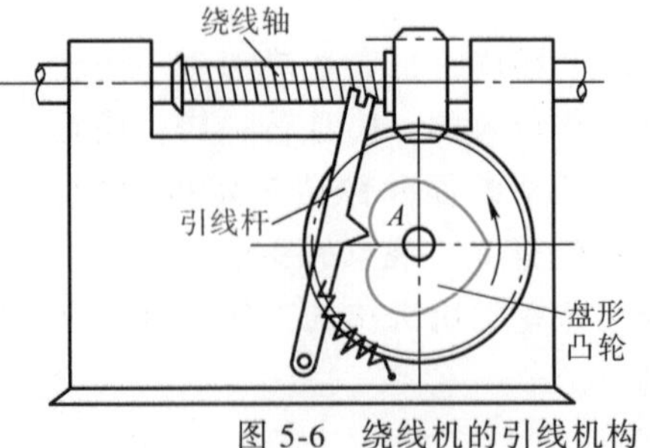

图 5-6 绕线机的引线机构

图 5-7 所示为机床自动进给机构。圆柱凸轮等速转动时，其上的沟槽经滚子迫使扇形齿轮（从动件）按一定的运动规律往复摆动，通过齿轮齿条机构，控制刀架左右移动，从而完成进刀、退刀和停歇的动作。该凸轮机构的运动不是在同一平面内完成的，所以它属于空间凸轮机构。

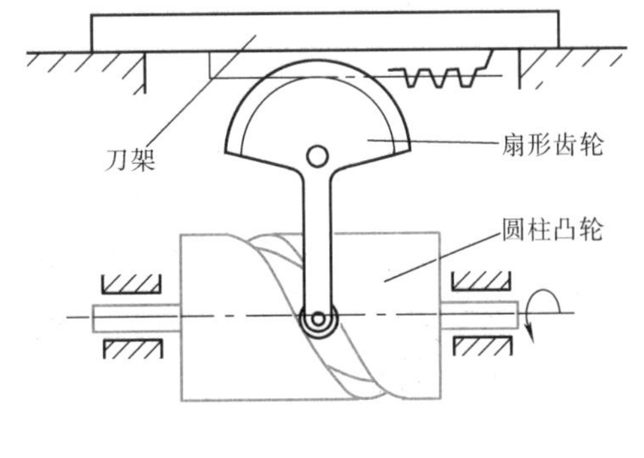

图 5-7　机床自动进给机构

图 5-8 所示为自动车床中的凸轮组。它由两个凸轮机构组成，用以控制前后刀架的进、退和停歇动作，从而实现自动车削的目的。

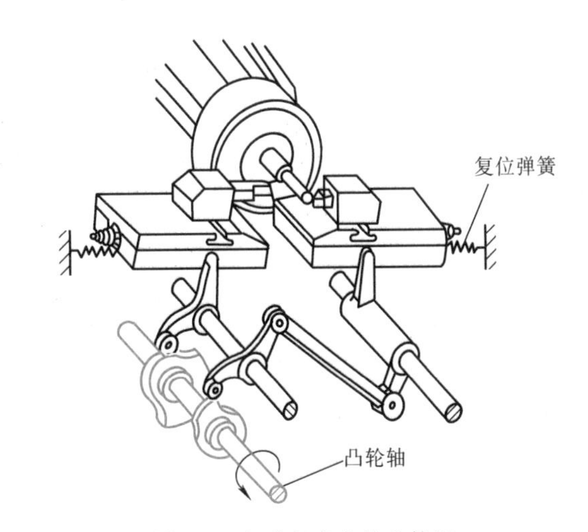

图 5-8　自动车床中的凸轮组

由上文可知，凸轮机构是将凸轮的转动（或移动）变换成从动件的移动或摆动，并在其运动转换中，实现从动件不同的运动规律，完成力的传递。

与平面连杆机构相比，凸轮机构的特点是：结构简单、紧凑，工作可靠，容易设计，因而在自动和半自动机械中得到了广泛的应用；但是，由于从动件与凸轮间为高副接触，易磨损，因而凸轮机构只适用于传力不大的场合。

2. 凸轮机构的类型

1）按凸轮形状可将其分为移动凸轮（图 5-9a）、圆柱凸轮（图 5-9b）和盘形凸轮（图 5-10）。

2）按从动件端部形状可将其分为尖顶、滚子和平底三种，按对心方式可将其分为对心和偏置两种，具体形式如图 5-10 所示。

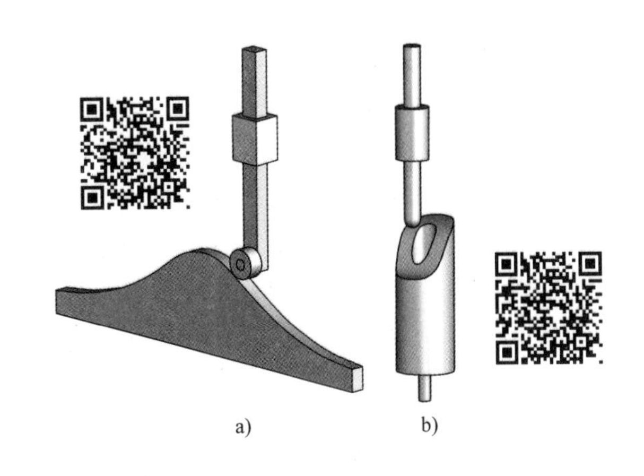

图 5-9　凸轮按形状分类
a）移动凸轮　b）圆柱凸轮

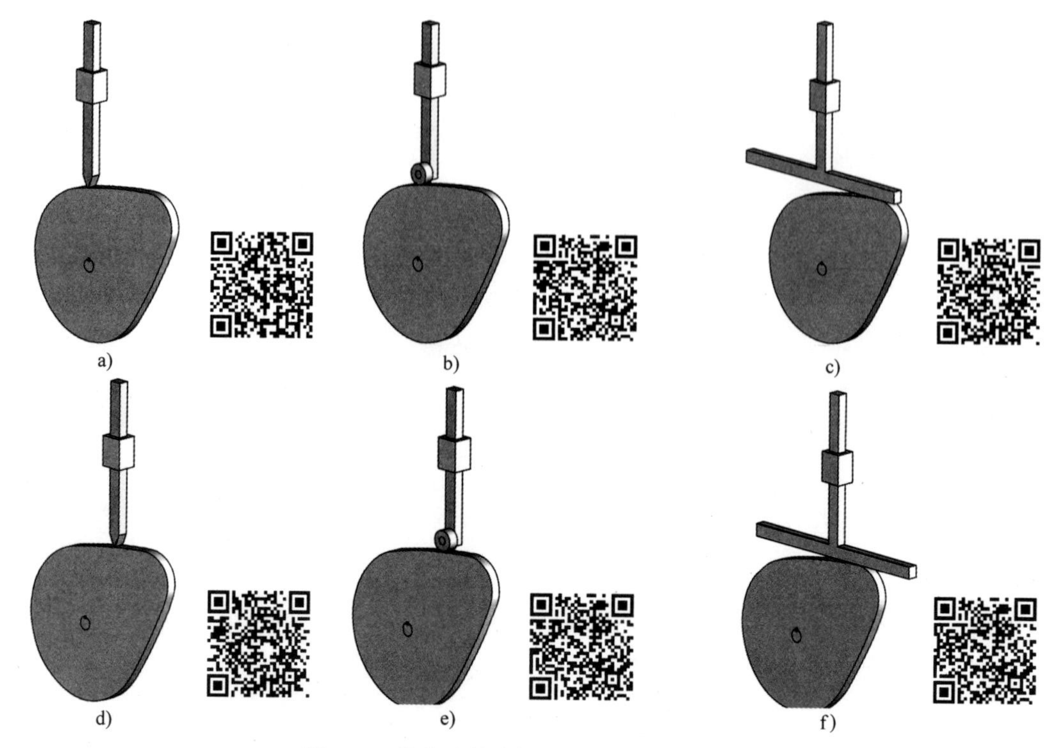

图 5-10 按从动件端部形状和对心方式分类
a）尖顶对心从动件凸轮 b）滚子对心从动件凸轮 c）平底对心从动件凸轮
d）尖顶偏置从动件凸轮 e）滚子偏置从动件凸轮 f）平底偏置从动件凸轮

3）按从动件移动方式可将其分为直动从动件凸轮（图 5-10）和摆动从动件凸轮（图 5-11）。

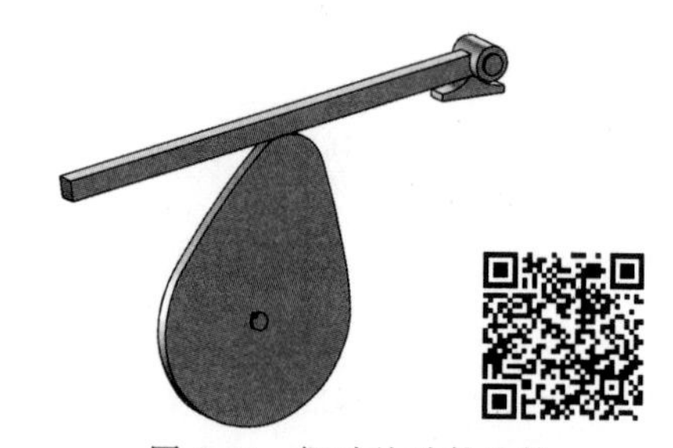
图 5-11 摆动从动件凸轮

小提示：学习了凸轮的类型后，注意观察、分析所见到的凸轮属于哪种类型。

4）按封闭方式可将其分为力锁合凸轮和形锁合凸轮，如图 5-12 所示。

关键知识点：凸轮是一个具有曲线轮廓或凹槽的构件，从动件端部形状可分为尖端、滚子和平底三种，对心方式有对心和偏置两种，从动件的运动方式可分为直动和摆动。凸轮机构可以将凸轮的连续转动转变为从动件的直线移动或摆动等，多用于控制机构中。

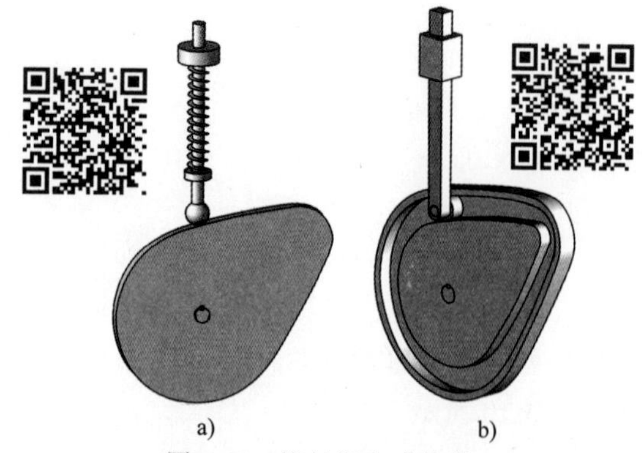

图 5-12 按封闭方式分类
a）力锁合凸轮 b）形锁合凸轮

5.2　凸轮机构的常用运动规律

5.2.1　凸轮机构的工作过程

图 5-13a 所示为对心直动尖端从动件盘形凸轮机构，其工作过程如下：在凸轮上，以凸轮轮廓的最小向径 r_b 为半径所作的圆，称为基圆，r_b 为基圆半径，点 A 为基圆与轮廓的交点。当凸轮逆时针转动时，从动件从此位置开始上升，故 A 点位置称为初始位置。凸轮机构工作过程各几何要素的含义见表 5-1。

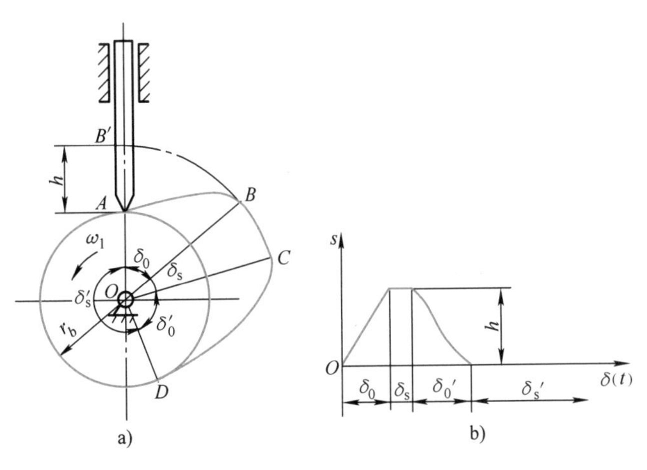

图 5-13　凸轮机构的工作过程

a）对心直动尖端从动件盘形凸轮机构　b）位移线图

表 5-1　凸轮机构工作过程各几何要素的含义

名　称	含　义	名　称	含　义
A	起始点	h	升程高度
$\overset{\frown}{AB}$	推程	δ_0	推程运动角
$\overset{\frown}{BC}$	远停程	δ_s	远停程角
$\overset{\frown}{CD}$	回程	$\delta_0{}'$	回程运动角
$\overset{\frown}{DA}$	近停程	$\delta_s{}'$	近停程角

凸轮再继续回转，从动件又开始下一轮“升—停—降—停”的运动循环过程。一般情况下，推程是凸轮机构的工作行程。

凸轮机构工作时，凸轮转角与从动件位移的关系用位移线图表示，如图 5-13b 所示。

5.2.2　从动件常用的运动规律

从动件的位移 s 随时间 t（或凸轮转角 δ）的变化规律，称为从动件的运动规律。

1. 等速运动规律

从动件的运动速度为定值的运动规律，称为等速运动规律（如金属切削机床进给凸轮的运动规律）。以推程为例，可画出 $s-\delta(t)$ 线图（位移线图），如图 5-14 所示。

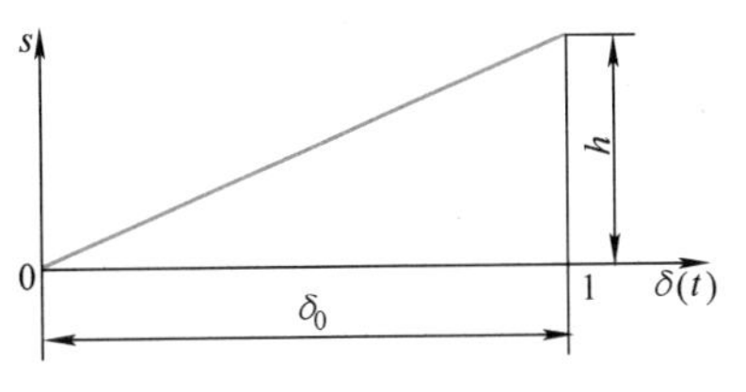

图 5-14　等速运动规律的 $s-\delta(t)$ 线图

2. 等加速等减速运动规律

从动件在推程的前半段为等加速，后半段为等减速的运动规律，称为等加速等减速运动规律。通常加速度和减速度的绝对值相等，前半段、后半段的位移也相等。等加速等减速运动规律的 $s-\delta(t)$ 线图如图5-15所示。

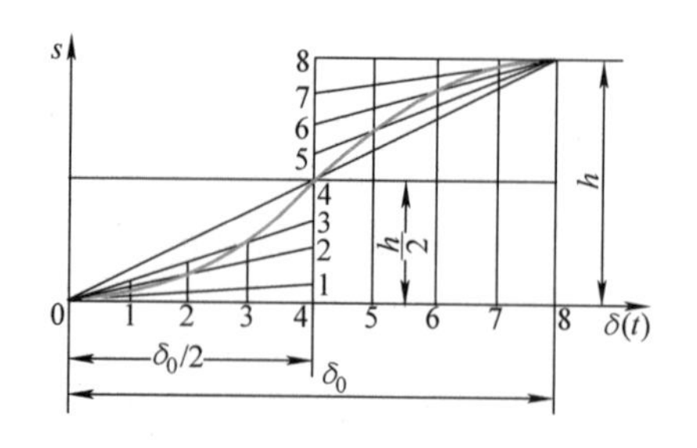

图5-15 等加速等减速运动规律的 $s-\delta(t)$ 线图

凸轮的轮廓曲线就是按特定运动规律绘成位移曲线的对应关系来设计的，只要合理地绘制出凸轮轮廓曲线，凸轮就能按要求的运动规律运动。

5.3 凸轮机构的压力角

凸轮机构中，从动件的受力方向与它的运动方向之间所夹的锐角，称为凸轮机构的压力角，用 α 表示，如图5-16所示，从动件所受的力 $\boldsymbol{F}$ 可分解为

$$\left.\begin{aligned} F' &= F\cos\alpha \\ F'' &= F\sin\alpha \end{aligned}\right\} \qquad (5\text{-}1)$$

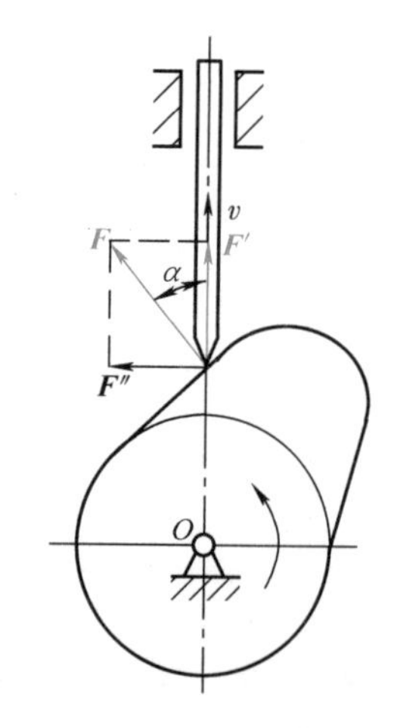

图5-16 凸轮机构的压力角

式（5-1）中，$\boldsymbol{F}'$ 与从动件运动方向一致，是推动从动件运动的有效分力；而 $\boldsymbol{F}''$ 与从动件运动方向垂直，只能增加从动件在移动导路中的摩擦阻力，称为有害分力。

由式（5-1）可知，随着 α 的增大，有效分力减小，而有害分力增大。当 α 增大到某一数值，$\boldsymbol{F}''$ 在导路中产生的摩擦阻力大于有效分力 $\boldsymbol{F}'$ 时，则无论凸轮给从动件施加多大的力，都无法驱动从动件，这种现象称为“自锁”。

工程实践中，为保证凸轮机构有良好的传力性能，避免产生自锁，对最大压力角有限制。

图5-17 整体式（凸轮轴）

*5.4 凸轮的结构与材料

凸轮的结构形式及与轴的固定方式有以下几种：

1）整体式，如图5-17所示。

2）键联接式，如图5-18所示。

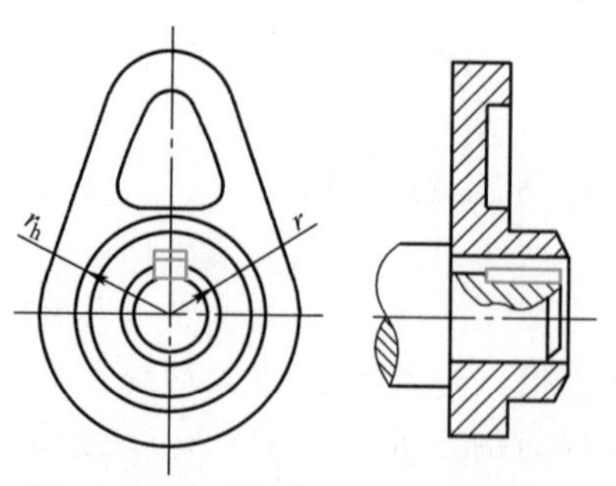

图5-18 键联接式（用平键联接）

3）销联接式，如图 5-19 所示。

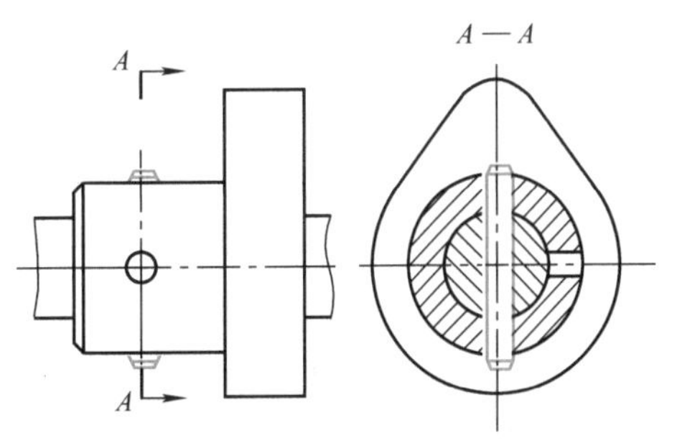

图 5-19　销联接式（用圆锥销联接）

4）弹性开口锥套和螺母联接式，如图 5-20 所示。

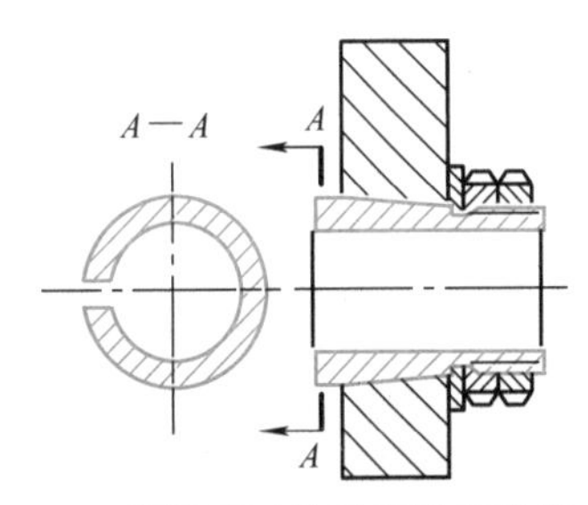

图 5-20　弹性开口锥套和螺母联接式

凸轮的材料应具有较高的强度和耐磨性，选材的主要依据是运动速度与承载大小。

载荷不大、低速的凸轮可选用 HT250、HT300、QT800—2、QT900—2 等作为凸轮的材料，轮廓表面需经热处理，以提高其耐磨性。

中速、中载的凸轮常用 45 钢、40Cr、20Cr、20CrMn 等材料，并经表面淬火，使硬度达 55~60HRC。

高速、重载的凸轮可用 40Cr，表面淬火至 56~60HRC，或用 38CrMoAl，经渗氮处理至 60~67HRC。

*5.5　棘轮机构的工作原理、类型和应用

棘轮机构由棘轮、棘爪、摇杆及机架等组成，如图 5-21 所示。主动件棘爪铰接在连杆机构的摇杆上，当摇杆顺时针摆动时，棘爪推动棘轮转过一定的角度；当摇杆逆时针摆动时，止退棘爪阻止棘轮转动，棘爪在棘齿背上滑过，此时棘轮停歇不动。因此，在摇杆做往复摆动时，棘轮做单向时动时停的间歇运动。

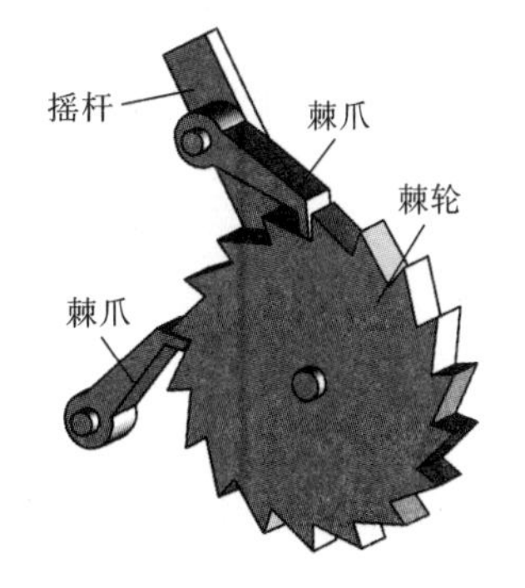

图 5-21　外啮合棘轮机构

图5-22所示的内啮合棘轮机构是自行车后轮上的“飞轮”机构。当脚蹬转动时，经大链轮和链条带动内齿圈具有棘齿的小链轮逆时针转动，再通过棘爪的作用，使轮毂（和后车轮为一体）逆时针转动，从而驱使自行车前进。当自行车后轮的转速超过小链轮的转速（或自行车前进而脚蹬不动）时，轮毂便会超越小链轮而转动，让棘爪在棘轮齿背上滑过，从而实现了从动件相对于主动件的超越运动，这种特性称为超越。

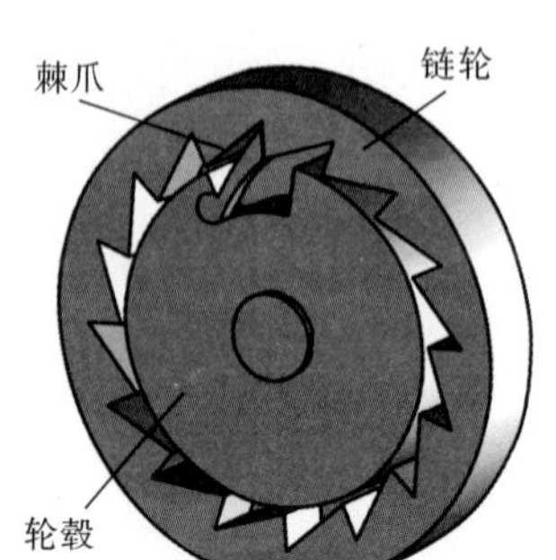

图5-22　内啮合棘轮机构

图5-23所示为牛头刨床工作台横向进给机构中的棘轮机构，它利用将棘爪提起并转动180°后放下，使棘轮做反向间歇运动来实现工作台的往复移动。

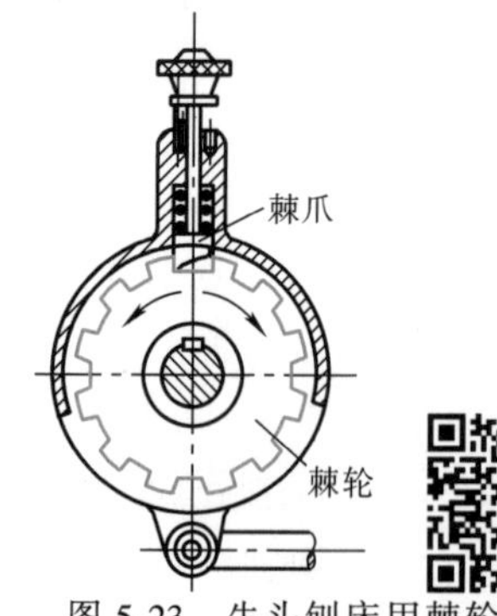

图5-23　牛头刨床用棘轮机构

图5-24所示的机构设有对称爪端的棘爪，将其翻转至双点画线位置，可用来实现反向的间歇运动。

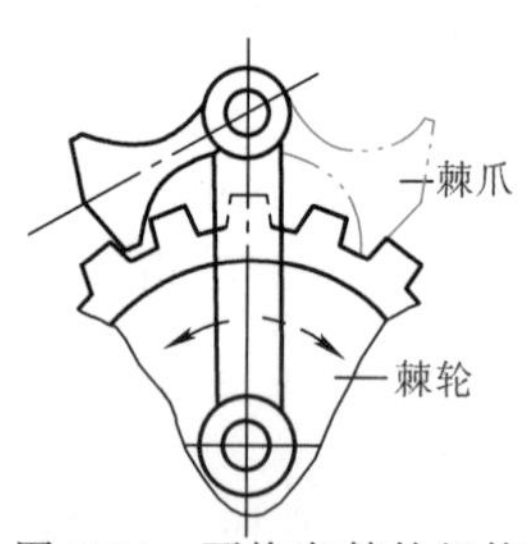

图5-24　可换向棘轮机构

图5-25所示的机构在摇杆上安装两个棘爪，当摇杆往复摆动时，都能使棘轮转动，可提高棘轮运动的次数和缩短停歇的时间，所以又称为快动（或双动）棘轮机构。

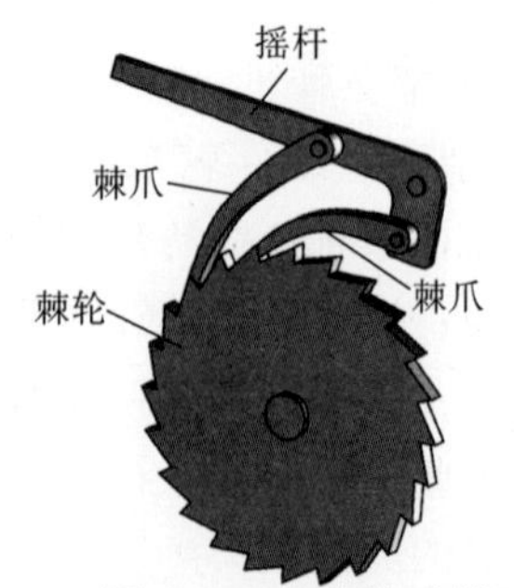

图5-25　单向快动棘动轮机构

棘轮机构中，棘轮转角的大小可以进行有级调节。图 5-26 所示的机构利用覆盖罩遮挡部分棘齿，实现调节棘轮转角的大小，用以控制棘轮的转速。

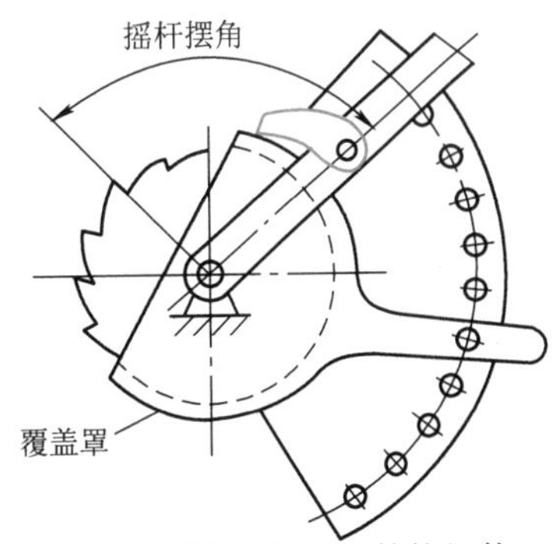

图 5-26　用覆盖罩调节棘轮机构

图 5-27 所示的机构通过改变曲柄长度来改变摇杆摆角的大小，摇杆的摆角变化后就改变了棘轮的转角。

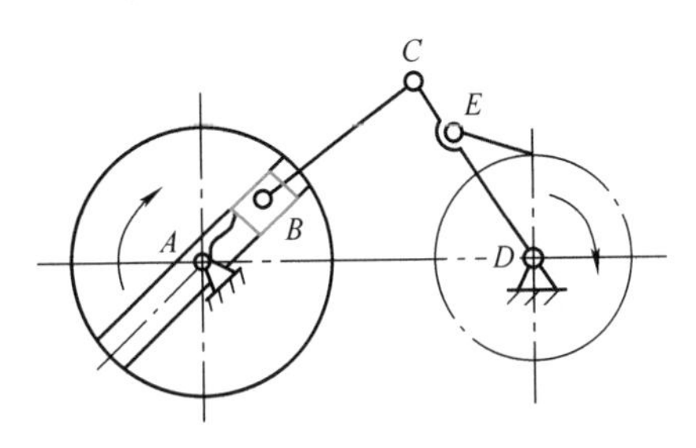

图 5-27　改变曲柄长度调节棘轮转角

图 5-28 所示的牛头刨床工作台的横向进给机构，就是利用棘轮机构实现正反间歇转动的特点，通过丝杠、螺母带动工作台做横向间歇送进运动的。

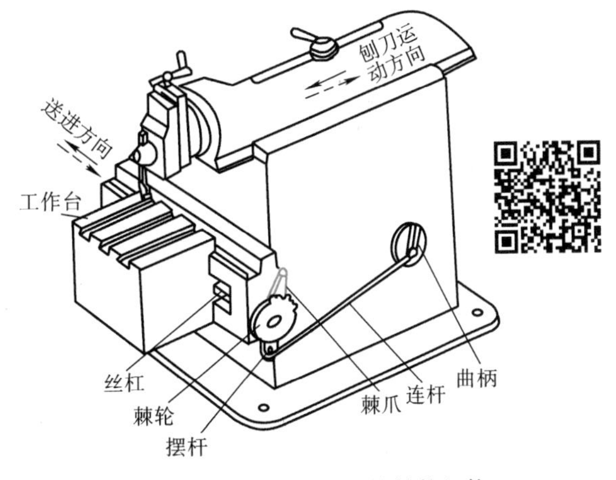

图 5-28　牛头刨床进给棘轮机构

图 5-29 所示为铸造车间的浇注自动线步进装置。它也是利用棘轮机构的间歇运动特性，实现浇注（停止）和输送（运动）两个工作要求的。这里的棘爪是利用液压缸的活塞杆来推动的。

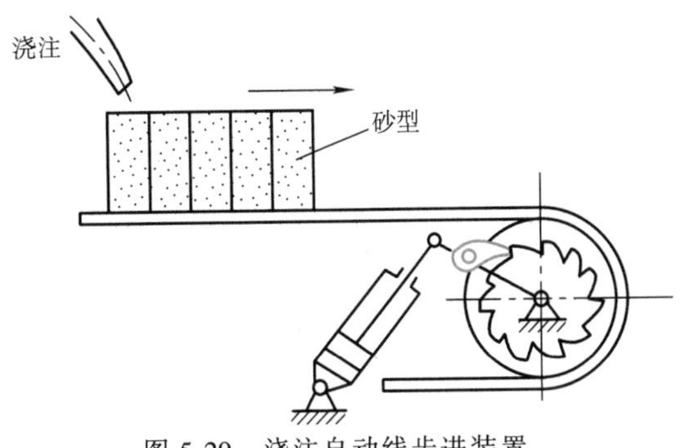

图 5-29　浇注自动线步进装置

*5.6　槽轮机构的工作原理、类型和应用

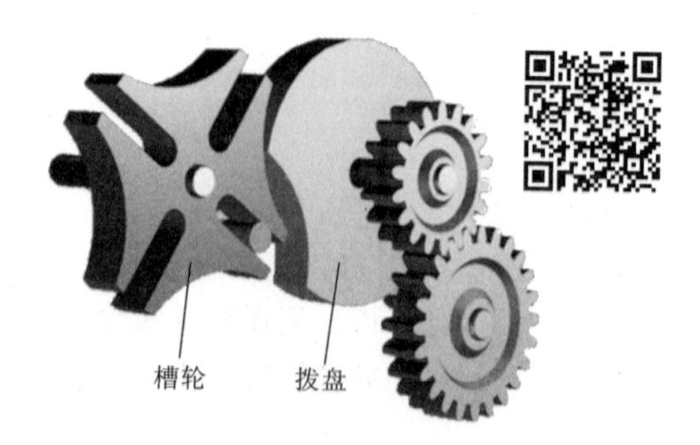

图 5-30　外槽轮机构

如图 5-30 所示，槽轮机构由带圆柱销的拨盘、具有径向槽的槽轮和机架组成。

拨盘为原动件，做匀速转动。在圆柱销未进入径向槽时，拨盘的凸圆弧转入槽轮的凹弧，槽轮因受凹凸两弧锁合，故静止不动；当拨盘顺时针转动，圆柱销正准备进入径向槽驱动槽轮转动时，拨盘上凸弧刚好准备离开槽轮凹弧，凹凸两弧的锁止作用终止，槽轮逆时针转动；当圆柱销开始脱离径向槽时，拨盘上的凸弧又开始将槽轮锁住，槽轮又静止不动；当拨盘继续转动时，上述过程重复出现，从而实现了在拨盘连续转动的情况下，槽轮间歇转动的目的。

图 5-31　内槽轮机构

图 5-31 所示为内槽轮机构。带圆柱销的拨盘在槽轮的内部，工作原理同外槽轮机构。内槽轮机构的槽轮转动方向与拨盘转向相同。

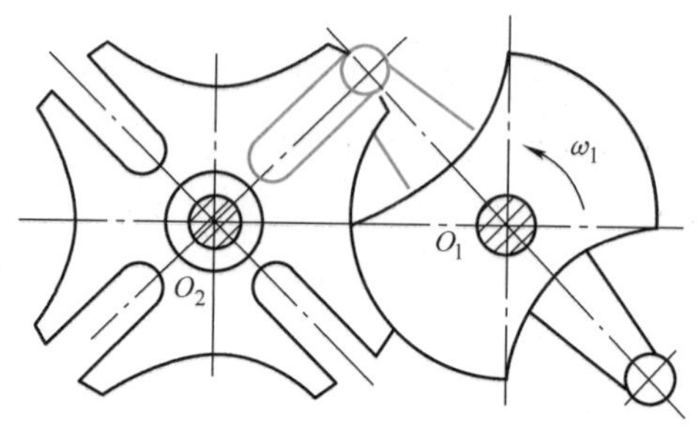

图 5-32　双圆柱销外槽轮机构

图 5-32 所示为双圆柱销外槽轮机构。该机构工作时，拨盘转一周，槽轮反向转动两次。

图 5-33 所示为转塔车床的刀架转位机构，刀架上装有六种刀具，槽轮上具有六条径向槽。当拨盘回转一周时，槽轮转过 60°，从而将下一工序所需刀具转换到工作位置。

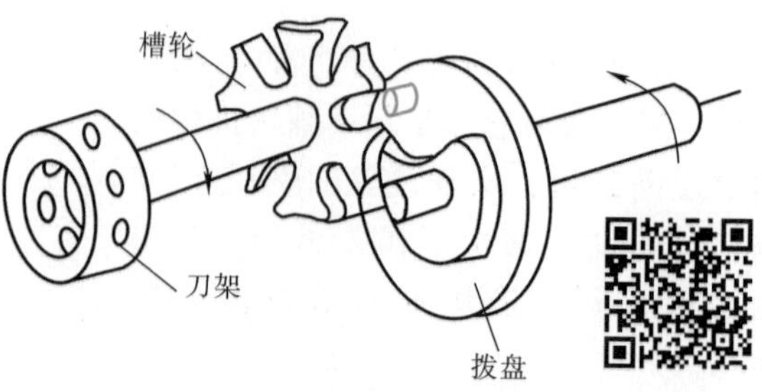

图 5-33　转塔车床的刀架转位机构

关键知识点： 棘轮机构和槽轮机构都是间歇运动机构，棘轮机构是把摆动转变为间歇转动，槽轮机构是把连续转动转变为间歇转动。棘轮机构从动件的转角是可以调节的，槽轮机构从动件的转角是不可以调节的。

5.7　螺旋机构

螺旋机构由螺杆、螺母和机架组成，是能实现回转运动与直线运动变换和力传递的机构，可分为滑动螺旋机构和滚动螺旋机构两种类型，按用途又可分为传力螺旋、传导螺旋和调整螺旋等形式。

滑动螺旋机构可分为单螺旋机构和双螺旋机构两种类型。

1. 单螺旋机构

根据机构的组成情况及运动方式，单螺旋机构又分为以下两种形式。

1）由螺母固定组成的单螺旋机构，其螺母与机架固连在一起，螺杆回转并做直线运动，如台虎钳（图 5-34）、螺旋压力机（图 5-35），都是这种单螺旋机构的应用实例。它们主要用于传递动力，所以又将这种单螺旋机构称为传力螺旋机构。

小提示：有关螺纹的基本知识在第 9 章螺纹部分讲解，这里只是使用螺杆、螺母的概念。

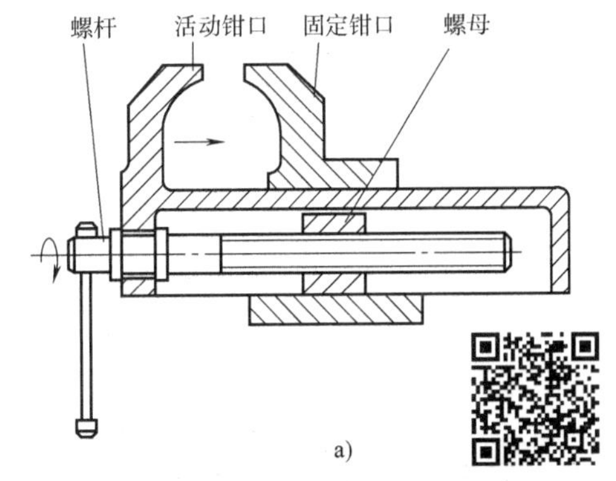

a)

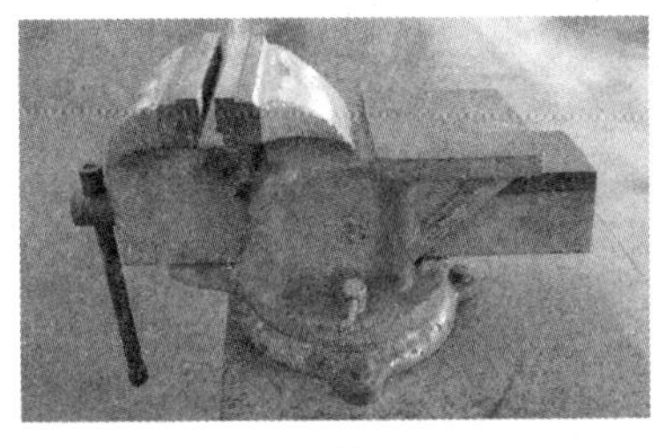

b)

图 5-34　螺杆位移的台虎钳

a）示意图　b）实物图

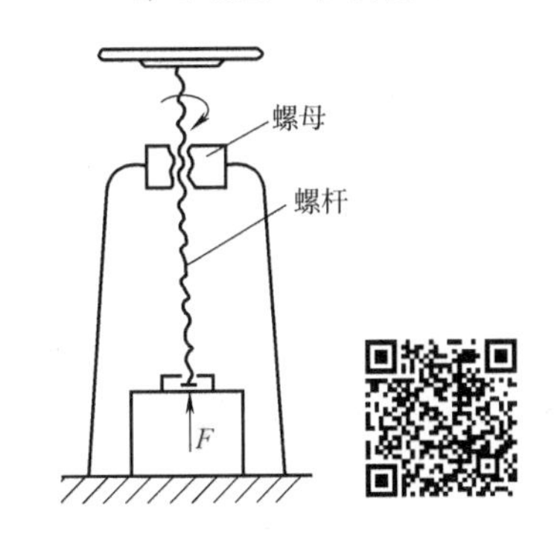

图 5-35　螺旋压力机

2）由螺杆轴向固定组成的单螺旋机构，其螺杆相对机架做转动，螺母相对机架做移动，如图 5-36 所示的车床丝杠进给机构。摇臂钻床中摇臂的升降机构、牛头刨床工作台的升降机构等，都是这种单螺旋机构的实际应用。这种螺旋机构主要用于传递运动，故又称其为传导螺旋。

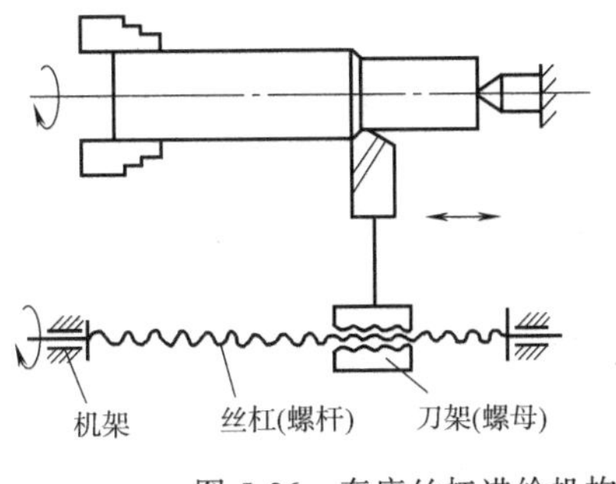

图 5-36　车床丝杠进给机构

2. 双螺旋机构

螺杆上有不同螺距 P_1、P_2 的螺纹，分别与螺母 1、螺母 2 组成两个螺旋副，称为双螺旋机构（图 5-37）。机构中，螺母 2 兼作机架，螺杆转动时，一方面相对螺母 2（机架）移动，同时又使不能回转的螺母 1 相对螺杆移动。按双螺旋机构中两螺旋副的旋向不同，将其分为差动螺旋机构和复式螺旋机构。双螺旋机构常用于微调装置和机床上的夹紧装置。

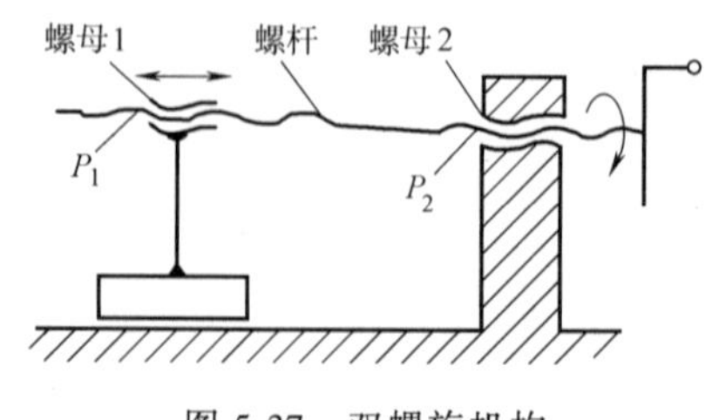

图 5-37　双螺旋机构

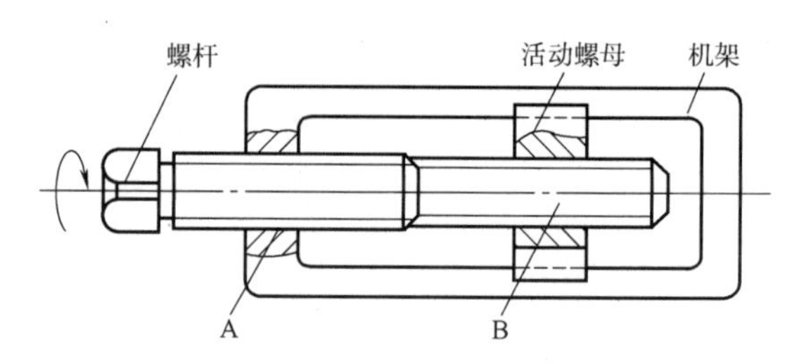

图 5-38　差动螺旋机构

如图 5-38 所示，螺杆分别与机架及活动螺母组成 A、B 两段螺旋副，A 段为固定螺母，B 段为活动螺母，不能转动但能在机架导向槽内移动。当两螺旋副旋向相同时，若 P_{hA} 和 P_{hB} 相差很小，螺母的位移可以达到很小，因此可以实现微调。这种螺旋机构称为差动螺旋机构（或微动螺旋机构）。图 5-39 所示千分尺的微调机构就利用了这种微调功能。

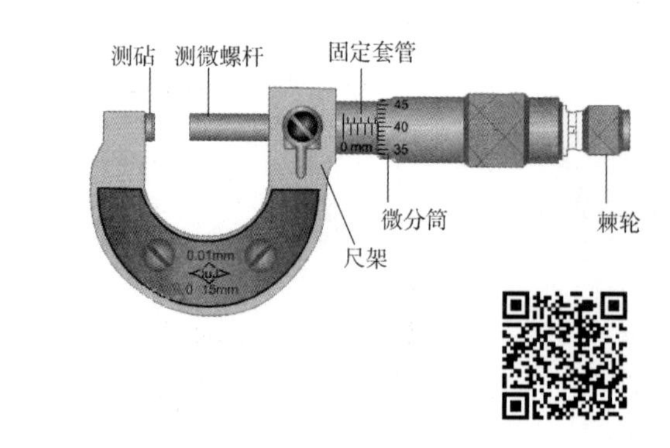

图 5-39　外径千分尺

当两螺旋副的旋向相反时，螺母可实现快速移动，这种螺旋机构称为复式螺旋机构。图 5-40 所示的台钳定心夹紧机构就利用了这种特性来实现工件的快速夹紧。

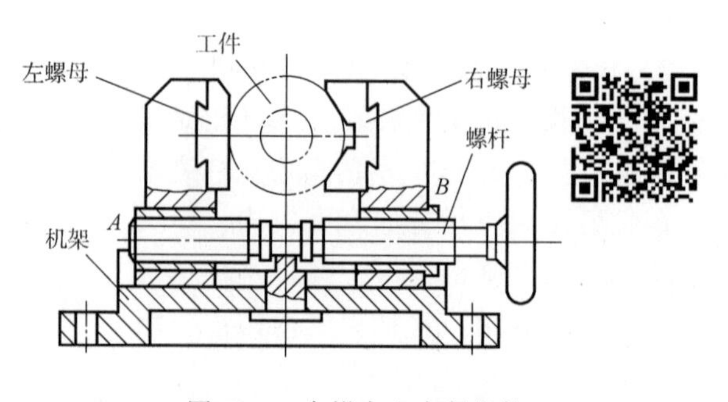

图 5-40　台钳定心夹紧机构

3. 滚动螺旋传动

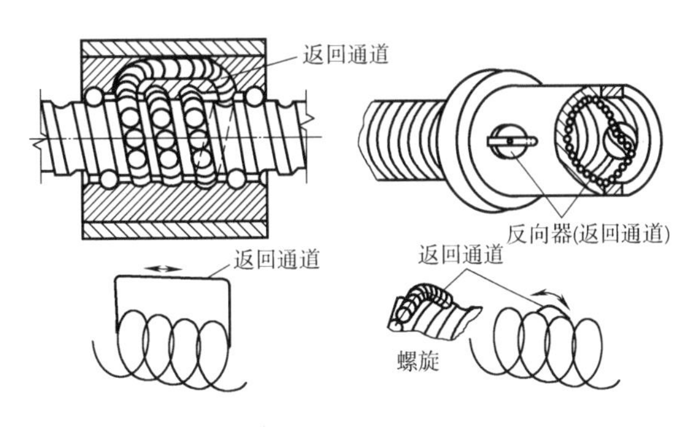

图 5-41　滚动螺旋机构的结构

如图 5-41 所示，滚动螺旋机构是将螺杆和螺母的螺纹做成滚道的形状，在滚道内装满滚动体，使得螺旋机构工作时，螺杆和螺母间转化为滚动摩擦。滚道中有附加的滚动体返回通道及装置，以使滚动体在滚道内能循环滚动。因其改变了螺旋副间的摩擦状态，从而减小了摩擦，宜用于要求高效率、高精度的重要传动中，如数控机床、精密机床中的螺旋传动和汽车的转向机构等。

关键知识点：*螺旋传动可分为单螺旋传动和双螺旋传动。按双螺旋机构中两螺旋副的旋向是否相同，其又可分为差动螺旋机构和复式螺旋机构。当旋向相同时，为差动螺旋，螺母具有微调功能；当旋向相反时，为复式螺旋，螺母具有快速移动功能。*

实例分析

实例一　图 5-42 所示是钉鞋机中的主要组成部件——凸轮组件。从图中可看出，当转动钉鞋机手轮（和凸轮 1、凸轮 2 固连在一起，图中未画出），使得凸轮组件转动时，实际上是四个不同的凸轮同时在转动，凸轮 1、2 是凹槽凸轮，凸轮 3、4 是一般常见的盘形凸轮。钉鞋机就是靠四个凸轮带动相对应的杆件运动来达到预定的运动要求，完成钉鞋工作的。

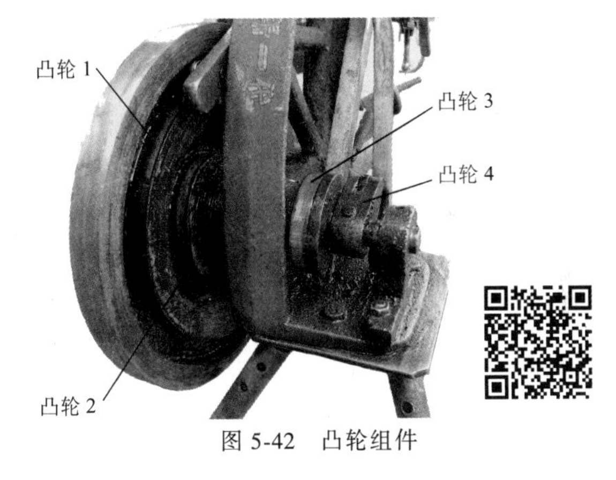

图 5-42　凸轮组件

实例二　北方有一种面食叫“饸饹”，压制这种面食的专用设备称为饸饹机，如图 5-43 所示。饸饹机由齿轮齿条机构、链传动机构、棘轮机构等组成。其工作过程是：摆动摇杆，使得摇杆上的棘爪顶住棘轮，当摇杆向下摆动时，棘爪顶住棘轮，使得棘轮顺时针方

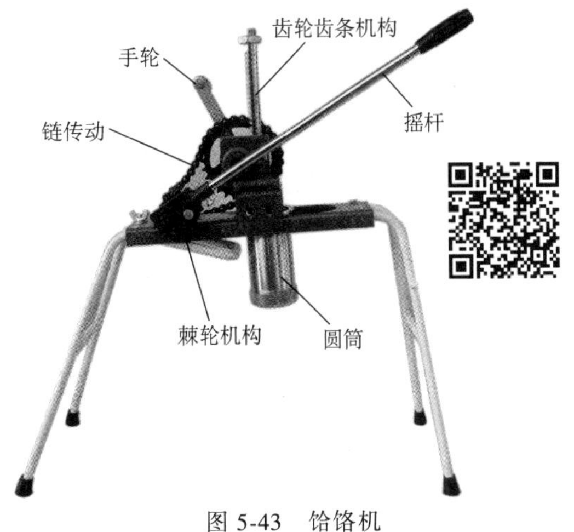

图 5-43　饸饹机

向转动，如图 5-44 所示，带动链传动机构顺时针方向转动。链传动机构的大链轮和齿轮齿条机构的齿轮同轴，链传动带动齿轮转动，使得齿条向下，齿条的下端有一圆形压片（图 5-45）向下挤压，将圆筒里的面团挤下，圆筒的底部装有钻有很多小孔的钢板（图 5-46），把面团挤压成具有一定粗细的面条（即饸饹）。当摇杆向上摆动时，棘爪在棘轮上滑过，往复摆动摇杆，直到将圆筒的面向下挤压完。然后，释放棘爪，转动链传动机构上的手柄，把圆筒里的压片提高，再往圆筒里放进面团，继续上述的动作过程，直到面食制作完成。

图 5-44 饸饹机中的棘轮机构

图 5-45 饸饹机中的圆形压片

图 5-46 饸饹机中的钢板

知识小结

1. 凸轮机构的类型
   - 根据凸轮形状可分为
     - 盘形凸轮
     - 移动凸轮
     - 圆柱凸轮
   - 根据从动件端部形状可分为
     - 尖顶从动件
     - 滚子从动件
     - 平底从动件

   按对心方式可分为
   - 对心
     - 尖顶对心从动件凸轮
     - 滚子对心从动件凸轮
     - 平底对心从动件凸轮
   - 偏置
     - 尖顶偏置从动件凸轮
     - 滚子偏置从动件凸轮
     - 平底偏置从动件凸轮

- 按从动件移动方式可分为
  - 直动从动件凸轮
  - 摆动从动件凸轮
- 按封闭方式可分为
  - 力锁合凸轮
  - 形锁合凸轮
- 凸轮轮廓的设计
  - 凸轮机构的工作过程
  - 从动件常用的运动规律
    - 等速运动规律
    - 等加速等减速运动规律
- 压力角、结构与材料
  - 凸轮机构的压力角
  - 凸轮的结构与材料

2. 间歇运动
   - 棘轮机构
     - 外棘轮机构
     - 内棘轮机构
     - 可换向棘轮机构
     - 单向快动棘轮机构
   - 槽轮机构
     - 外槽轮机构
     - 内槽轮机构
     - 双圆销槽轮机构

3. 螺旋机构
   - 单螺旋机构
   - 双螺旋机构
   - 滚动螺旋机构

习　题

一、判断题（认为正确的，在括号内打√，反之打×）

1. 凸轮机构中，从动件与凸轮的接触是高副。（　　）

2. 凸轮机构可以实现任意拟定的运动规律。（　　）

3. 滚子从动件具有滚动摩擦、阻力小的运动特性，故在机械中应用广泛。（　　）

4. 凸轮机构是低副机构，具有效率低、承载大的特点。（　　）

5. 凸轮机构中，尖端从动件可用于受力较大的高速机构中。（　　）

6. 凸轮机构结构简单、紧凑，工作可靠，可用于受力任意大小的场合。（　　）

7. 凸轮机构中，所谓从动件等速运动规律是指从动件上升时的速度和下降时的速度必定相等。（　　）

8. 凸轮机构中，从动件做等速运动规律的原因是凸轮做等速转动。（　　）

9. 凸轮机构中，从动件的等加速等减速运动规律，是指从动件上升时做等加速运动，而下降时做等减速运动。（　　）

10. 凸轮机构中，从动件的受力方向与它的运动方向之间所夹的锐角，称为凸轮机构的压力角。（　　）

11. 凸轮机构运动出现“自锁”是因为压力角太大而造成的。（　　）

12. 间歇运动的主动件不能成为从动件，也就是运动不可逆。（　　）

13. 棘轮机构能将主动件的往复运动转换成从动件的间歇运动。（　　）
14. 棘轮机构中的棘轮的转角大小可通过调节曲柄的长度来改变。（　　）
15. 锁止弧由槽轮上的凸弧与主动件上的凹弧组成。（　　）
16. 槽轮机构可以把槽轮的整周转动形式转换成为从动件的间歇运动。（　　）
17. 槽轮的转角与槽轮的槽数有关，与圆柱销数无关。（　　）
18. 槽轮机构和棘轮机构一样，可方便地调节槽轮转角的大小。（　　）
19. 自动车床的刀架转位机构应用了槽轮机构。（　　）
20. 槽轮机构一般应用于转速较低且不需要调节转角大小的间歇转动场合。（　　）

二、选择题（将正确答案的字母序号填写在横线上）

1. 凸轮机构的特点是________。
A. 结构简单紧凑　　B. 传递动力大　　C. 不易磨损
2. 凸轮机构中，凸轮与从动件组成________。
A. 转动副　　B. 移动副　　C. 平面高副
3. 盘形凸轮与机架组成________。
A. 转动副　　B. 移动副　　C. 平面高副
4. 移动凸轮中的凸轮与从动件组成________。
A. 转动副　　B. 移动副　　C. 平面高副
5. 凸轮机构中只适用于受力不大且低速场合的是________从动件。
A. 尖顶　　B. 滚子　　C. 平底
6. 凸轮机构中耐磨损又可承受较大载荷的是________从动件。
A. 尖顶　　B. 滚子　　C. 平底
7. 凸轮机构中可用于高速，但不能用于凸轮轮廓有内凹场合的是________。
A. 尖顶　　B. 滚子　　C. 平底
8. 从动件的预期运动规律是由________来决定。
A. 从动件的形状　　B. 凸轮的转速　　C. 凸轮的轮廓曲线形状
9. 凸轮机构中的从动件与机架可以组成________。
A. 转动副或移动副　　B. 转动副或平面高副　　C. 移动副或平面高副
10. 在靠模机械加工中，应用的是________。
A. 盘形凸轮　　B. 圆柱凸轮　　C. 移动凸轮
11. 从动件做等速运动规律的位移曲线形状是________。
A. 抛物线　　B. 斜直线　　C. 双曲线
12. 从动件做等速运动规律的凸轮机构，一般适用于________、轻载的场合。
A. 低速　　B. 中速　　C. 高速
13. 凸轮从动件的端部有三种形状，如要求传力性能好、效率高，且转速较高时应选用________端部形状。
A. 尖顶从动件　　B. 滚子从动件　　C. 平底从动件
14. 主动摇杆往复摆动时，都能使棘轮沿单一方向间歇转动的是________棘轮机构。
A. 单动式　　B. 双动式　　C. 可变向式
15. 棘轮机构的功用是将主动件的连续运动形式转换为从动件的________。

A. 连续运动　　B. 间歇运动　　C. 运动不一定

16. 在棘轮机构中，增大曲柄的长度，棘轮的转角________。　　(　　)

A. 减小　　B. 增大　　C. 不变

17. 在双圆柱销四槽槽轮机构中，当拨盘旋转一周时，槽轮转过________。

A. 90°　　B. 45°　　C. 180°

18. 转塔车床刀具转位机构主要功能是采用________机构来实现转位的。

A. 槽轮　　B. 棘轮　　C. 齿轮

19. 槽轮转角大小的调节性能为________。

A. 无级调节　　B. 有级调节　　C. 不能调节

20. 欲减少槽轮机构中槽轮静止不动的时间，可采用________的方法。

A. 适当增大槽轮的直径　　B. 减少槽轮的槽数　　C. 适当增加圆柱销数量

第6章 带传动与链传动

学习目标

了解带传动与链传动的类型、工作原理、特点及应用；了解V带的标记及V带轮的结构；会计算带传动与链传动的平均传动比；了解带传动与链传动的失效分析；了解带传动与链传动的安装与维护常识。

引　言

在机械和运输设备上广泛应用着带传动和链传动。图6-1所示为手扶拖拉机上的柴油发动机的带传动，通过带传动将柴油机的动力传递给拖拉机的传动部分，驱动拖拉机正常工作。

图6-1　柴油发动机的带传动

链传动广泛应用于各类运输设备上，自行车就是应用链传动最典型的例子，如图6-2所示。

图6-2　自行车

本章主要介绍带传动与链传动的组成、工作原理及安装与维护方面的知识。

学习内容

6.1　带传动的工作原理、类型及特点

带传动是一种应用很广的机械传动，一般由主动带轮、从动带轮和紧套在两带轮上的传动带组成，如图6-3所示。带传动有摩擦式和啮合式两种。

图6-3　带传动

摩擦式带传动是依靠紧套在带轮上的传动带与带轮接触面间产生的摩擦力来传递运动和动力的，应用最为广泛。

啮合式带传动是靠传动带与带轮上齿的啮合来传递运动和动力的。比较典型的是图 6-4 所示的同步带传动，它除保持了摩擦带传动的优点外，还具有传递功率大，传动比准确等优点，故多用于要求传动平稳、传动精度较高的场合。数控机床、机车发动机、纺织机械等都应用了同步带传动。

图 6-4　同步带传动

本章主要讨论摩擦式带传动的问题。

摩擦式带传动按带的截面形状，又可分为平带、V 带、多楔带、圆带传动等类型，如图 6-5 所示。

平带以内周为工作面，主要用于两轴平行、转向相同的较远距离的传动。

V 带以两侧面为工作面，在相同压紧力和相同摩擦因数的条件下，V 带产生的摩擦力要比平带大约 3 倍，所以 V 带传动能力强，结构更紧凑，在机械传动中应用最广泛。

多楔带相当于平带与几根 V 带的组合，兼有两者的优点，多用于结构要求紧凑的大功率传动中。

圆带仅用于如缝纫机、仪器等低速、小功率场合。

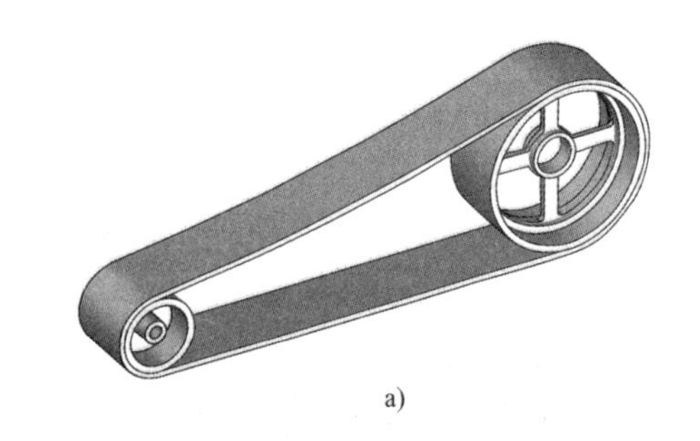

a)

b)

c)

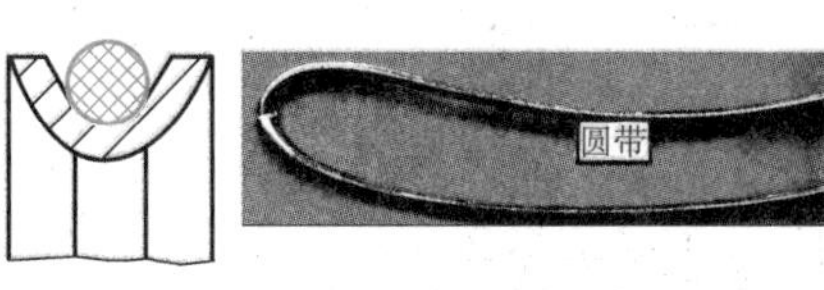

d)

图 6-5　带传动类型

a）平带传动　b）V 带传动
c）多楔带传动　d）圆带传动

带传动的特点是：

1）带是挠性体，富有弹性，故可缓冲、吸振，因而工作平稳、噪声小。

2）过载时，传动带会在小带轮上打滑，可防止其他零件的损坏，起到过载保护作用。

3）结构简单，成本低廉，制造、安装、维护方便，适用于较大中心距的场合。

4）传动比不够准确，外廓尺寸大，传动效率较低，不适用于有易燃、易爆气体的场合中。

因此，带传动多用于机械中要求传动平稳、传动比要求不严格、中心距较大的高速级传动。一般带速 $v=5\sim25\text{m/s}$，传动比 $i\leqslant5$，传递功率 $P\leqslant50\text{kW}$，效率 $\eta=0.92\sim0.97$。

6.2 普通V带及V带轮

1. 普通V带的结构及标准

普通V带的结构如图6-6所示，由包布层、拉伸层、强力层、压缩层四部分组成。强力层分帘布芯和绳芯两种。帘布芯结构的V带，制造方便、抗拉强度高；绳芯结构的V带，柔韧性好、抗弯强度高，适用于带轮直径小、转速较高的场合。

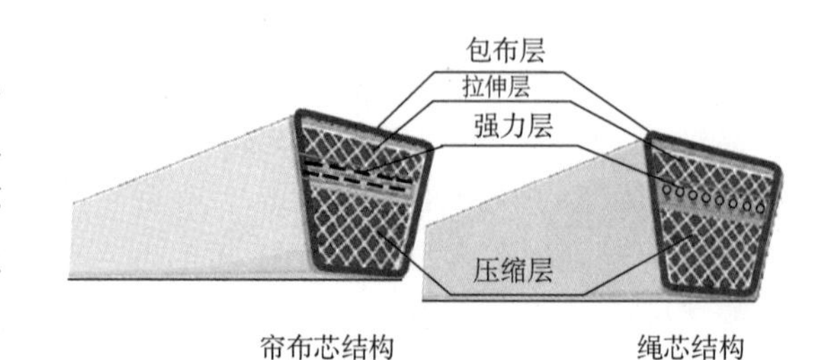

图6-6 V带的结构

普通V带（楔角 $\theta=40°$，相对高度，即高度与节宽之比 $h/b_p\approx0.7$）已标准化，按截面尺寸由小到大分为Y、Z、A、B、C、D、E七种型号，如图6-7所示，其尺寸见表6-1。

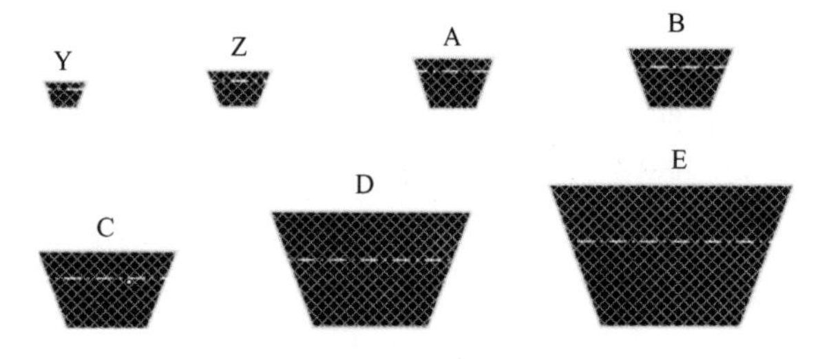

图6-7 V带的型号

表6-1 普通V带、窄V带及V带轮轮槽尺寸

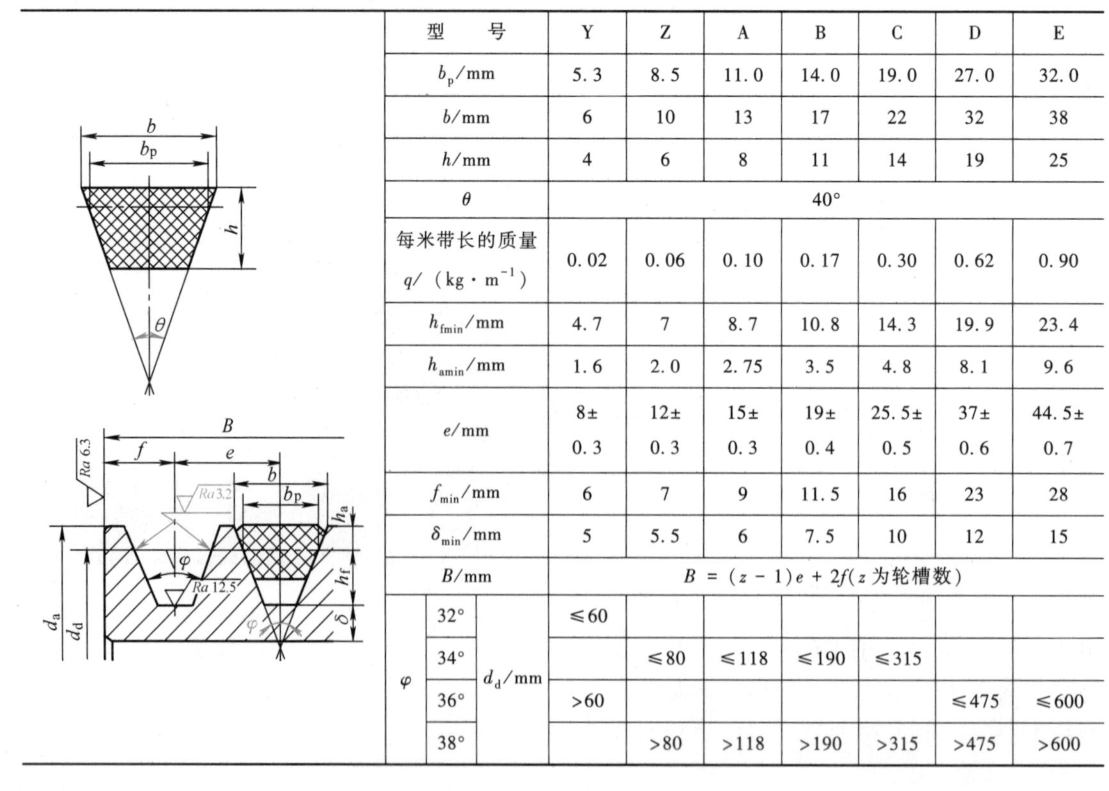

型号	Y	Z	A	B	C	D	E
b_p/mm	5.3	8.5	11.0	14.0	19.0	27.0	32.0
b/mm	6	10	13	17	22	32	38
h/mm	4	6	8	11	14	19	25
θ	40°						
每米带长的质量 $q/(\mathrm{kg\cdot m^{-1}})$	0.02	0.06	0.10	0.17	0.30	0.62	0.90
h_{fmin}/mm	4.7	7	8.7	10.8	14.3	19.9	23.4
h_{amin}/mm	1.6	2.0	2.75	3.5	4.8	8.1	9.6
e/mm	8±0.3	12±0.3	15±0.3	19±0.4	25.5±0.5	37±0.6	44.5±0.7
f_{min}/mm	6	7	9	11.5	16	23	28
δ_{min}/mm	5	5.5	6	7.5	10	12	15
B/mm	$B=(z-1)e+2f$（z 为轮槽数）						
φ 32°，d_d/mm	≤60						
φ 34°，d_d/mm		≤80	≤118	≤190	≤315		
φ 36°，d_d/mm	>60					≤475	≤600
φ 38°，d_d/mm		>80	>118	>190	>315	>475	>600

标准普通 V 带都制成无接头的环形，当带绕过带轮时，外层受拉而伸长，故称为拉伸层；底层受压缩短，故称为压缩层；而在强力层部分必有一层既不受拉、也不受压的中性层，称为节面，其宽度 b_p，称为节宽（表 6-1 图）；当带绕在带轮上弯曲时，其节宽保持不变。

在 V 带轮上，与 V 带节宽 b_P 处于同一位置的轮槽宽度，称为基准宽度，仍以 b_P 表示，基准宽度处的带轮直径，称为 V 带轮的基准直径，用 d_d 表示，它是 V 带轮的公称直径。

在规定的张紧力下，位于带轮基准直径上的周线长度，称为 V 带的基准长度，用 L_d 表示，它是 V 带的公称长度。V 带基准长度的尺寸系列见表 6-2。

表 6-2　普通 V 带基准长度的尺寸系列值

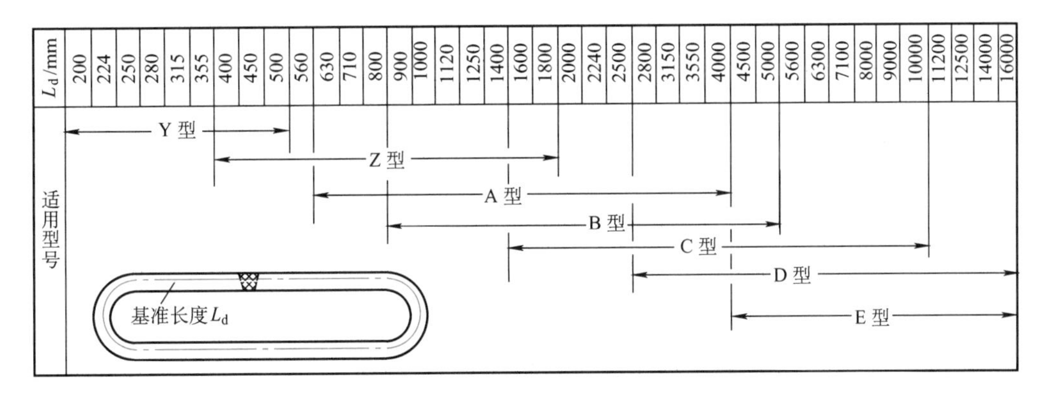

L_d/mm	200	224	250	280	315	355	400	450	500	560	630	710	800	900	1000	1120	1250	1400	1600	1800	2000	2240	2500	2800	3150	3550	4000	4500	5000	5600	6300	7100	8000	9000	10000	11200	12500	14000	16000

普通 V 带的标记是由型号、基准长度和生产厂家三部分组成，V 带的标记通常都压印在带的顶面，如图 6-8 所示。

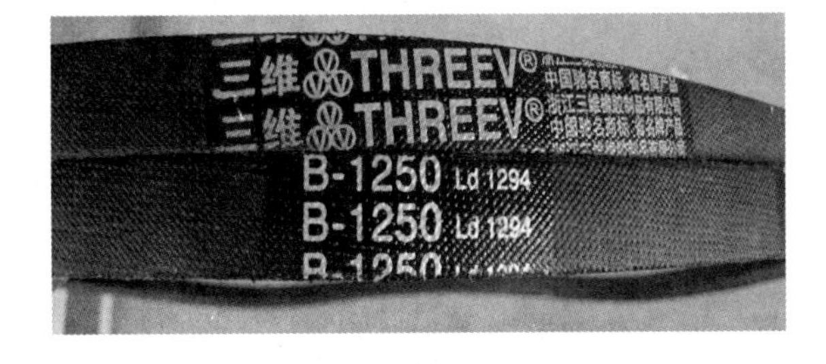

图 6-8　普通 V 带的标记

为使各根带受力比较均匀，传动带使用的根数不宜过多，一般取 2～5 根为宜，最多不能超过 10 根。

2. 普通 V 带轮

普通 V 带轮一般由轮缘、轮毂及轮辐组成。根据轮辐结构的不同，常用 V 带轮分为三种类型，如图 6-9 所示。V 带轮的结构形式可根据 V 带型号、带轮的基准直

径 d_d 和轴孔直径，V带轮的结构尺寸，按相关标准提供的图表选取；轮缘截面上槽形的尺寸见表6-1；普通V带的楔角 θ 为40°，当绕过带轮弯曲时，会产生横向变形，使其楔角变小。为使带轮轮槽工作面和V带两侧面接触良好，一般轮槽制成后的楔角 φ 都小于40°，带轮直径越小，所制轮槽楔角也越小。

V带轮常用的材料有灰铸铁、铸钢、铝合金、工程塑料等，其中灰铸铁应用最广。当带速 $v \leq 30\text{m/s}$ 时，用HT200；当带速 $v \geq 25\text{m/s}$ 时，用高于HT250牌号的灰铸铁或铸钢；小功率传动可选用铸铝或工程塑料。

a)

b)

c)

图6-9 V带轮的典型结构形式

a）实心轮 b）辐板轮 c）椭圆辐轮

6.3 带传动工作能力分析

1. 带传动的受力分析与打滑

带安装时必须张紧套在带轮上，传动带由于张紧而使上下两边所受到相等的拉力称为初拉力，用 $\boldsymbol{F}_0$ 表示，如图6-10a所示。工作时，主动轮1在转矩 T_1 的作用下以转速 n_1 转动；由于摩擦力的作用，驱动从动轮2克服阻力矩 T_2，并以转速 n_2 转动。此时两轮作用在带上的摩擦力方向，如图6-10b所示，进入主动轮一边的带进一步被拉紧，拉力由 F_0 增至 F_1；绕出主动轮一边的带被放松，拉力由 F_0 降至 F_2，形成紧边和松边。紧边和松边的拉力差值（F_1-F_2）即为带传动传递的有效圆周力，用 F 表示。有效圆周力在数值上等于带与带轮接触弧上摩擦力值的总和 $\sum F_f$，即

$$F = F_1 - F_2 = \sum F_f \tag{6-1}$$

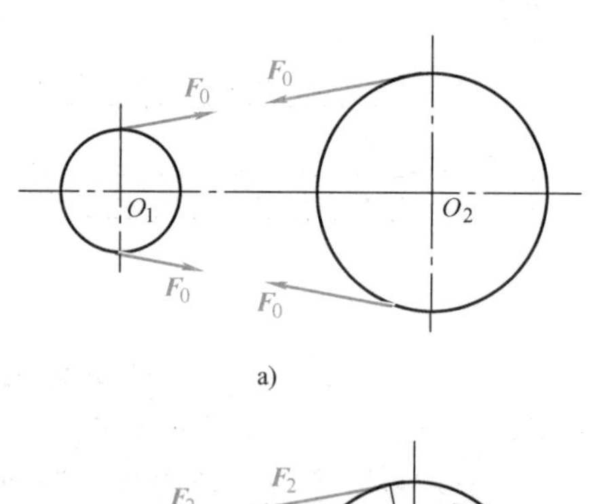

a)

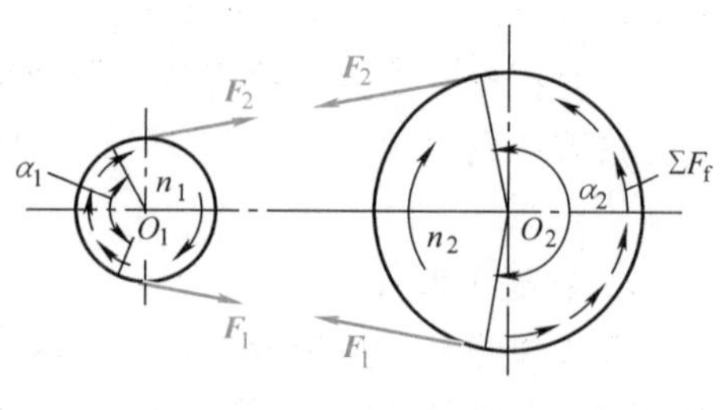

b)

图6-10 V带传动的受力分析

a）未工作时 b）工作时

当初拉力 F_0 一定时，带与轮面间摩擦力值的总和有一个极限值，为 $\sum F_{flim}$。当传递的有效圆周力 F 超过极限值 $\sum F_{flim}$ 时，带将在带轮上发生全面的滑动，这种现象称为打滑，打滑一般出现在小带轮上，打滑使传动失效，应予以避免。

带传动所能传递的最大圆周力与初拉力 F_0、摩擦因数 f 和包角 α 等有关，而 F_0 和 f 不能太大，否则会降低传动带寿命。包角 α 增加，带与带轮之间的摩擦力总和增加，从而提高了传动的能力。因此，选用时为了保证带具有一定的传动能力，要求 V 带在小轮上的包角 $\alpha_1>120°$。

2. V 带的传动比

V 带是弹性体，在拉力作用下会产生弹性伸长，因为 V 带两边的受力大小不同，所以 V 带两边的伸长量也不一样，影响带传动的传动比不能保持准确值。但实际带传动正常工作时，这种弹性伸长所引起的影响很小，一般情况下可略去不计，故带的传动比 $i=n_1/n_2=\dfrac{d_{d2}}{d_{d1}}$。

3. 带传动的失效形式

带传动工作时的主要失效形式是：带在带轮上打滑、传动带的磨损和疲劳断裂。

图 6-11　调节螺钉张紧

6.4　带传动的张紧、安装与维护

1. 张紧装置

为了控制带的初拉力，保证带传动正常工作，必须采用适当的张紧装置。

图 6-11 所示是通过滑道调节螺钉来调整电动机位置，加大中心距，以达到张紧目的。此法常用于水平布置的带传动，当传动带松弛时，通过移动电动机可以张紧 V 带。

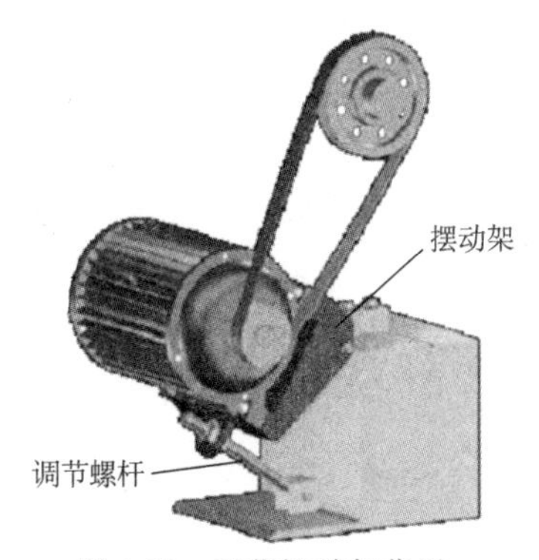

图 6-12　调节摆动架位置

图 6-12 所示是通过调节摆动架（电动机轴中心）位置，加大中心距而达到张紧目的，常用于近似垂直布置的带传动。此法需在调整好位置后，锁紧螺母。

图6-13所示是靠电动机和机座的重量，自动调整中心距，达到张紧的目的。此法常用于小功率带传动，近似垂直布置的情况。

图6-13　自动调整中心距

图6-14所示是利用张紧轮张紧。张紧轮安装于松边的内侧，以避免带受双向弯曲。为使小带轮包角不减小得过多，张紧轮应尽量靠近大带轮安装。此法常用于中心距不可调节的场合。

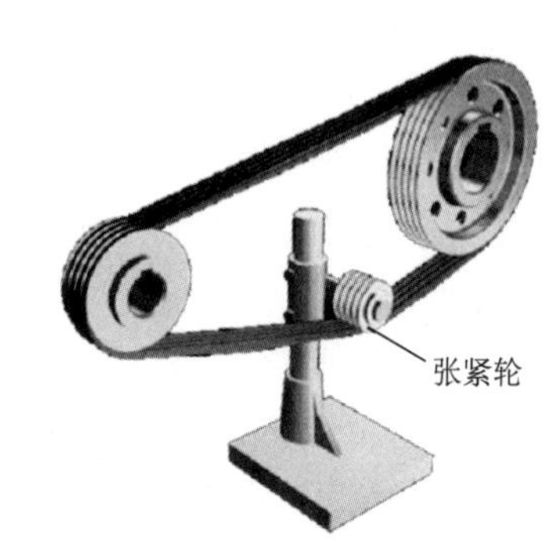

图6-14　张紧轮张紧

2. 安装与维护

正确地安装、使用并在使用过程中注意加强维护，是保证带传动正常工作，延长传动带使用寿命的有效途径。一般应注意以下几点：

1）安装时，两带轮轴线应相互平行，两轮相对应的轮槽应对齐，其误差不得超过20′，如图6-15所示。

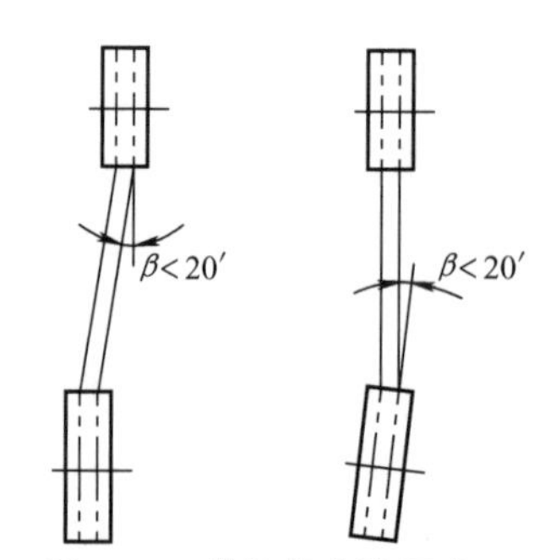

图6-15　带轮的安装要求

2）安装V带时，如图6-16所示，应先拧松调节螺钉和电动机与机架的固定螺栓，让电动机沿滑道向靠近工作机方向移动，缩小中心距，将V带套入槽中后，再调整中心距，把电动机沿滑道向远离工作机的方向移动，在拧紧电动机与机架的固定螺栓的同时将V带张紧。不应将带硬往带轮上撬，以免损坏带的工作表面和降低带的弹性。

图6-16　V带的安装

3）V带在轮槽中应有正确的位置（图6-17），带的顶面应与带轮外缘平齐，底面与带轮槽底间应有一定间隙，以保证带两侧工作面与轮槽全部贴合。

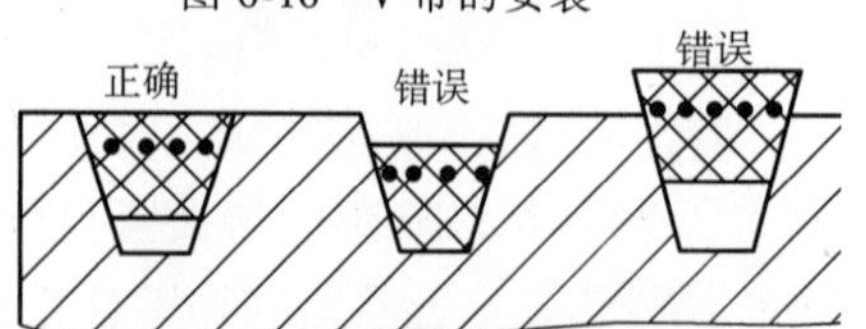

图6-17　V带在轮槽中的正确位置

4）V 带的张紧程度要适当。过松，不能保证足够的张紧力，传动时易打滑，传动能力不能充分发挥；过紧，带的张紧力过大，传动时磨损加剧，寿命缩短。实践证明，在中等中心距情况下，V 带安装后，用大拇指能够将带按下 15mm 左右，则张紧程度合适，如图 6-18 所示。

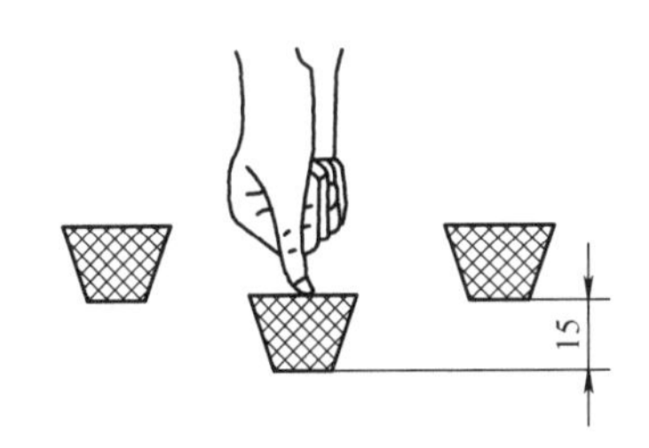

图 6-18　V 带的张紧程度

5）为避免带受力不均匀，选用时一般 V 带不应超过 10 根。如需用多根 V 带传动，为避免载荷分布不均，V 带的配组代号应相同，且生产厂家和批号也应相同。

6）使用中应对带作定期检查，发现有一根带松弛或损坏就应全部更换新带，不能新、旧带混用。旧带可通过测量，实际长度相同的，可组合在一起重新使用，以免造成浪费。

7）为了便于带的装拆，带轮应布置在轴的外伸端。带传动要加防护罩，以免发生意外事故，并保护带传动的工作环境，以防酸、碱、油落上而污染传动带，并应避免曝晒。

8）切忌在有易燃、易爆气体的环境中（如煤矿井下）使用带传动，以免发生危险。

6.5　链传动

6.5.1　概述

链传动由主动链轮、从动链轮、绕在链轮上的链条及机架组成，如图 6-19a 所示。工作时，通过链条与链轮轮齿的啮合来传递运动和动力。图 6-19b 所示为变速车上的链传动。

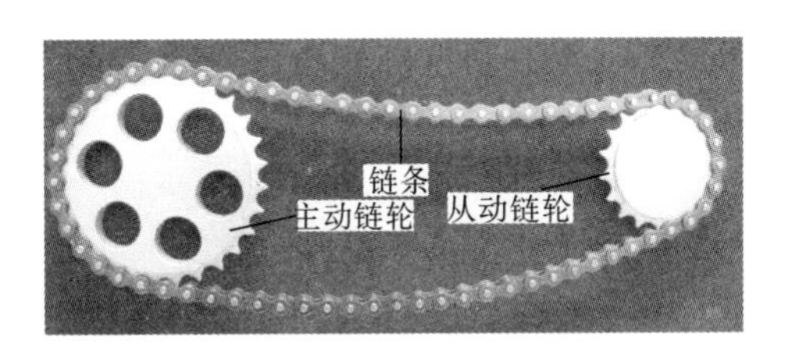

a)

b)

图 6-19　变速车上的链传动

根据用途的不同，链分为传动链、起重链和牵引链。传动链用来传递动力和运动，起重链用于起重机械中提升重物，牵引链用于链式输送机中移动重物。常用的传动链有短节距精密滚子链（简称滚子链）、双节距精密滚子链、弯板滚子链等。滚子链结构简单，磨损较轻，故应用较广。

链传动与其他传动相比，主要有以下特点。

1）链传动是有中间挠性件的啮合传动，与带传动相比，无弹性伸长和打滑现象，故能保证准确的平均传动比，传动效率较高，结构紧凑，传

递功率大，张紧力比带传动小。

2）与齿轮传动相比，链传动结构简单，加工成本低，安装精度要求低，适用于较大中心距的传动，能在高温、多尘、油污等恶劣的环境中工作。

3）链传动的瞬时传动比不恒定，传动平稳性较差，有冲击和噪声。链条速度会忽大忽小地周期性变化，并伴有链条的上下抖动，不宜用于高速和急速反向的场合。

一般链传动的应用范围为：传递功率 $P \leqslant 100\text{kW}$，链速 $v \leqslant 15\text{m/s}$，传动比 $i \leqslant 7$，中心距 $a \leqslant 6\text{m}$，效率 $\eta = 0.92 \sim 0.97$。

链传动适用于两轴线平行且距离较远、瞬时传动比无严格要求，以及工作环境恶劣的场合。目前，在矿山机械、运输机械、石油化工机械、摩托车中得到广泛的应用。

小提醒：通过学习，比较带传动和链传动的优缺点，找出其应用的最佳场合。

6.5.2 滚子链和链轮

1. 滚子链的组成及其标准

滚子链由内链板、外链板、销轴、套筒及滚子五部分组成，如图6-20所示。当链屈伸时，通过套筒绕销轴自由转动，可使内、外链板间作相对转动。当链条与链轮啮合时，滚子沿链轮齿廓滚动，减轻了链与链轮轮齿的磨损。链板制成“8”字形，目的是使各截面强度接近相等，且能减轻重量及运动时的惯性。

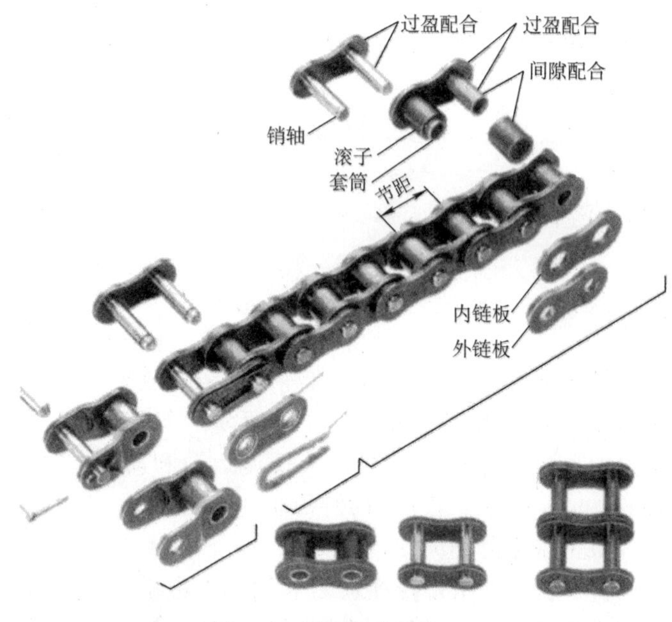

图6-20 滚子链的结构

当传递较大的动力时，可采用双排链，如图 6-21 所示，或多排链。多排链由几排普通单排链用销轴连成。多排链制造比较困难，装配产生的误差易使受载不均，所以双排链用得较多，四排以上用得很少。

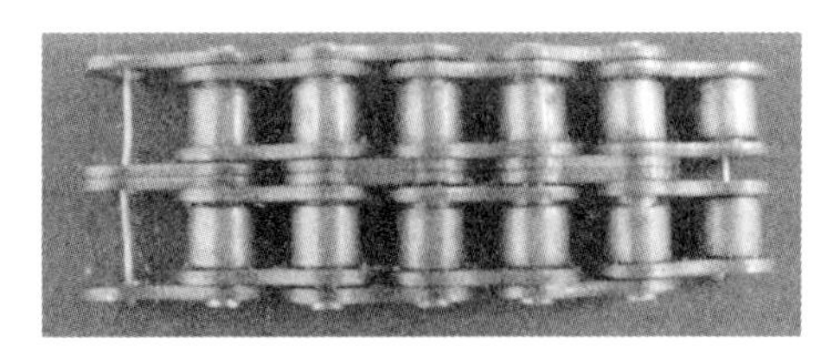

图 6-21　双排链

滚子链已经标准化，由专业工厂生产。滚子链的主要参数如图 6-20 所示。链条上相邻两销轴中心的距离 p 称为节距，它是链条的主要参数。链条长度常用节数表示。节数一般取为偶数，这样构成环状时，可使内、外链板正好相接。接头处可用开口销（图 6-22a）或弹簧卡（图 6-22b）锁紧。当链节为奇数时，需用过渡链节（图 6-22c）才能构成环状。过渡链节的弯链板工作时会受到附加弯曲应力，故应尽量不用。

由于链节数常取偶数，为使链条与链轮的轮齿磨损均匀，链轮齿数一般应取与链节数互为质数的奇数。链传动的标注示例如下：

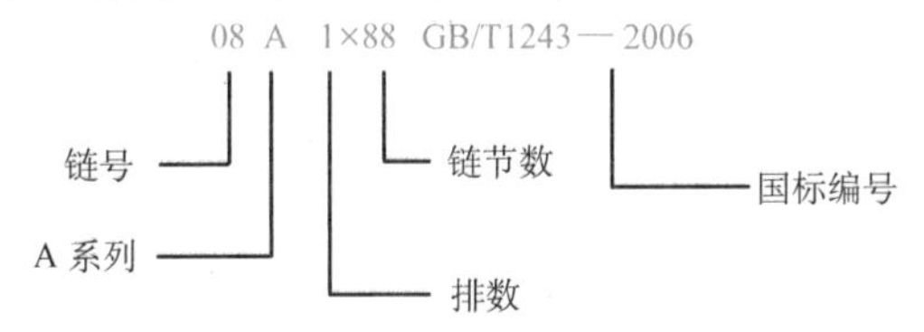

2. 链轮齿形、结构和材料

（1）链轮的齿形　链轮的齿形应保证链轮与链条接触良好、受力均匀，链节能顺利地进入和退出与轮齿的啮合，GB/T 1243—2006 规定了链轮端面齿形。

（2）链轮的结构　链轮的结构如图 6-23 所示，小直径链轮可制成实心式，中等直径可制成孔板式，直径较大时可用组合式结构。

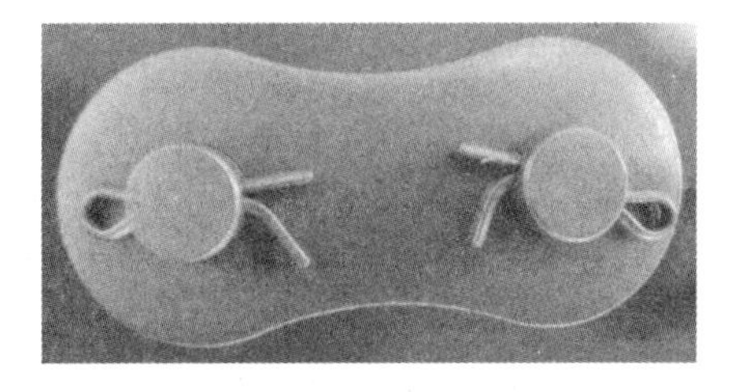

a)

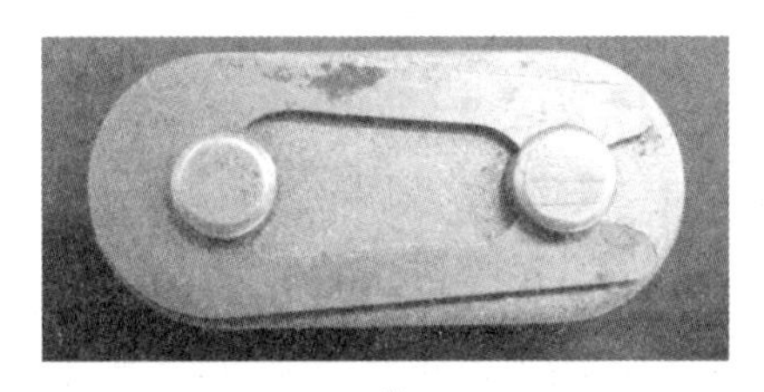

b)

c)

图 6-22　滚子链连接形式

a）开口销　b）弹簧卡　c）过渡链节

a)

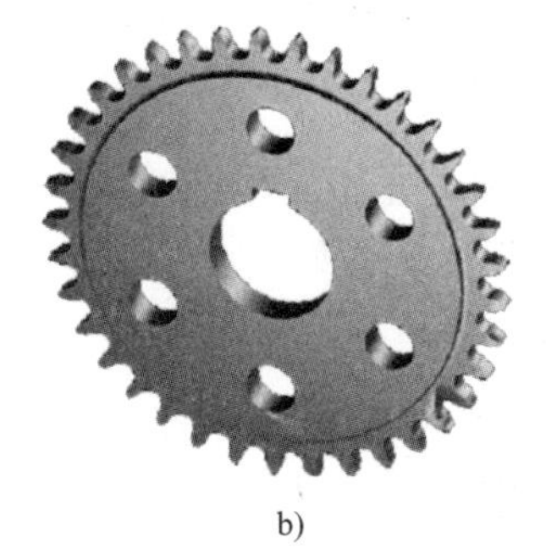

b)

c)

图 6-23　链轮的结构

a）实心式　b）孔板式　c）组合式

（3）链轮的材料　链轮材料应保证其有足够的强度和良好的耐蚀性，多用碳素结构钢或合金钢，可根据链速的高低选择不同材料。

6.5.3　链传动的失效形式

由于链条的结构比链轮复杂，强度不如链轮高，所以一般链传动的失效主要是链条的失效。常见形式有以下几种：

（1）链条的疲劳破坏　链传动由于松边和紧边的拉力不同，使得链条各元件受变应力作用。当应力达到一定数值，并经过一定的循环次数后，链板、滚子、套筒等元件会发生疲劳破坏。在润滑正常的闭式传动中，链条的疲劳强度是决定链传动承载能力的主要因素。

（2）链条铰链的磨损　链条与链轮啮合传动时，相邻链节间要发生相对转动，因而使销轴与套筒、套筒与滚子间发生摩擦，引起磨损。由于磨损使链节变长，易造成跳齿或脱链，使传动失效。这是开式传动或润滑不良的链传动的主要失效形式。

（3）链条铰链的胶合　当转速很高、载荷很大时，套筒与销轴间由于摩擦产生高温而发生黏附，使元件表面发生胶合。

（4）链条的静力拉断　在低速、重载或突然过载时，链条因静强度不足而被拉断。

6.5.4　链传动的润滑

链传动有良好的润滑时，可以减轻磨损，延长使用寿命。表6-3推荐了套筒滚子链传动在几种不同工作条件下的润滑方式，供设计时选用。推荐采用全损耗系统用油的牌号为：L—AN46、L—AN68、L—AN100。

表6-3　套筒滚子链传动的润滑方式

润滑方式	简　图	说　明	供　油　量
人工定期润滑		定期在链条松边的内、外链板间隙中注油。通常链速 $v<2\text{m/s}$ 时用该方法	每班加油一次，保证销轴处不干燥
滴油润滑		有简单外壳，用油杯通过油管向松边的内、外链板间隙处滴油。通常链速 $v=2\sim4\text{m/s}$ 时用该方法	给油量为5~20滴/min（单排链），速度高时给油量应增加
油浴润滑		具有不漏油的外壳，链条从油池中通过	链条浸入油中深度为8~12mm，若过深，则易因搅油损失大而发热变质

（续）

<table>
<tr><th>润滑方式</th><th>简　图</th><th>说　明</th><th colspan="5">供　油　量</th></tr>
<tr><td>溅油润滑</td><td>导油板</td><td>具有不漏油的外壳，甩油盘将油甩起，经壳体上的集油装置将油导流到链条上。甩油盘圆周速度大于 3m/s。当链宽超过 125mm 时，应在链轮的两侧装甩油盘</td><td colspan="5">链条不浸入油池，甩油盘浸油深度为 12 ~ 15mm</td></tr>
<tr><td rowspan="6">压力润滑</td><td rowspan="6"></td><td rowspan="6">具有不漏油的外壳，液压泵供油。循环油可起冷却作用。喷油嘴设在链条啮入处，喷油嘴数应是 $(m+1)$ 个，m 为链条排数</td><td colspan="5">每个喷油嘴的供油量/(cm^3/s)</td></tr>
<tr><td rowspan="2">链速 v/(m/s)</td><td colspan="4">节距 p/mm</td></tr>
<tr><td>≤19.05</td><td>25.40 ~ 31.75</td><td>38.10 ~ 44.45</td><td>50.80</td></tr>
<tr><td>8 ~ 13</td><td>16.7</td><td>25</td><td>33.4</td><td>41.7</td></tr>
<tr><td>13 ~ 18</td><td>33.4</td><td>41.7</td><td>50</td><td>58.3</td></tr>
<tr><td>18 ~ 24</td><td>50</td><td>58.3</td><td>66.8</td><td>75</td></tr>
</table>

注：开式传动和不易润滑的链传动，可定期用煤油拆洗，干燥后浸入 70 ~ 80℃ 的润滑油中，使铰链间隙充油后安装使用。

小提醒：**链传动的润滑很重要，要根据应用场合不同，采用不同的润滑方式。**

实例分析

我们日常生活和工业生产实践中，很多地方用到带传动与链传动，图 6-24 ~ 图 6-28 所示为常见实例。

图 6-24　打夯机上的带传动

图 6-25　发动机上的带传动

图 6-26　大巴车发动机上的带传动

图 6-27　玉米脱粒机上的带传动与链传动

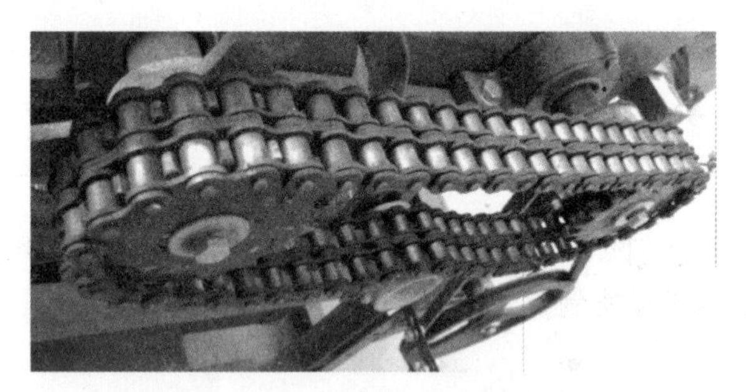

图 6-28　玉米脱粒机上的双排链传动

知识小结

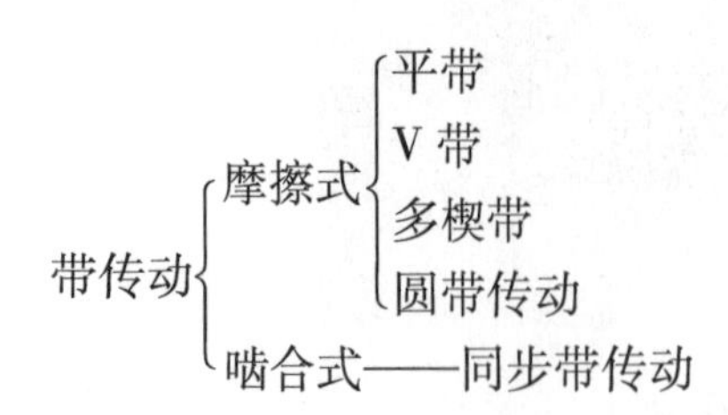

- 普通 V 带及 V 带轮
  - 普通 V 带的结构
    - 包布层
    - 拉伸层
    - 强力层
      - 帘布芯
      - 绳芯
    - 压缩层
  - 普通 V 带型号——Y、Z、A、B、C、D、E
  - V 带轮
    - 实心轮
    - 辐板轮
    - 椭圆辐轮

- 带传动工作能力分析
  - 带传动的受力分析与打滑
    - $F=F_1-F_2=\sum F_f$
    - 当传递的有效圆周力 F 超过极限值 $\sum F_{flim}$ 时，带将在带轮上发生全面的滑动，这种现象称之为打滑。
  - V 带的传动比——$i=\dfrac{n_1}{n_2}=\dfrac{d_{d2}}{d_{d1}}$
  - 带传动的失效形式——带在带轮上打滑，传动带的磨损和疲劳断裂。

- 带传动的张紧、安装与维护
  - 张紧方式
    - 调节螺钉调整
    - 调节摆动架位置
    - 自动调整中心距
    - 张紧轮张紧
  - 安装与维护

- 链传动
  - 链的类型
    - 传动链
    - 起重链
    - 牵引链
  - 滚子链——滚子链是由内链板、外链板、销轴、套筒及滚子五部分组成
  - 链轮齿形、结构和材料
    - 链轮的齿形
    - 链轮的结构
      - 实心式
      - 孔板式
      - 组合式
    - 链轮的材料
  - 链传动的失效形式
    - 链条的疲劳破坏
    - 链条铰链的磨损
    - 链条铰链的胶合
    - 链条的静力拉断
  - 链传动的润滑
    - 人工定期润滑
    - 滴油润滑
    - 油浴润滑
    - 溅油润滑
    - 压力润滑

习　题

一、判断题（认为正确的，在括号内打✓，反之打×）

1. 带传动是通过带与带轮之间产生的摩擦力来传递运动和动力的。（　）
2. V带的横截面为梯形，下面是工作面。（　）
3. V带的基准长度是指在规定的张紧力下，位于带轮基准直径上的周线长度。（　）
4. V带型号中，截面尺寸最小的是Z型。（　）
5. 带传动不能保证传动比准确不变的原因是易发生打滑现象。（　）
6. 为了保证V带传动具有一定的传动能力，小带轮的包角通常要求大于或等于120°。（　）
7. 打滑首先发生在小带轮上。（　）
8. V带根数越多，受力越不均匀，故选用时一般V带不应超过10根。（　）
9. 一组V带中发现其中有一根已不能使用，只要换上一根新的就行。（　）
10. 安装V带时，V带的内圈应牢固贴紧带轮槽底。（　）
11. 一般套筒滚子链用偶数节是为避免采用过渡链节。（　）
12. V带传动的张紧轮最好布置在松边外侧靠近大带轮处。（　）
13. 为降低成本，V带传动通常可将新、旧带混合使用。（　）
14. 链传动是通过链条的链节与链轮轮齿的啮合来传递运动和动力的。（　）
15. 链传动因是轮齿啮合传动，故能保证准确的平均传动比。（　）
16. 链传动产生冲击和振动，传动平稳性差。（　）
17. 滚子链传动时，链条的外链板与销轴之间可相对转动。（　）
18. 滚子链上，相邻两销轴中心的距离 p 称为节距，是链条的主要参数。（　）
19. 和带传动相比，链传动适宜在低速、重载，以及工作环境恶劣的场合中工作。（　）
20. 链条的节距标志其承载能力，节距越大，可承受的载荷也越大。（　）

二、选择题（将正确答案的字母序号填写在横线上）

1. V带传动的特点是________。

A. 缓和冲击，吸收振动　　B. 传动比准确　　C. 能用于环境较差的场合

2. V带比平带传动能力大的主要原因是________。

A. 带的强度高　　B. 没有接头　　C. 产生的摩擦力大

3. 普通V带的横截面的形状为________。

A. 矩形　　B. 圆形　　C. 等腰梯形

4. ________传动具有传动比准确的特点。

A. 平带　　B. 普通V带　　C. 啮合式带

5. 带传动的打滑现象首先发生在________。

A. 大带轮　　B. 小带轮　　C. 大、小带轮同时出现

6. 带轮常采用________材料。

A. 钢　　B. 铸铁　　C. 铝合金

7. 普通 V 带传动中，V 带的楔角 θ 是________。

A. 36° B. 38° C. 40°

8. 在相同的条件下，普通 V 带横截面尺寸________，其传递的功率也________。

A. 越小 越大 B. 越大 越小 C. 越大 越大

9. 普通 V 带传动中，V 带轮的楔角 φ ________。

A. 小于 40° B. 等于 40° C. 大于 40°

10. 对于 V 带传动，一般要求小带轮上的包角不得小于________。

A. 100° B. 120° C. 130°

11. V 带轮槽角应小于带楔角的目的是________。

A. 增加带的寿命

B. 便于安装

C. 可以使带与带轮间产生较大的摩擦力

12. 若 V 带传动的传动比为 5，从动轮直径是 500mm，则主动轮直径是________ mm。

A. 100 B. 250 C. 500

13. 带传动采用张紧装置的主要目的是________。

A. 增加包角 B. 保持初拉力 C. 提高寿命

14. 中等中心距的普通 V 带的张紧程度是以用大拇指能按下________为宜。

A. 5mm B. 10mm C. 15mm

15. 链传动属于________。

A. 具有中间柔性体的啮合传动

B. 具有中间挠性体的啮合传动

C. 具有中间弹性体的啮合传动

16. 套筒滚子链的链板一般制成“8”字形，其目的是________。

A. 使链板美观

B. 使各截面强度接近相等，减轻重量

C. 使链板减少摩擦

17. 在滚子链传动中，尽量避免采用过渡链节的主要原因是________。

A. 制造困难 B. 价格贵 C. 链板受附加弯曲应力

18. 滚子链传动中，链条节数最好取____，链轮的齿数最好取____。

A. 整数 B. 奇数 C. 偶数

19. 要求两轴中心距较大，且在低速、重载荷、高温等不良环境下工作，一般选用________。

A. 带传动 B. 链传动 C. 齿轮传动

20. 滚子链中，套筒与内链板之间采用的是________。

A. 间隙配合 B. 过渡配合 C. 过盈配合

第7章 齿轮传动

学习目标

了解齿轮传动和蜗杆传动的类型、特点及应用场合；会计算齿轮传动的平均传动比；了解渐开线圆柱齿轮、蜗杆和蜗轮的基本参数，了解齿轮结构，能计算标准直齿圆柱齿轮的基本尺寸；了解齿轮传动的正确啮合条件；了解齿轮传动和蜗杆传动的常见失效形式与材料选择；了解渐开线齿轮的切齿原理、根切现象与最少齿数；熟悉齿轮传动维护方面的知识；会计算蜗杆传动的传动比，会判断蜗杆传动中蜗轮的转向。

引　言

在普通机械设备中，图 7-1 所示的齿轮传动应用非常广泛。

图 7-1　齿轮传动

图 7-2 所示的牛头刨床中的传动装置就是齿轮传动系统。摆动导杆机构的摆动运动是由小齿轮与大齿轮组成的齿轮传动驱动，主动件小齿轮带动大齿轮转动时，安装在大齿轮上的滑块随着大齿轮的转动带着摆动导杆机构做往复摆动。

本章主要讲解直齿圆柱齿轮机构的类型、应用及传动、安装维护方面的综合知识，同时简介蜗杆传动。

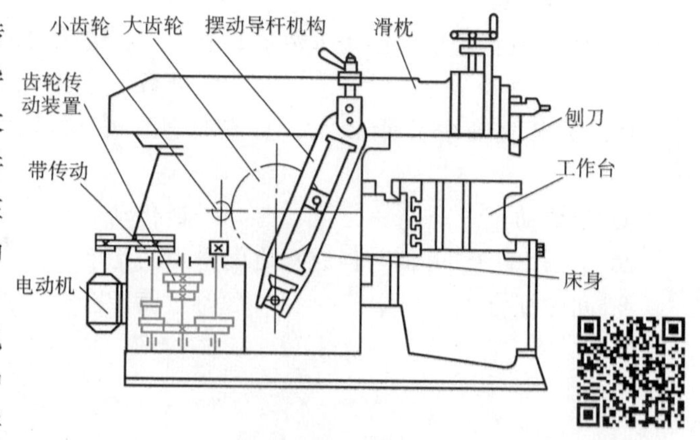

图 7-2　牛头刨床

学习内容

7.1　概述

1. 齿轮传动的特点

齿轮传动是现代机械中应用最广泛的一种机械传动，在机床和汽车变速器等机械中被普遍应用。

齿轮传动的主要优点是：能保持瞬时传动比（两轮瞬时角速度之比）不变，适用的圆周速度及传递功率的范围较大，效率高，寿命长等。不足之处是制造和安装精度要求较高，故成本较高。

2. 齿轮传动的类型

齿轮传动的类型很多，按照一对齿轮轴线的相互位置及齿向，常见的齿轮传动如图 7-3 所示。

直齿外齿轮传动

直齿内齿轮传动

齿轮齿条传动

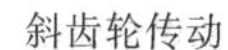

斜齿轮传动

人字形齿轮传动

直齿锥齿轮传动

曲线齿锥齿轮传动

交错轴斜齿轮传动

蜗杆传动

图 7-3　齿轮传动的类型

3. 渐开线齿轮传动比

理论上可作为齿轮齿廓的曲线有许多种，但实际上由于轮齿的加工、测量和强度等方面的原因，一般选用渐开线作为齿轮的齿廓曲线。

图7-4 渐开线齿轮传动

图7-4所示为一对直齿渐开线圆柱外啮合齿轮传动，齿轮传动比是从动轮齿数与主动轮齿数之比，用 i_{12} 表示，1为主动轮，2为从动轮，计算公式为

$$i_{12}=\frac{z_2}{z_1}=\text{常数} \tag{7-1}$$

7.2 渐开线圆柱齿轮的主要参数

7.2.1 齿轮各部分的名称

图7-5所示为标准渐开线直齿圆柱齿轮的局部形状。其齿廓由形状相同的两反向渐开线曲面组成。轮齿各部分的名称见图，轮齿各部分的名称及符号见表7-1。

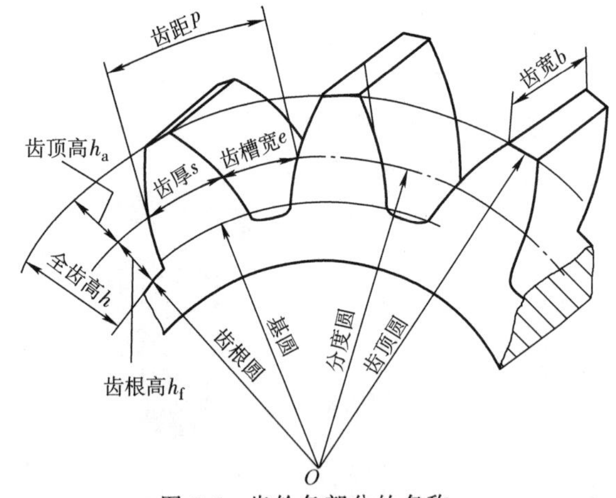

图7-5 齿轮各部分的名称

表7-1 齿轮轮齿各部分名称及符号

名称	符号	名称	符号
齿顶圆直径	d_a	全齿高	h
齿根圆直径	d_f	齿厚	s
分度圆直径	d	齿槽宽	e
基圆直径	d_b	齿距	p
齿顶高	h_a	齿宽	b
齿根高	h_f		

7.2.2　主要参数

（1）齿数 z　形状相同，沿圆周方向均匀分布的轮齿个数称为齿数，用 z 表示。

（2）模数 m　分度圆直径 d、齿距 p 与齿数 z 三者之间有如下关系

$$\pi d = zp \text{ 或 } d = \frac{p}{\pi}z$$

式中，π 为无理数。为计算和测量的方便，令 $p/\pi = m$，称为模数，并规定分度圆处的模数为标准值（标准模数系列见表 7-2），于是上式可改写为

$$d = mz \tag{7-2}$$

模数 m 的单位为 mm，是齿轮的重要参数。模数越大，则轮齿越大，各部分的尺寸也越大，同齿数不同模数的齿轮大小的比较如图 7-6 所示。

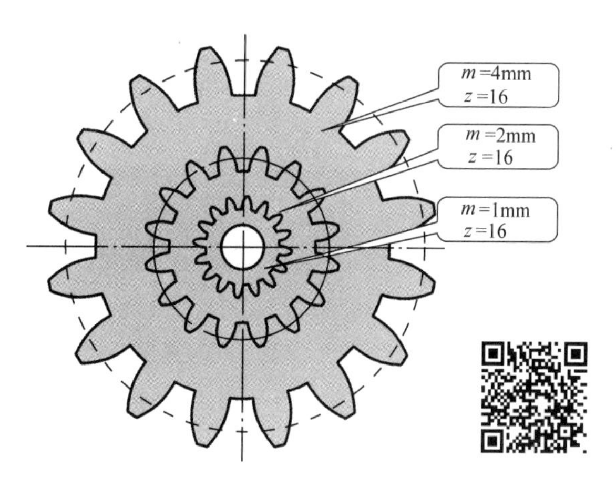

图 7-6　不同模数的比较

表 7-2　齿轮标准模数系列（常用值）　（单位：mm）

第一系列	1	1.25	1.5	2	2.5	3	4
	5	6	8	10	12	16	20
第二系列	1.75	2.25	2.75	(3.25)	3.5	(3.75)	4.5
	5.5	(6.5)	7	9	(11)	14	18

注：1. 本表适用于渐开线圆柱齿轮，对斜齿轮是指法向模数。
2. 优先用第一系列，括号内模数尽可能不用。

（3）压力角　我国相关标准规定：分度圆处的压力角为标准压力角，标准值为 $\alpha = 20°$。

（4）齿顶高系数、顶隙系数　为计算齿轮的全部几何尺寸，还需知道另外两个基本参数齿顶高系数 h_a^* 和顶隙系数 c^*，则齿顶高、齿根高的计算公式为

$$h_a = h_a^* m \tag{7-3}$$

$$h_f = (h_a^* + c^*)m \tag{7-4}$$

对于正常齿制，$h_a^* = 1$，$c^* = 0.25$；对于短齿制，$h_a^* = 0.8$，$c^* = 0.3$。

m、α、h_a^*、c^* 均为标准值，且 $s = e$ 的齿轮称为标准齿轮。

7.3 圆柱齿轮的结构及标准直齿圆柱齿轮的几何尺寸

7.3.1 圆柱齿轮的结构

1. 齿轮轴

对于齿顶圆直径不大或直径与相配轴直径相差很小（齿顶圆直径 $d_a<2d$，d 为轴径）的钢制齿轮，可将齿轮与轴制成一体。一般情况下，对于圆柱齿轮，当齿根圆与键槽顶部的距离 $\delta<2.5m$ 时，可将齿轮与轴制成一体，称为齿轮轴，如图 7-7 所示。

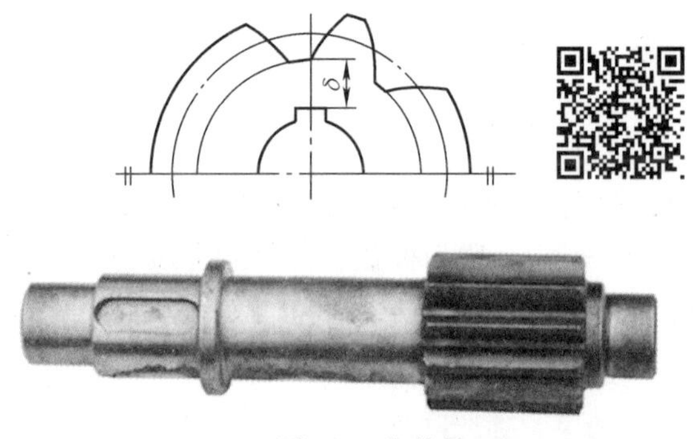

图 7-7 齿轮轴

2. 实心式齿轮

对于齿顶圆直径 $d_a \leqslant 200$mm 的中、小尺寸的钢制齿轮，一般常采用锻造毛坯的实心式结构。实心式圆柱齿轮如图 7-8 所示。

图 7-8 实心式圆柱齿轮

3. 辐板式齿轮

对于齿顶圆直径 $d_a \leqslant 500$mm 的较大尺寸的齿轮，为减轻质量和节约材料，常制成辐板式结构。辐板式齿轮一般采用锻造毛坯。辐板式圆柱齿轮结构如图 7-9 所示。

图 7-9 辐板式圆柱齿轮

4. 轮辐式齿轮

当齿顶圆直径 $d_a = 400 \sim 1000\text{mm}$ 时，齿轮毛坯因受锻造设备的限制，往往改用铸铁或铸钢浇注成轮辐式结构，如图7-10所示。

图7-10　轮辐式齿轮

7.3.2　标准直齿圆柱齿轮的几何尺寸

标准直齿圆柱齿轮各部分的几何尺寸的计算方法见表7-3（参见图7-5、图7-11）。

表7-3　标准直齿圆柱齿轮几何尺寸的计算方法

名称		符号	计算公式	
			外齿轮	内齿轮
基本参数	齿数	z	$z_{\min}=17$，通常小齿轮齿数 z_1 在20~28范围内选取，$z_2=iz_1$	
	模数	m	根据强度计算决定，并按表7-2选取标准值。动力传动中，$m \geqslant 2\text{mm}$	
	压力角	α	取标准值，$\alpha=20°$	
	齿顶高系数	h_a^*	取标准值，对于正常齿，$h_a^*=1$，对于短齿，$h_a^*=0.8$	
	顶隙系数	c^*	取标准值，对于正常齿，$c^*=0.25$，对于短齿，$c^*=0.3$	
几何尺寸	齿槽宽	e	$e=p/2=\pi m$	
	齿厚	s	$s=p/2=\pi m$	
	齿距	p	$p=\pi m$	
	全齿高	h	$h=h_a+h_f=(2h_a^*+c^*)m$	
	齿顶高	h_a	$h_a=h_a^* m$	
	齿根高	h_f	$h_f=(h_a^*+c^*)m$	
	分度圆直径	d	$d=mz$	
	基圆直径	d_b	$d_b=d\cos\alpha=mz\cos\alpha$	
	齿顶圆直径	d_a	$d_a=d+2h_a=(z+2h_a^*)m$	$d_a=d-2h_a=(z-2h_a^*)m$
	齿根圆直径	d_f	$d_f=d-2h_f=(z-2h_a^*-2c^*)m$	$d_f=d+2h_f=(z+2h_a^*+2c^*)m$
	中心距	a	$a=m(z_1+z_2)/2$	$a=m(z_2-z_1)/2$

注：内齿轮的几何尺寸计算与外齿轮相同。为使内齿轮的齿顶圆全部为渐开线，其齿顶圆应大于基圆。

a)

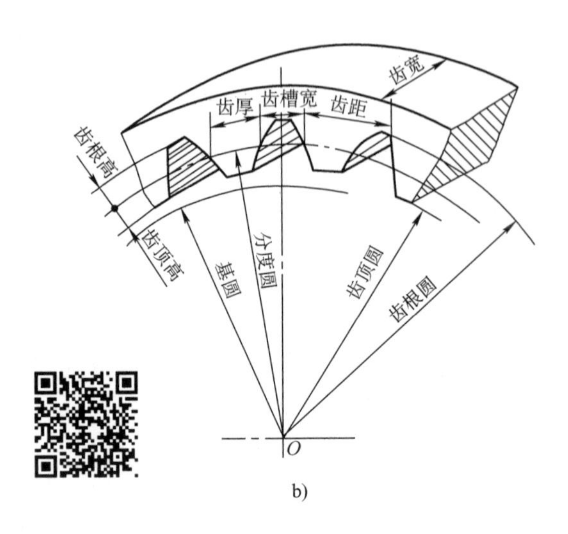

b)

图 7-11　内齿轮

7.4　齿轮正确啮合的条件

图 7-12 所示为一对渐开线齿轮的啮合传动过程，当齿轮 1 的齿根顶住齿轮 2 的齿顶时（图 7-12a），齿轮开始进入啮合，运动到齿轮 1 的齿顶顶住齿轮 2 的齿根时（图 7-12b），齿轮退出啮合，B_2B_1 区域为啮合区域。

经过推导，可得一对渐开线齿轮正确啮合的条件为

$$\left.\begin{array}{l} m_1 = m_2 = m \\ \alpha_1 = \alpha_2 = \alpha \end{array}\right\} \qquad (7\text{-}5)$$

因此正确啮合的条件是：两齿轮的模数和压力角必须分别相等，并等于标准值。

对于标准齿轮，采用标准中心距安装，齿数只要大于 12，就可保持连续传动。

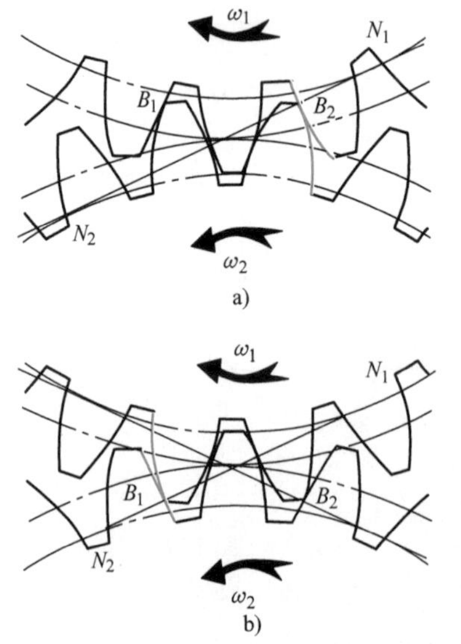

图 7-12　齿轮啮合传动过程
a）进入啮合　b）退出啮合

*7.5　渐开线齿轮的切齿原理

1. 成形法

成形法就是在普通铣床上，用与齿廓形状相同的成形铣刀进行铣削加工。图 7-13 所示为用盘形齿轮铣刀加工齿轮。

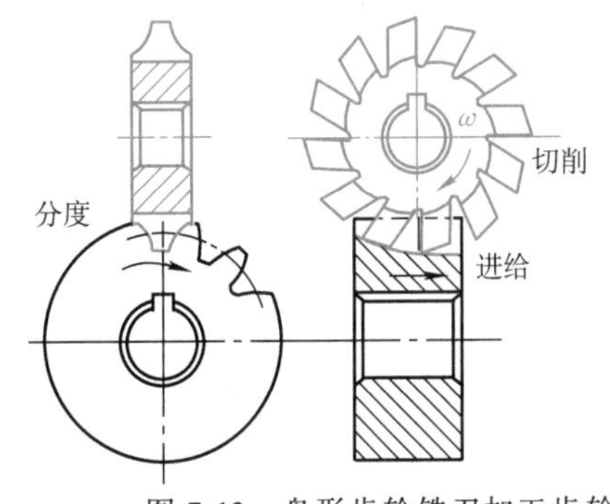

图 7-13　盘形齿轮铣刀加工齿轮

图 7-14 所示为用指形铣刀加工齿轮。成形法常用于齿轮修配和大模数齿轮的单件生产中。

为了控制铣刀的数量，对于 m 和 α 相同的铣刀只备有八把，每把铣刀可铣一定齿数范围的齿轮，见表 7-4。

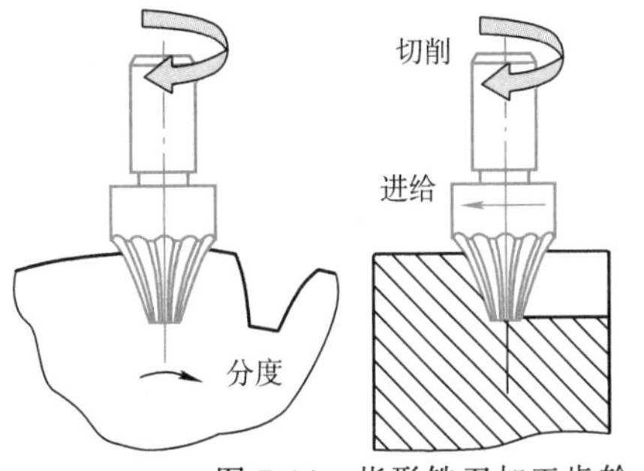

图 7-14　指形铣刀加工齿轮

表 7-4　各号铣刀加工的齿数范围

刀　号	1	2	3	4	5	6	7	8
齿数范围	12、13	14~16	17~20	21~25	26~34	35~54	55~134	≥135

2. 展成法

(1) 插齿　图 7-15 所示为用齿轮插刀加工齿轮的情形。齿轮插刀是一个具有切削刃的渐开线外齿轮。插齿时，插刀与轮坯严格按一对齿轮啮合关系做旋转运动（展成运动），同时插刀沿轮坯的轴线做上下的切削运动。为了防止插刀退刀时划伤已加工的齿廓表面，在退刀时，轮坯还需做小距离的让刀运动。为了切出轮齿的整个高度，插刀还需要向轮坯中心移动，做径向进给运动。

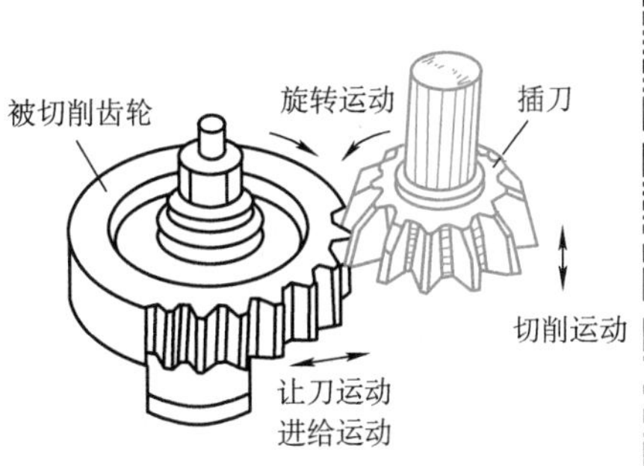

图 7-15　用齿轮插刀加工齿轮

当齿轮插刀的齿数增加到无穷多时，其基圆半径变为无穷大，则齿轮插刀演变成齿条插刀，如图 7-16 所示。切制齿廓时，刀具与轮坯的展成运动相当于齿条与齿轮啮合传动，其切齿原理与用齿轮插刀加工齿轮的原理相同。

用插齿法加工齿轮的过程为断续切削，生产率较低。

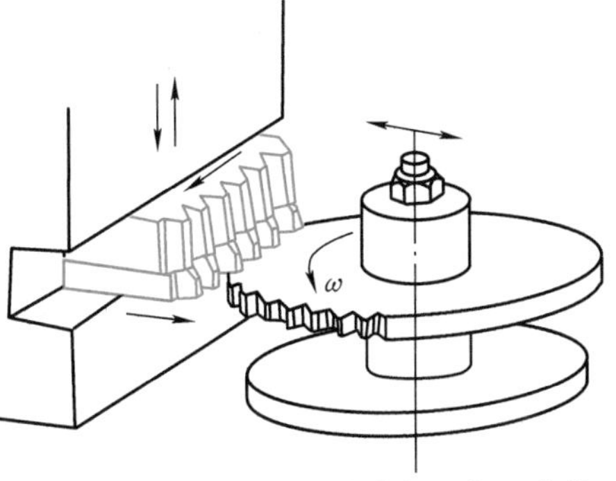

图 7-16　用齿条插刀加工齿轮

（2）滚齿　滚齿是利用滚刀在滚齿机上加工齿轮，如图7-17所示。在垂直于轮坯轴线并通过滚刀轴线的正交平面内，刀具与齿坯相当于齿条（刀具刃形）与齿轮的啮合。滚齿加工过程接近于连续过程，故生产率较高。

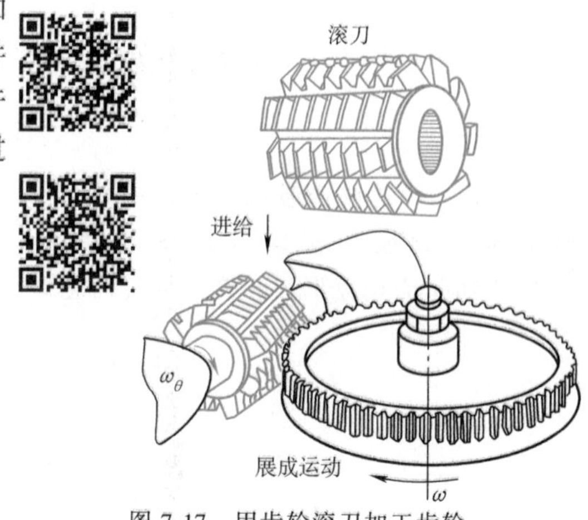

图7-17　用齿轮滚刀加工齿轮

3. 根切现象与最少齿数

当用展成法加工齿轮时，如果齿数太少，则刀具的齿顶会将轮坯的根部过多地切去，如图7-18a所示，这种现象称为根切现象。轮齿根切后，齿根抗弯强度削弱，传动的平稳性降低。

用齿条插刀或齿轮滚刀加工齿轮时，当$\alpha=20°$、$h_a^*=1$时，由图7-18b可推得不产生根切的最少齿数为

$$z_{min}=\frac{2h_a^*}{\sin^2\alpha}\approx 17 \tag{7-6}$$

为避免根切，通常选择齿数不小于17。

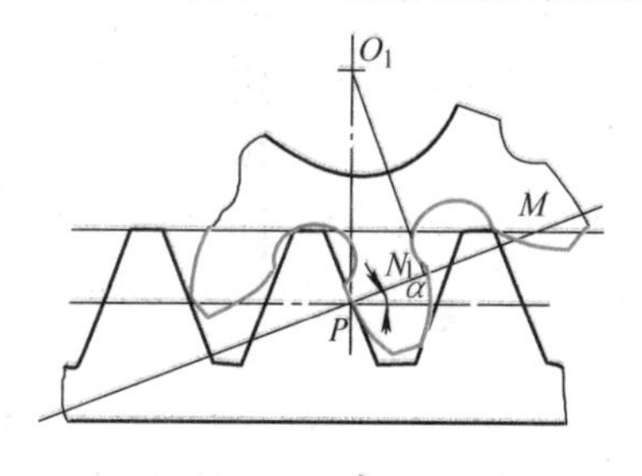

a)

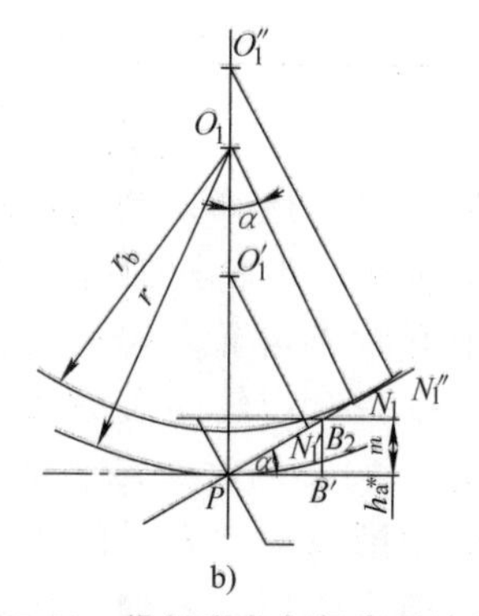

b)

图7-18　根切现象与切齿干涉的参数关系
a）根切现象　b）切齿干涉的参数关系

7.6　齿轮常见失效形式与材料选择

7.6.1　轮齿的失效形式

1. 轮齿折断

齿轮工作时，轮齿根部将产生相当大的交变弯曲应力，并且在齿根的过渡圆角处存在较大的应力集中。因此，在载荷多次作用下，当应力值超过弯曲疲劳极限时，将产生疲劳裂纹，如图7-19所示。

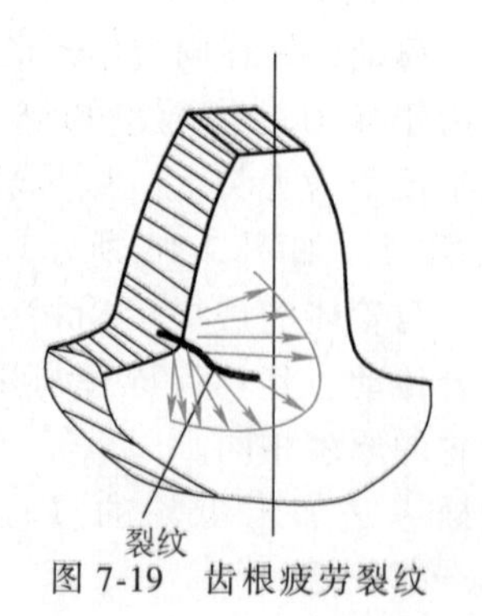

图7-19　齿根疲劳裂纹

小知识：在齿轮传动中，斜齿圆柱齿轮传动也是一种常见的传动形式，在承载和传动平稳方面，斜齿圆柱齿轮比直齿圆柱齿轮还要好。

随着裂纹的不断扩展，最终将引起轮齿折断，这种折断称为弯曲疲劳折断。图 7-20 所示为齿轮轴实物轮齿折断的失效情况。

图 7-20　齿轮轴轮齿折断

为提高齿轮抗折断的能力，可采用提高材料的疲劳强度和轮齿心部的韧性、加大齿根圆角半径、提高齿面制造精度、增大模数以加大齿根厚度、进行齿面喷丸处理等方法来实现。

2. 齿面点蚀

齿面在接触应力长时间地反复作用下，表层出现裂纹，加之润滑油渗入裂纹进行挤压，加速了裂纹的扩展，从而导致齿面金属以甲壳状的小微粒剥落，形成麻点，这种现象称为齿面点蚀。闭式齿轮传动的主要失效形式是齿面点蚀。图 7-21 所示为斜齿轮点蚀的实际失效情况。

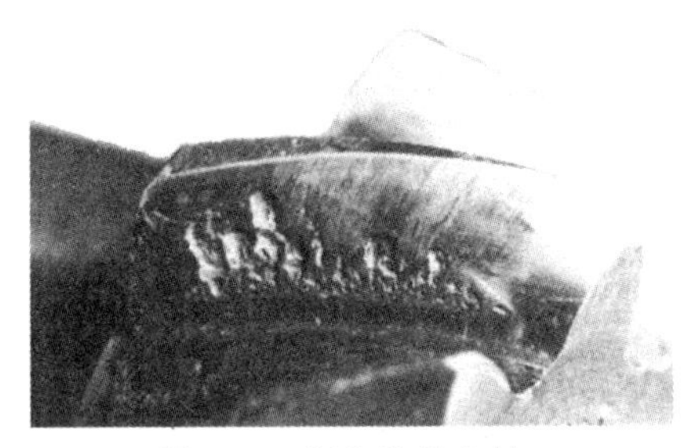

图 7-21　斜齿轮的点蚀

为防止过早出现疲劳点蚀，可采用增大齿轮直径、提高齿面硬度、降低齿面的表面粗糙度值和增大润滑油的黏度等方法。

3. 齿面胶合

在高速或低速重载的齿轮传动中，由于齿面间压力很大，相对滑动时的摩擦使齿面工作区的局部瞬时温度很高，致使齿面间的油膜破裂，造成齿面金属直接接触并相互粘连。当两齿面相对滑动时，较软齿面的金属沿滑动方向被撕下而形成沟纹状，这种现象称为胶合。图 7-22 所示为齿轮胶合的实际失效情况。

图 7-22　齿轮的胶合

为防止胶合的产生，可采用良好的润滑方式、限制油温和采用抗胶合添加剂的合成润滑油等方法；也可采用不同材料制造配对齿轮，或一对齿轮采用同种材料不同硬度的方法。

4. 齿面磨损

由于啮合齿面间的相对滑动，引起齿面的摩擦磨损。开式齿轮传动的主要失效形式是磨损，图 7-23 所示为轮齿磨损的实际失效情况。

图 7-23　轮齿磨损

为防止过快磨损，可采用保证工作环境清洁、定期更换润滑油、提高齿面硬度、加大模数以增大齿厚等方法。

5. 齿面塑性变形

在过大的应力作用下，轮齿材料因屈服而产生塑性变形，致使啮合不平稳，因此噪声和振动增大，破坏了齿轮的正常啮合传动。这种失效常发生在有大的过载、频繁起动和齿面硬度较低的齿轮上。图7-24所示为齿面塑性变形的机理。

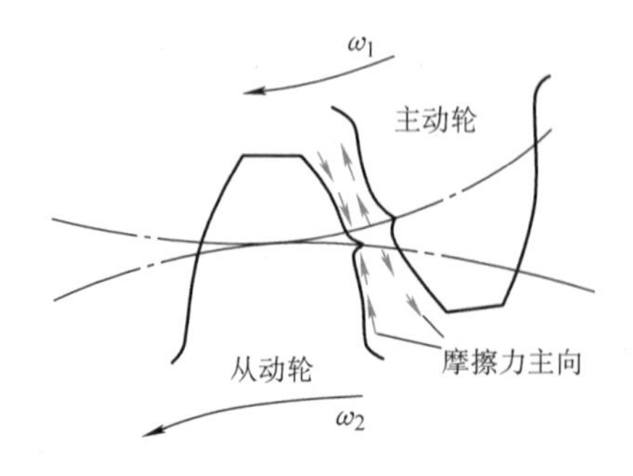

图7-24 齿面塑性变形

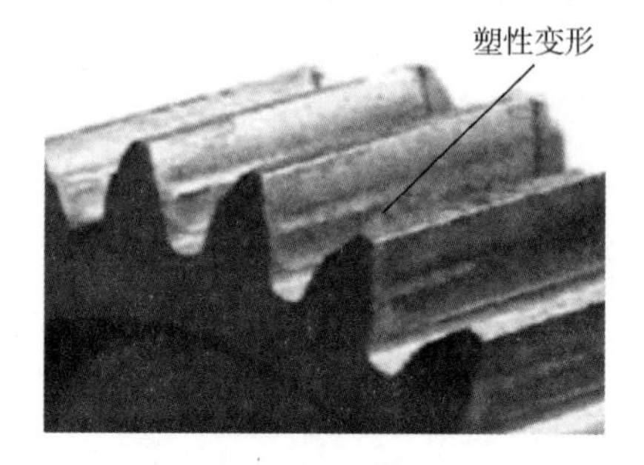

图7-25 齿面塑性变形1

图7-25所示为主动轮齿面下凹的实际失效情况，图7-26所示为从动轮齿面凸起的实际失效情况。

为防止齿面塑性变形，可通过提高齿面硬度或采用较高黏度的润滑油等方法来解决。

7.6.2 齿轮常用材料及其热处理

常用的齿轮材料是优质碳素钢和合金结构钢，其次是铸钢和铸铁。除尺寸较小、普通用途的齿轮采用圆轧钢外，大多数齿轮都采用锻钢制造。对形状复杂、直径较大（$d \geqslant 500$mm）和不易锻造的齿轮，可采用铸钢。传递功率不大、低速、无冲击及开式齿轮传动中的齿轮，可选用灰铸铁。

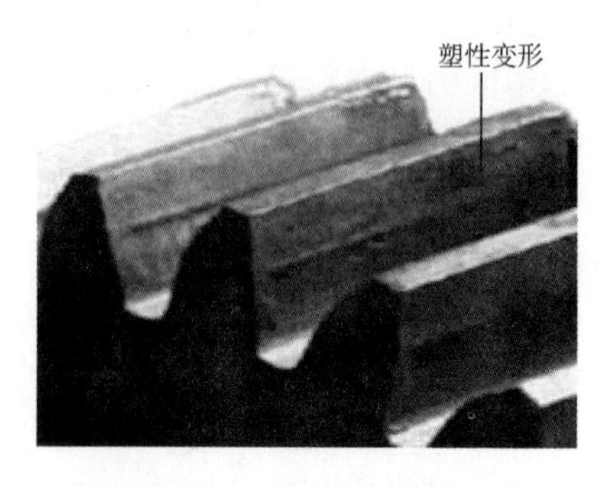

图7-26 齿面塑性变形2

非铁金属仅用于制造有特殊要求（如耐腐蚀、防磁性等）的齿轮。

对高速、轻载及精度要求不高的齿轮，为减小噪声，也可采用非金属材料（如尼龙、夹布胶木等）做成小齿轮，但大齿轮仍用钢或铸铁制造。

对于软齿面（硬度小于350HBW）齿轮，可以在热处理后切齿，其制造容易、成本较低，常用于对传动尺寸无严格限制的一般传动。常用的齿轮材料有35钢、45钢、35SiMn、40Cr等，其热处理方法为调质或正火处理，切齿后的精度一般为8级，精切时可达7级。为了便于切齿和防止刀具切削刃迅速磨损变钝，调质处理后的硬度一般不超过280HBW。

由于小齿轮齿根强度较弱，转速较高，其齿面接触承载次数较多，故当两齿轮材料及热处理方式相同

时，小齿轮的损坏概率高于大齿轮。在传动中，为使大、小齿轮的寿命接近，常使小齿轮齿面硬度比大齿轮齿面硬度值高出 30~50HBW，传动比大时，其硬度差还可更大些。

硬齿面（硬度大于 350HBW）齿轮通常是在调质后切齿，然后进行表面硬化处理。有的齿轮在硬化处理后还要进行精加工（如磨齿、珩齿等），故调质后的切齿应留有适当的加工余量。硬齿面主要用于高速、重载或要求尺寸紧凑等重要传动中。表面硬化处理常采用表面淬火（一般用于中碳钢或中碳合金钢）、渗碳淬火（常用于低碳合金钢）、渗氮处理（用于含铬、钼、铝等合金元素的渗氮钢）等。

常用齿轮材料及其热处理后的硬度、力学性能、应用范围，可参见表 7-5。

表 7-5 常用齿轮材料及其热处理后的硬度、力学性能、应用范围

材料	牌号	热处理	力学性能 硬度	抗拉强度/MPa	屈服强度/MPa	疲劳极限/MPa	极限循环次数/次	应用范围
优质碳素钢	35	正火	150~180HBW	500	320	240	10^7	一般传动
		调质	190~230HBW	650	350	270		
	45	正火	170~200HBW	610~700	360	260~300		
		调质	220~250HBW	750~900	450	320~360		
		整体淬火	40~45HRC	1000	750	430~450	$(3\sim4)\times10^7$	体积小的闭式齿轮传动、重载、无冲击
		表面淬火	45~50HRC	750	450	320~360	$(6\sim8)\times10^7$	体积小的闭式齿轮传动、重载、有冲击
合金钢	35SiMn	调质	200~260HBW	750	500	380	10^7	一般传动
	40Cr 42SiMn 40MnB	调质	250~280HBW	900~1000	800	450~500		
		整体淬火	45~50HRC	1400~1600	1000~1100	550~650	$(4\sim6)\times10^7$	体积小的闭式齿轮传动、重载、无冲击
		表面淬火	50~55HRC	1000	850	500	$(6\sim8)\times10^7$	体积小的闭式齿轮传动、重载、有冲击
	20Cr 20SiMn 20MnB	渗碳淬火	56~62HRC	800	650	420	$(9\sim15)\times10^7$	冲击载荷
	20CrMnTi 20MnVB	渗碳淬火	56~62HRC	1100	850	525		高速、中载、大冲击
	12CrNi3	渗碳淬火	56~62HRC	950		500~550		
铸钢	ZG270-500	正火	140~176HBW	500	300	230	10^7	$v<6\sim7\text{m/s}$ 的一般传动
	ZG310-570	正火	160~210HBW	550	320	240		
	ZG340-640	正火	180~210HBW	600	350	260		
铸铁	HT200		170~230HBW	200		100~120		$v<3\text{m/s}$ 的不重要传动
	HT300		190~250HBW	300		130~150		
	QT400-15	正火	156~200HBW	400	300	200~220		$v<4\sim5\text{m/s}$ 的一般传动
	QT600-3	正火	200~270HBW	600	420	240~260		
塑料	夹布胶木		30~40HBW	85~100				高速、轻载
	MC 尼龙		20HBW	90	60			中、低速，轻载

7.7 齿轮传动的维护

正确维护是保证齿轮传动正常工作、延长齿轮使用寿命的必要条件。日常的维护工作主要有以下内容：

1. 安装与磨合

齿轮、轴、键等零件安装在轴上，其固定和定位都应符合技术要求。使用一对新齿轮，先做磨合运转，即在空载或逐步加载的方式下，运转十几小时至几十小时，然后清洗箱体，更换新油，才能正式使用。

2. 检查齿面接触情况

采用涂色法检查，若色迹处于齿宽中部，且接触面积较大，如图 7-27a 所示，说明接触良好。若接触面积过小或接触部位不合理，如图 7-27b～图 7-27d 所示，都会使载荷分布不均。通常可通过调整轴承座位置，以及修理齿面等方法解决。

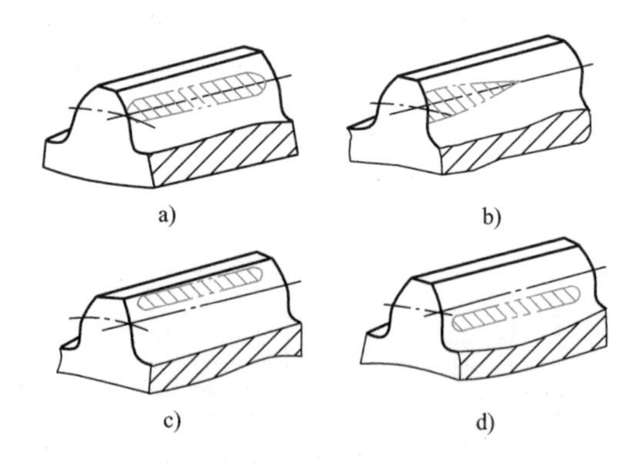

图 7-27　圆柱齿轮齿面接触情况
a）正确安装　b）轴线倾斜
c）中心距偏大　d）中心距偏小

3. 保证正常润滑

按规定润滑方式，定时、定质、定量加润滑剂。对自动润滑方式，应注意油路是否畅通，润滑机构是否灵活。

4. 监控运转状态

通过看、摸、听，监视有无超常温度、异常响声、振动等不正常现象。发现异常现象，应及时加以解决，禁止其“带病工作”。对高速、重载或重要的齿轮传动，可采用自动检测装置，对齿轮运行状态的信息搜集处理、故障诊断及报警等，实现自动控制，确保齿轮传动的安全、可靠。

5. 装防护罩

对于开式齿轮传动，应装防护罩，防止灰尘、切屑等杂物侵入齿面，加速齿面磨损，同时也保护操作人员的人身安全。

7.8　锥齿轮传动

图 7-28　锥齿轮传动

1. 锥齿轮传动的特点和应用

锥齿轮用于轴线相交的传动，常用的轴交角 $\Sigma=90°$（图 7-28）。锥齿轮的特点是轮齿分布在圆锥面上，轮齿的齿形从大端到小端逐渐缩小。锥齿轮的轮齿有直齿、斜齿和曲齿三种类型，其中直齿锥齿轮应用较广泛。

2. 直齿锥齿轮的当量齿数

直齿锥齿轮的齿廓曲线为空间的球面渐开线。由于球面无法展开为平面，故采用近似方法来解决。图 7-29 所示为锥齿轮的轴向剖视图，左上方的图显示的与球面齿廓相切的圆锥体称为背锥。将背锥展开，形成一个平面扇形齿轮；如将此扇形齿轮补足为完整的齿轮，则所得的平面齿轮称为直齿锥齿轮的当量齿轮。当量齿轮分度圆直径用 d_v 表示，其模数为大端模数，压力角为标准值，所得齿数 z_v 称为当量齿数。

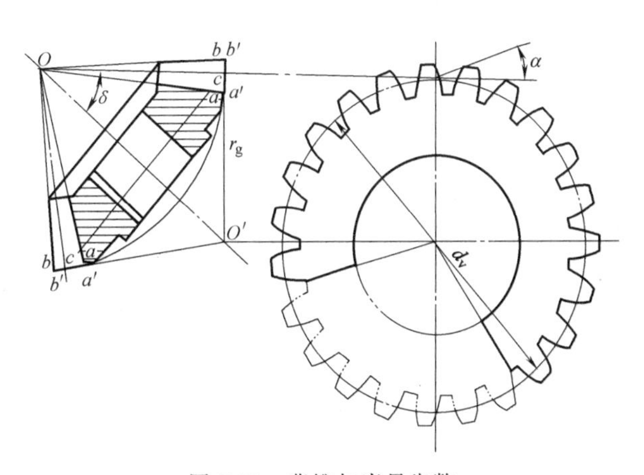

图 7-29　背锥与当量齿数

当量齿数 z_v 与实际齿数 z 的关系为

$$z_v=\frac{z}{\cos\delta} \tag{7-7}$$

式中　δ——分度圆锥角。

3. 直齿锥齿轮的基本参数及几何尺寸

图 7-30 所示为一对标准直齿锥齿轮，其节圆锥与分度圆锥重合，轴交角 $\Sigma=\delta_1+\delta_2=90°$。由于大端轮齿尺寸大，计算和测量时相对误差小，同时也便于确定齿轮外部尺寸，故定义大端参数为标准值。模数 m 由表 7-6 查取，压力角 $\alpha=20°$，齿顶高系数 $h_{an}^*=1$，顶隙系数 $c_n^*=0.2$。

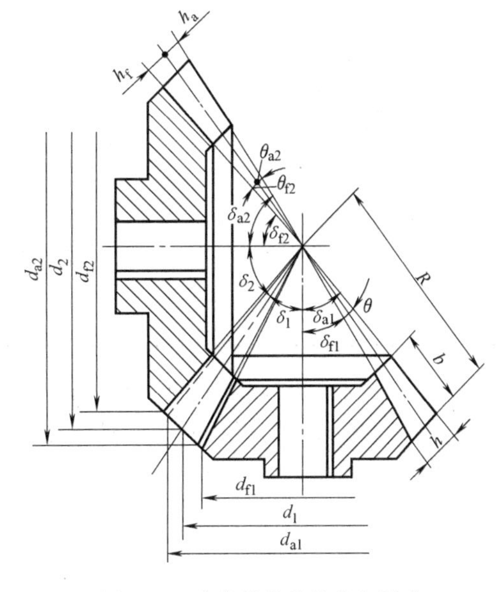

图 7-30　直齿锥齿轮的几何尺寸

表 7-6　锥齿轮的标准模数（摘自 GB/T 12368—1990）　（单位：mm）

1	1.125	1.25	1.375	1.5	1.75	2	2.25	2.5	2.75
3	3.25	3.5	3.75	4	4.5	5	5.5	6	6.5
7	8	9	10	11	12	14	16	18	20
22	25	28	30	32	36	40	15	50	

标准直齿锥齿轮的几何尺寸如图 7-30 所示，计算方法见表 7-7（$\Sigma=\delta_1+\delta_2=90°$）。

表 7-7　标准直齿锥齿轮的几何尺寸的计算方法

名称	符号	小齿轮	大齿轮
齿数	z	z_1	z_2
齿数比	i	$i=z_2/z_1=\cot\delta_1=\tan\delta_2$	
分度圆锥角	δ	$\delta_1=\arctan(z_1/z_2)$	$\delta_2=\arctan(z_2/z_1)$
齿顶高	h_a	$h_a=m$	
齿根高	h_f	$h_f=1.2m$	
分度圆直径	d	$d_1=z_1m$	$d_2=z_2m$
齿顶圆直径	d_a	$d_{a1}=d_1+2h_a\cos\delta_1$ $=m(z_1+2\cos\delta_1)$	$d_{a2}=d_2+2h_a\cos\delta_2$ $=m(z_2+2\cos\delta_2)$
齿根圆直径	d_f	$d_{f1}=d_1-2h_f\cos\delta_1$ $=m(z_1-2.4\cos\delta_1)$	$d_{f2}=d_2-2h_f\cos\delta_2$ $=m(z_2-2.4\cos\delta_2)$
锥距	R	$R=\frac{1}{2}\sqrt{d_1^2+d_2^2}=\frac{d_1}{2}\sqrt{i^2+1}=\frac{m}{2}\sqrt{z_1^2+z_2^2}$	
齿顶角	θ_a	正常收缩齿　$\theta_a=\arctan(h_a/R)$	
齿根角	θ_f	$\theta_f=\arctan(h_f/R)$	
齿顶圆锥面圆锥角	δ_a	$\delta_{a1}=\delta_1+\theta_a$	$\delta_{a2}=\delta_2+\theta_a$
齿根圆锥面圆锥角	δ_f	$\delta_{f1}=\delta_1-\theta_f$	$\delta_{f2}=\delta_2-\theta_f$
齿宽	b	$b=\psi_R R$，齿宽系数 $\psi_R=b/R$，一般 $\psi_R=\frac{1}{4}\sim\frac{1}{3}$；$b\leqslant 10m$	

由于一对直齿锥齿轮的啮合相当于一对当量直齿圆柱齿轮的啮合，而当量齿轮的齿形和锥齿轮大端的齿形相近，所以一对标准直齿锥齿轮的正确啮合条件为：两个锥齿轮大端的模数和压力角分别相等，即

$$\left.\begin{aligned} m_1&=m_2=m \\ \alpha_1&=\alpha_2=20° \end{aligned}\right\} \tag{7-8}$$

7.9　蜗杆传动

7.9.1　蜗杆传动的特点和应用

图 7-31　蜗杆传动

蜗杆传动由蜗杆和蜗轮组成，常用于传递空间两垂直交错轴间的运动和动力（图 7-31）。通常蜗杆为主动件，蜗轮为从动件。

按螺旋方向不同，蜗杆可分为右旋和左旋，一般多用右旋。蜗杆的常用头数 $z_1=1\sim6$。

图 7-32 所示为常用的阿基米德蜗杆。

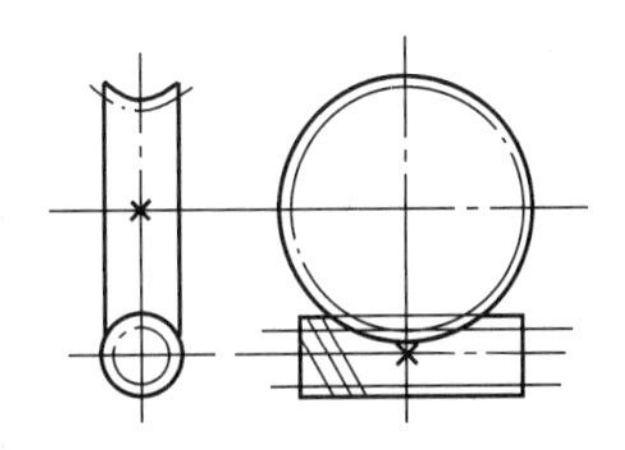

图 7-32　阿基米德蜗杆传动

蜗杆传动具有传动比大，结构紧凑、传动平稳、噪声小、可以自锁等优点。但因齿面间存在较大的滑动速度，因此摩擦损耗大，传动效率低，一般为 0.7~0.9。自锁时，效率可能小于 0.5，故蜗杆传动只适用于功率不太大的场合。

7.9.2　蜗杆传动的基本参数和几何尺寸

1. 蜗杆传动的基本参数

（1）模数 m、压力角 α 和齿距 p

如图 7-33 所示，在垂直于蜗轮轴线且通过蜗杆轴线的中间平面内，蜗杆与蜗轮的啮合就如同齿条与齿轮的啮合。为了加工方便，规定中间平面上的参数为标准值，因此蜗杆的轴向参数（脚标 a1）与蜗轮的端面参数（脚标 t2）分别相等，即

$$\left.\begin{aligned} p_{a1} &= p_{t2} \\ m_{a1} &= m_{t2} = m \\ \alpha_{a1} &= \alpha_{t2} = \alpha \end{aligned}\right\} \qquad (7\text{-}9)$$

蜗杆的标准模数系列参见表 7-8。

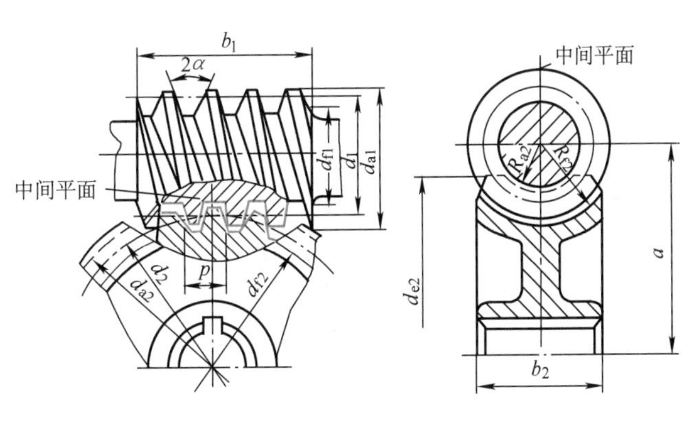

图 7-33　蜗杆传动的几何尺寸

表 7-8　普通蜗杆传动的 m 与 d_1 的匹配

m/mm	1	1.25		1.6		2				2.5				3.15			
d_1/mm	18	20	22.4	25	28	(18)	22.4	(28)	35.5	(22.4)	28	(35.5)	45	(28)	35.5	(45)	56
m^2d_1/mm^3	18	31.3	35	51.2	71.7	72	89.6	112	142	140	175	222	281	278	352	447	556

m/mm	4				5				6.3				8				10	
d_1/mm	(31.5)	40	(50)	71	(40)	50	(63)	90	(50)	63	(80)	112	(63)	80	(100)	140	(71)	90
m^2d_1/mm^3	504	640	800	1136	1000	1250	1575	2250	1985	2500	3175	4445	4032	5376	6400	8960	7100	9000

m/mm	10		12.5				16				20				25			
d_1/mm	(112)	160	(90)	112	(140)	200	(112)	140	(180)	250	(140)	160	(224)	315	(180)	200	(280)	400
m^2d_1/mm^3	11200	16000	14062	17500	21875	31250	28672	35940	46080	64000	56000	64000	89600	126000	112500	125000	175000	250000

注：括号中的数值尽可能不采用。

（2）蜗杆分度圆直径 d_1　由于蜗轮是用相当于蜗杆的滚刀来加工的，为限制蜗轮滚刀的数量，将蜗杆分度圆直径规定为标准值，其值与模数 m 匹配，见表 7-8。

（3）蜗杆分度圆柱导程角 γ　蜗杆分度圆柱导程角如图 7-34 所示，欲提高传动的效率，γ 可取较大值；如果传动要求自锁，则应使 $\gamma<3°30'$。

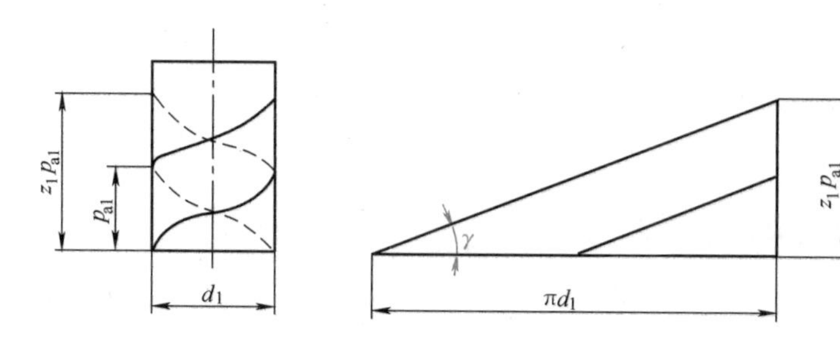

图 7-34　蜗杆分度圆柱导程角

（4）中心距 a　对于普通圆柱蜗杆传动，其中心距尾数应取为 0 或 5；标准蜗杆减速器的中心距应取标准值（表 7-9）。

表 7-9　蜗杆减速器的标准中心距　（单位：mm）

40	50	63	80	100	125	160	(180)	200
(225)	250	(280)	315	(335)	400	(450)	500	

注：括号用数值尽可能不采用。

（5）蜗杆头数 z_1 和蜗轮齿数 z_2　蜗杆头数 z_1 的选择与传动比、传动效率及制造的难易程度等有关。对于传动比大或要求自锁的蜗杆传动，常取 $z_1=1$；为了提高传动效率，z_1 可取较大值，但加工难度增加，故常取 z_1 为 1、2、4、6。蜗轮齿数 z_2 常在 27～80 范围内选取。$z_2<27$ 的蜗轮加工时会产生根切；$z_2>80$ 后，会使蜗轮尺寸过大及蜗杆轴的刚度下降。z_1、z_2 的推荐值可参见表 7-10。

蜗杆传动比是蜗轮齿数与蜗杆齿数之比，用 i_{12} 表示传动比，1 为蜗杆，2 为蜗轮，计算公式为

$$i_{12}=\frac{z_2}{z_1}=\text{常数} \tag{7-10}$$

表 7-10　各种传动比时推荐的 z_1、z_2 值

i	5~6	7~8	9~13	14~24	25~27	28~40	>40
z_1	6	4	3~4	2~3	2~3	1~2	1
z_2	29~36	28~32	27~52	28~72	50~81	28~80	>40

2. 普通圆柱蜗杆传动的几何尺寸

普通圆柱蜗杆传动的主要几何尺寸的计算公式见表 7-11。

表 7-11　普通圆柱蜗杆传动几何尺寸的计算公式

名称		符号	计算公式
基本参数	齿数	z	z_1 按表 7-10 确定，$z_2=iz_1$
	模数	m	$m_{a1}=m_{t2}=m$，m 按表 7-3 取标准值
	压力角	α	$\alpha_{a1}=\alpha_{t2}=\alpha=20°$
	齿顶高系数	h_a^*	标准值 $h_a^*=1$
	顶隙系数	c^*	标准值 $c^*=0.2$
几何尺寸	分度圆直径	d	d_1 按表 7-8 取标准值；$d_2=mz_2$
	齿顶高	h_a	$h_{a1}=h_{a2}=h_a^* m=m$
	齿根高	h_f	$h_{f1}=h_{f2}=(h_a^*+c^*)m=1.2m$
	蜗杆齿顶圆直径	d_{a1}	$d_{a1}=d_1+2h_{a1}=d_1+2m$
	蜗轮齿顶圆直径	d_{a2}	$d_{a2}=d_2+2h_{a2}=d_2+2m$
	蜗杆齿根圆直径	d_{f1}	$d_{f1}=d_1-2h_{f1}=d_1-2.4m$
	蜗轮齿根圆直径	d_{f2}	$d_{f2}=d_2-2h_{f2}=d_2-2.4m$
	蜗轮最大外圆直径	d_{e2}	$z_1=1$ 时，$d_{e2}\leqslant d_{a2}+2m$ $z_1=2$、3 时，$d_{e2}\leqslant d_{a2}+1.5m$ $z_1=4\sim6$ 时，$d_{e2}\leqslant d_{a2}+m$ 或按结构定
	中心距	a	$a=(d_1+d_2)/2$

7.9.3 蜗杆传动运动分析与失效形式

1. 蜗杆传动正确啮合条件

如图7-33所示，在垂直于蜗轮轴线且通过蜗杆轴线的中间平面内，蜗杆与蜗轮的啮合可以认为等同于齿条与齿轮的啮合，区别是蜗杆与蜗轮是有螺旋角的。因此，蜗杆传动的正确啮合条件为：蜗杆的轴向参数（脚标a1）与蜗轮的端面参数（脚标t2）分别相等，蜗杆的导程角 γ_1 与蜗轮的螺旋角 β_2 相等，即

$$\left.\begin{aligned} m_{a1} &= m_{t2} = m \\ \alpha_{a1} &= \alpha_{t2} = \alpha \\ \gamma_1 &= \beta_2 \end{aligned}\right\} \tag{7-11}$$

2. 转动方向的确定

蜗杆传动运动分析的目的是确定传动件的转向。在蜗杆传动中，一般蜗杆为主动件，蜗轮的转向取决于蜗杆的转向与螺旋线方向，以及蜗杆与蜗轮的相对位置。

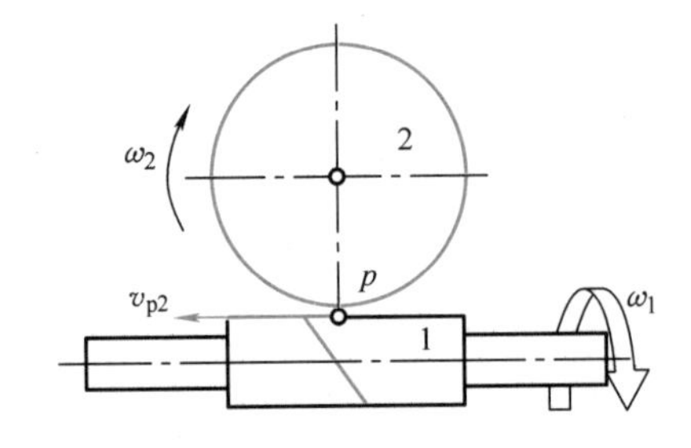

图7-35　右旋蜗杆判断

转向判别一般用左右手定则来进行：当蜗杆为右（左）旋时，用右（左）手握住蜗杆轴线，四指弯曲的方向代表蜗杆的旋转方向，大拇指的反方向为蜗轮圆周速度的方向。如图7-35所示，蜗杆为右旋、下置，当蜗杆按图示方向 ω_1 回转时，蜗轮沿逆时针方向 ω_2 回转。如图7-36所示的蜗杆为左旋，转向判断方法同上。

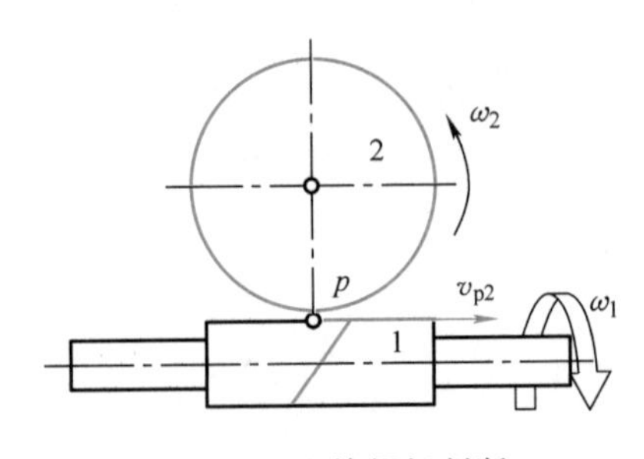

图7-36　左旋蜗杆判断

3. 蜗杆传动的失效形式与材料选择

蜗杆传动的工作情况与齿轮传动相似，所以其失效形式也与齿轮传动基本相同，包括磨损、胶合、点蚀和轮齿折断等。但由于蜗杆传动中的齿面间存在较大的滑动速度，因此摩擦损耗大。所以，蜗杆传动最易发生的失效形式是胶合和磨损，而轮齿折断则很少发生。另外，由于蜗杆是连续的螺旋齿，而且蜗杆的材料强度比蜗轮高，因此失效一般发生在蜗轮轮齿上。

根据对蜗杆传动失效形式的分析，蜗杆和蜗轮的材料不仅要求有足够的强度，还应有良好的减摩性、耐磨性和抗胶合能力。生产实践中最常用的是用淬硬磨削的钢制蜗杆配青铜蜗轮。具体材料选择可参考表7-12。

表 7-12 蜗杆、蜗轮推荐选用材料表

名称	材料牌号	使用特点	应用场合
蜗杆	20、15Cr、20CrNi、20Cr、20CrMnTi 等	渗碳淬火至 56~62HRC,并磨削	用于高速重载传动
	45、40Cr、40CrNi、35SiMo 等	淬火至 45~55HRC,并磨削	用于中速中载传动
	45	调质处理(<270HBW)	用于低速轻载传动
蜗轮	锡青铜 ZCuSn10Pb1、ZCuSn5Pb5Zn5	抗胶合、减摩和耐磨性最好,但价格较高	用于滑动速度较大(v_s = 5 ~ 15m/s)的重要传动
	无锡青铜 ZCuAl10Fe3 ZCuAl10Fe3Mn2	机械强度高,但减摩、耐磨性和抗胶合能力低于锡青铜,价格较便宜	用于中等滑动速度(v_s≤8m/s)
	灰铸铁 HT150、HT200	机械强度低、抗冲击能力差,但成本低	用于低速轻载传动(v_s<2m/s)

7.9.4 蜗杆传动的维护

蜗杆传动的一般维护和普通齿轮传动基本相同，但因为蜗杆传动中的齿面间存在较大的滑动速度，故摩擦损耗大、发热量大、齿面温度较高，为保证蜗杆传动的正常工作，除正常的维护外，应特别注意蜗杆传动的热平衡和散热措施。常采取下列措施：

(1) 增加散热面积　在箱体上铸出或焊上散热片，如图 7-37 所示。

图 7-37　蜗杆减速器的散热片

(2) 提高散热系数　在蜗杆轴端装风扇强迫通风，如图 7-38 所示。

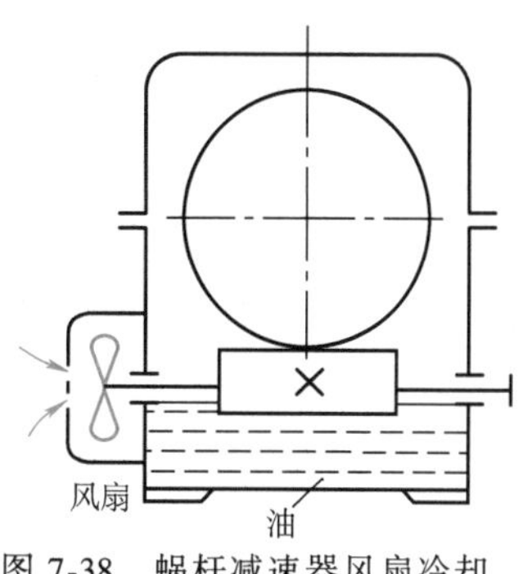

图 7-38　蜗杆减速器风扇冷却

(3) 加冷却装置　若以上方法散热能力仍不够，可在箱体油池内装蛇形循环冷却水管，如图7-39所示。

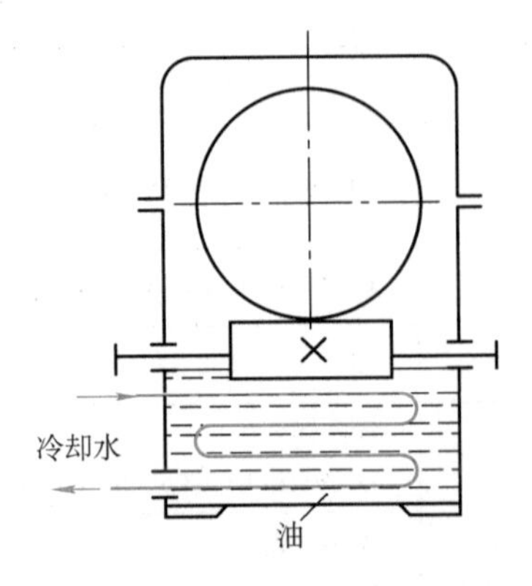

图7-39　蜗杆减速器冷却水管冷却

(4) 采用压力喷油循环冷却　对于大功率或蜗杆上置的蜗杆减速器可采用压力喷油循环冷却，如图7-40所示。

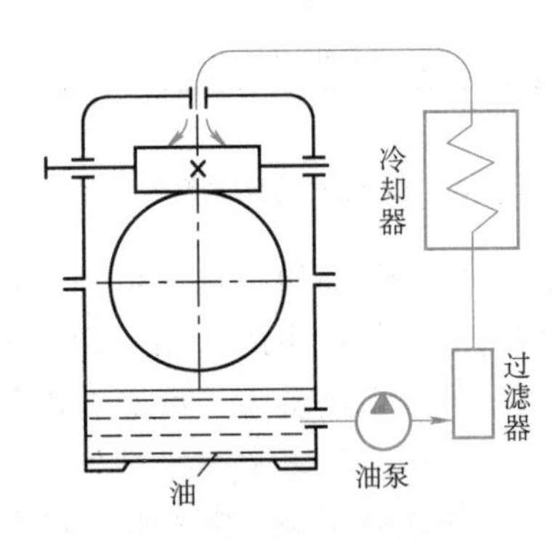

图7-40　蜗杆传动压力喷油冷却

实例分析

实例一　某车间一外啮合直齿圆柱齿轮机构中的小齿轮损坏，现测得大齿轮的齿顶圆$d_{a2}=239.5\text{mm}$，已知$z_2=78$，$h_a^*=1$，$c^*=0.25$，$a=150\text{mm}$。试确定这对齿轮传动的参数，并计算大、小齿轮的主要几何尺寸。

分析过程如下：

根据几何尺寸计算公式可求出齿轮的模数

$$m=\frac{d_{a2}}{z_2+2h_a^*}=\frac{239.5}{78+2\times1}\text{mm}=2.99\text{mm}\approx3\text{mm}$$

根据中心距可求出z_1

$$z_1=\frac{2a-z_2m}{m}=\frac{2\times150-78\times3}{3}=22$$

计算齿轮的主要几何尺寸

$$d_1=mz_1=3\times22\text{mm}=66\text{mm}$$

$$d_2=mz_2=3\times78\text{mm}=234\text{mm}$$

$d_{a1}=(z_1+2h_a^*)m=(22+2\times1)\times3\text{mm}=72\text{mm}$

$d_{a2}=(z_2+2h_a^*)m=(78+2\times1)\times3\text{mm}=240\text{mm}$

$d_{f1}=(z_1-2h_a^*-2c^*)m=(22-2\times1-2\times0.25)\times3\text{mm}=58.5\text{mm}$

$d_{f2}=(z_2-2h_a^*-2c^*)m=(78-2\times1-2\times0.25)\times3\text{mm}=226.5\text{mm}$

实例二　有一闭式蜗杆传动，模数 $m=10\text{mm}$，现已知 $z_1=2$，蜗杆直径 $d_1=90\text{mm}$，蜗轮齿数 $z_2=40$，试确定蜗杆蜗轮的主要尺寸。

分析过程如下：

蜗杆齿顶圆直径　$d_{a1}=d_1+2m=(90+2\times10)\text{mm}=110\text{mm}$

蜗杆齿根圆直径　$d_{f1}=d_1-2.4m=(90-2.4\times10)\text{mm}=66\text{mm}$

蜗轮分度圆直径　$d_2=40\times10\text{mm}=400\text{mm}$

蜗轮齿顶圆直径　$d_{a2}=d_2+2m=(400+2\times10)\text{mm}=420\text{mm}$

蜗轮齿根圆直径　$d_{f2}=d_2-2.4m=(400-2.4\times10)\text{mm}=376\text{mm}$

蜗轮最大外圆直径　$d_{e2}=d_{a2}+1.5m=(420+1.5\times10)\text{mm}=435\text{mm}$

蜗轮齿宽　$b_2\leqslant0.75d_{a1}=0.75\times110\text{mm}=82.5\text{mm}$

中心距　$a=(d_1+d_2)/2=(90+400)/2\text{mm}=245\text{mm}$

其余尺寸计算略。

知识小结

1. 概述
   - 齿轮传动的特点——瞬时传动比不变，适用的圆周速度及传递功率的范围较大，效率高，寿命长等
   - 齿轮传动的类型
     - 直齿外齿轮传动、直齿内齿轮传动
     - 齿轮齿条传动、斜齿轮传动
     - 人字形齿轮传动、直齿锥齿轮传动
     - 曲线齿锥齿轮传动、交错轴斜齿轮传动
     - 蜗杆传动
   - 渐开线齿轮传动比——$i_{12}=\dfrac{z_2}{z_1}$

2. 渐开线圆柱齿轮的主要参数
   - 齿轮各部分的名称
     - 齿顶圆、齿根圆、分度圆
     - 基圆、齿顶高、齿根高
     - 全齿高、齿厚、槽宽
     - 齿距、齿宽
   - 主要参数
     - 齿数
     - 模数
     - 压力角
     - 齿顶高系数
     - 齿根高系数

3. 圆柱齿轮结构及标准直齿圆柱齿轮的几何尺寸
   - 圆柱齿轮结构
     - 齿轮轴
     - 实心式齿轮
     - 辐板式齿轮
     - 轮辐式齿轮
   - 标准直齿圆柱齿轮的几何尺寸

4. 正确啮合条件与连续传动条件
   - 正确啮合条件
     - $m_1 = m_2 = m$
     - $\alpha_1 = \alpha_2 = \alpha$
   - 连续传动

5. 渐开线齿轮的切齿原理
   - 成形法
     - 盘状铣刀
     - 指形铣刀
   - 展成法
     - 插齿
       - 齿轮插刀
       - 齿条插刀
     - 滚齿
   - 根切现象与最少齿数
     - 根切
     - 最少齿数

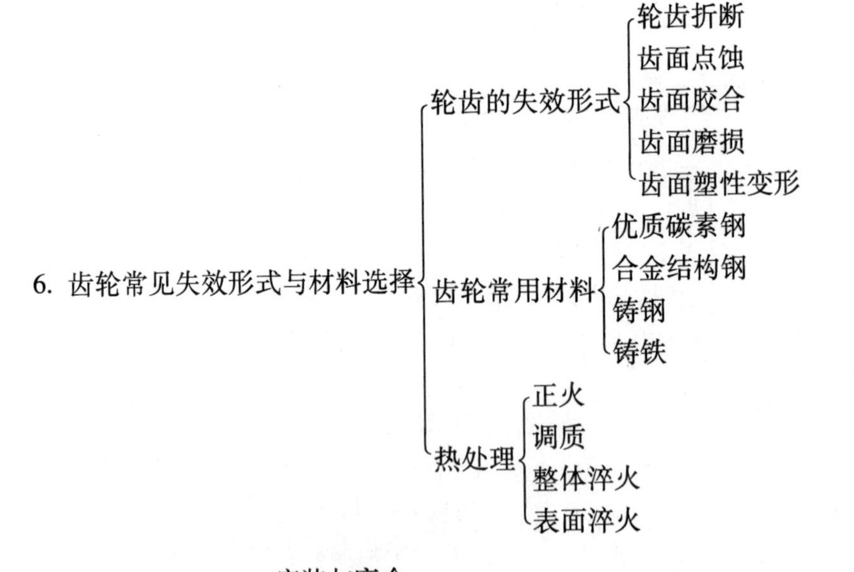

7. 齿轮传动的维护
   - 安装与磨合
   - 检查齿面
   - 接触情况
   - 保证正常润滑
   - 监控运转状态
   - 装防护罩

8. 锥齿轮传动
    - 锥齿轮传动的特点和应用
    - 当量齿轮与当量齿数
    - 基本参数及几何尺寸

9. 蜗杆传动
    - 蜗杆传动的特点和应用
    - 蜗杆传动的基本参数和几何尺寸
        - 模数 m、压力角 α、齿距 p
        - 蜗杆分度圆直径 d_1
        - 蜗杆分度圆柱导程角 γ
        - 中心距 a、蜗杆头数 z_1
        - 蜗轮齿数 z_2
    - 普通圆柱蜗杆传动的几何尺寸
    - 蜗杆传动正确啮合条件
        - $m_{a1}=m_{t2}=m$
        - $\alpha_{a1}=\alpha_{t2}=\alpha$
        - $\gamma_1=\beta_2$
    - 转动方向的确定——左、右手定则
    - 蜗杆传动的失效形式——磨损、胶合、点蚀和轮齿折断
    - 材料选择——淬硬磨削的钢制蜗杆配青铜蜗轮
    - 蜗杆传动的维护
        - 增加散热面积
        - 提高散热系数
        - 加冷却装置
        - 采用压力喷油循环冷却

习　题

一、判断题（认为正确的，在括号内打✓，反之打×）

1. 机器中广泛采用渐开线齿轮是因为只有渐开线齿轮才能保持传动比恒定。（　　）
2. 对于标准渐开线圆柱齿轮，其分度圆上的齿厚等于槽宽。（　　）
3. 齿轮模数 m 表示齿轮齿形的大小，它是没有单位的。（　　）
4. 只要齿数、模数和压力角均相等，渐开线直齿圆柱齿轮的基圆直径就一定相同。（　　）
5. $z=16$ 与 $z=20$ 的齿轮相比，$z=20$ 的齿轮几何尺寸一定大。（　　）
6. 一对渐开线齿轮啮合时，其标准中心距等于两轮分度圆半径之和。（　　）
7. 齿轮的模数越大，轮齿就越大，承载能力也越大。（　　）
8. 对于两个压力角相同的渐开线标准直齿圆柱齿轮，若它们的分度圆直径相等，则这两个齿轮能正确啮合。（　　）
9. 用展成法加工齿轮时，一把刀可以加工出任意齿数的齿轮，并能正确啮合。（　　）
10. 轮齿根切后，齿根部的渐开线被切去一部分，传动的平稳性较差。（　　）
11. 对渐开线直齿圆柱齿轮，当其齿数小于 17 时，不论用何种方法加工都会产生根切。（　　）

12. 齿面点蚀多发生在润滑良好的闭式齿轮传动中。（　　）
13. 齿轮的齿面磨损是开式齿轮传动的主要失效形式。（　　）
14. 在中间平面内，蜗杆蜗轮的啮合相当于渐开线齿轮齿条的啮合。（　　）
15. 直齿锥齿轮传动，定义大端参数为标准值。（　　）
16. 蜗杆传动的传动比等于蜗轮与蜗杆分度圆直径之比。（　　）
17. 蜗杆传动一般适用于传递大功率、大转速比的场合。（　　）
18. 蜗杆传动中，蜗杆的头数 z_1 越少，自锁性能越好，其传动效率越低。（　　）
19. 蜗杆传动的最主要失效形式是轮齿折断。（　　）
20. 蜗杆传动中因蜗杆转速高，所以失效总发生在蜗杆上。（　　）

二、选择题（将正确答案的字母序号填写在横线上）

1. 用一对齿轮来传递两平行轴之间的运动时，若要求两轴转向相同，应采用________传动。

A. 外啮合　　B. 内啮合　　C. 齿轮与齿条

2. 用一对齿轮来传递两平行轴之间的运动时，若要求两轴转向相反，应采用________传动。

A. 外啮合　　B. 内啮合　　C. 齿轮与齿条

3. 机器中的齿轮采用最广泛的齿廓曲线是________。

A. 圆弧　　B. 直线　　C. 渐开线

4. 齿轮传动的特点是________。

A. 能保证瞬时传动比恒定　　B. 传动效率低　　C. 传动噪声大

5. 齿轮轮齿齿顶所在的圆称为________。

A. 齿根圆　　B. 分度圆　　C. 齿顶圆

6. 标准齿轮的标准模数在________上。

A. 齿根圆　　B. 分度圆　　C. 齿顶圆

7. 标准齿轮上的标准压力角在________上。

A. 齿根圆　　B. 分度圆　　C. 齿顶圆

8. 模数 m ________。

A. 是齿轮几何尺寸计算中最基本、最重要的一个参数

B. 其大小对齿轮的承载能力无影响

C. 一定时，齿轮的几何尺寸与齿数无关

9. 对于一个正常齿制的渐开线标准直齿圆柱齿轮，若齿数 $z=19$，如测得该齿轮齿根圆直径 $d_f=82.5\text{mm}$，则该齿轮的模数________。

A. $m=4\text{mm}$　　B. $m=4.98\text{mm}$　　C. $m=5\text{mm}$

10. 标准直齿圆柱齿轮的分度圆处的齿厚________槽宽。

A. 小于　　B. 等于　　C. 大于

11. 正常齿制渐开线标准直齿圆柱齿轮不发生根切的最少齿数为________。

A. 14　　B. 17　　C. 20

12. 在传动中，为使大、小齿轮的寿命接近，小齿轮齿面硬度值和大齿轮硬度值________。

A. 两者相等　　B. 小齿轮比大齿轮大　　C. 小齿轮比大齿轮小

13. 某汽车闭式齿轮传动中的大、小齿轮，其工作条件为：中等功率，速度较高，传动比 $i=1.2$，承受较大的冲击载荷，要求尽可能缩小结构尺寸，宜选用________材料和热处理方式。

A. 45 钢调质　　B. 40Cr 表面淬火　　C. 20Cr 渗碳淬火

14. 为防止过早出现疲劳点蚀，可________。

A. 增大齿轮直径、提高齿面硬度

B. 采用不同材料制造配对齿轮

C. 加大模数、增大齿厚

15. 为防止发生胶合，可________。

A. 增大齿轮直径、提高齿面硬度

B. 采用不同材料制造配对齿轮

C. 加大模数、增大齿厚

16. 蜗杆传动的特点是________。

A. 传动平稳、传动效率高　　B. 传动比大、结构紧凑　　C. 承载能力小

17. 蜗杆传动________的基本参数为标准值。

A. 蜗杆轴面　　B. 蜗轮轴面　　C. 中间平面

18. 蜗杆传动的正确啮合条件为________分别相等。

A. 蜗杆的轴向参数与蜗轮的轴向参数

B. 蜗杆的端面参数与蜗轮的端面参数

C. 蜗杆的轴向参数与蜗轮的端面参数

19. 生产实践中最常用的蜗杆与蜗轮的材料是________。

A. 全选钢材料

B. 全选铜材料

C. 淬硬磨削的钢制蜗杆配青铜蜗轮

20. 蜗杆传动的主要失效形式是________。

A. 轮齿折断　　B. 点蚀和塑性变形　　C. 磨损与胶合

三、分析题

国产某机床的传动系统，需要更换一个损坏的齿轮。测得其齿数 $z=24$，齿顶圆直径 $d_a=77.95\text{mm}$，已知该齿轮为正常齿制，试求齿轮的模数和主要尺寸。

第8章 齿轮系

学习目标

了解定轴轮系的应用，会计算定轴轮系传动比，了解减速器的类型、结构、标准和应用。

引言

图 8-1 所示为卧式车床的外形图，图 8-2 所示为卧式车床主轴箱传动系统图。车床主轴的转动是由电动机传给 V 带传动系统，再经主轴箱内的传动系统提供的。一般电动机的转速是一定的，而主轴的转速应根据被切削工件的尺寸与切削量等条件的需要而变换，从图 8-2 中可以看出，变换主轴箱内的不同齿轮啮合就可以得到不同的转速。

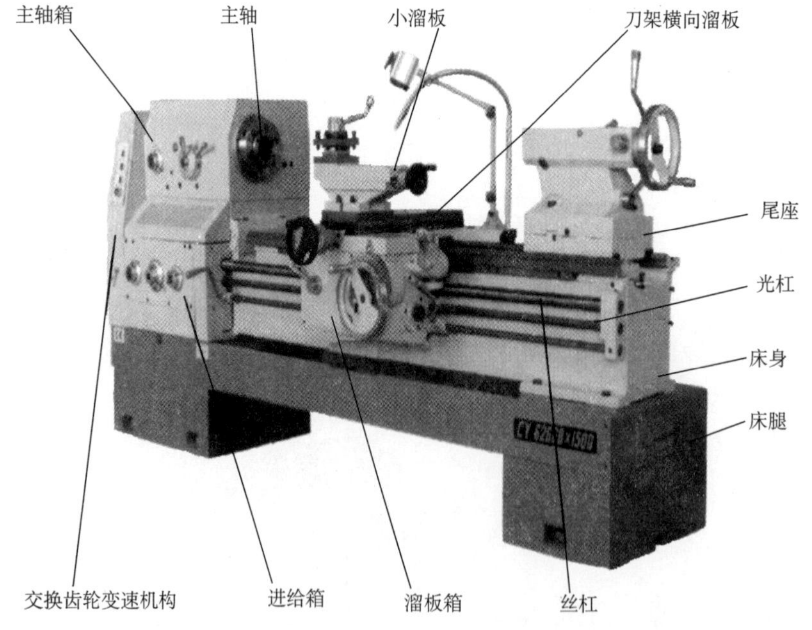

图 8-1　卧式车床外形图

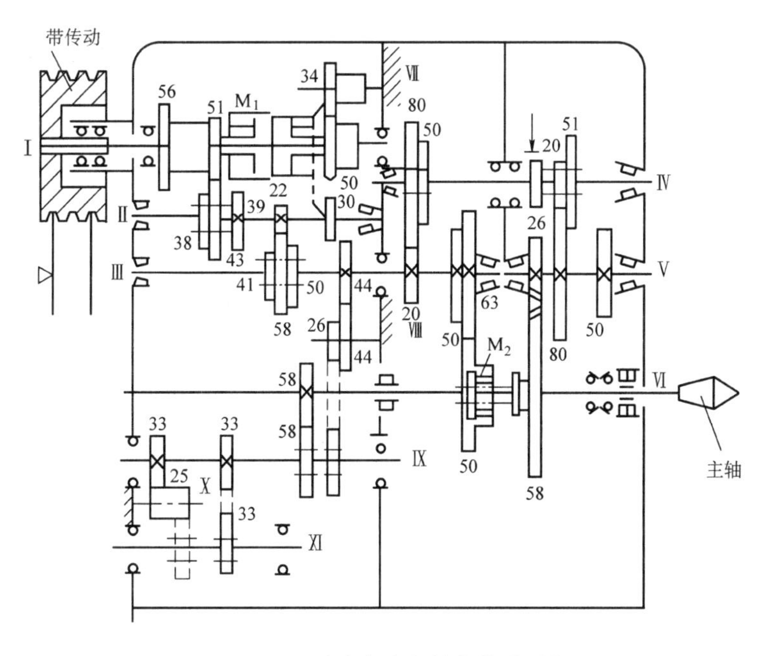

图 8-2 卧式车床主轴箱传动系统图

在机械设备上，为实现变速或获得大的传动比，常采用由一对以上的齿轮组成的齿轮传动装置，这些由多对齿轮组成的传动装置简称为齿轮系，广泛应用于各类机床、汽车变速器、差速器等。

本章就是研究齿轮系的组成、传动比的计算等内容，同时介绍常用减速器的主要形式、特点及应用。

学习内容

8.1 定轴轮系

8.1.1 定轴轮系实例

图 8-3 所示为两级圆柱齿轮减速器，图 8-3a 所示为两级齿轮传动的示意图，图 8-3b 所示为运动简图。齿轮在运转时，各齿轮的几何轴线相对机架都是固定的，因此这类齿轮传动装置称为定轴齿轮传动装置，或简称为定轴轮系。

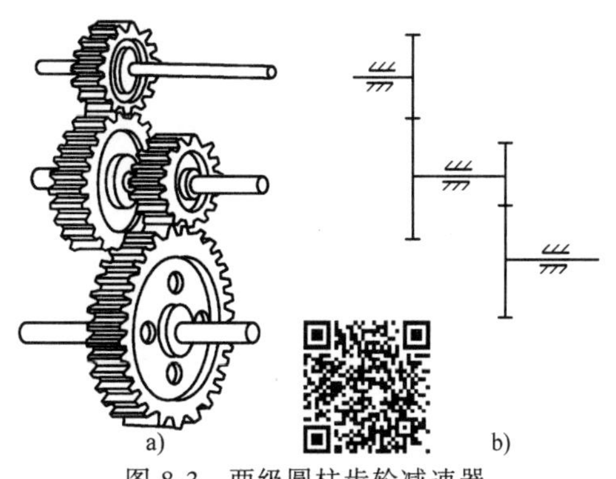

图 8-3 两级圆柱齿轮减速器

图8-4所示为汽车变速器中的齿轮传动装置。其中齿轮6、7为双联齿轮，可在轴上移动，以实现齿轮6与齿轮5、齿轮7与齿轮4的啮合。齿轮8也可移动，可以和齿轮3啮合，也可直接与齿轮1通过离合器连接在一起转动。

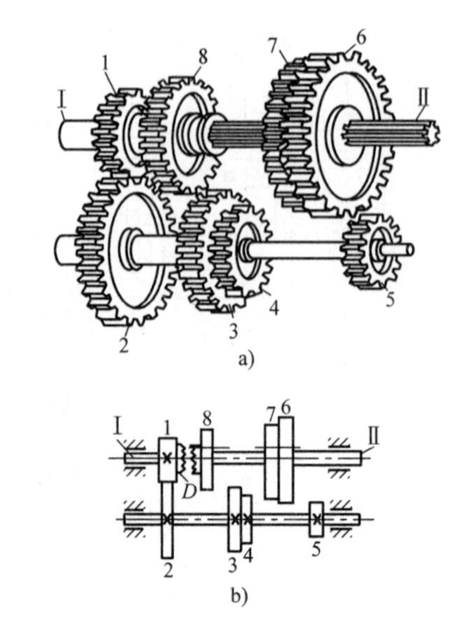

a)

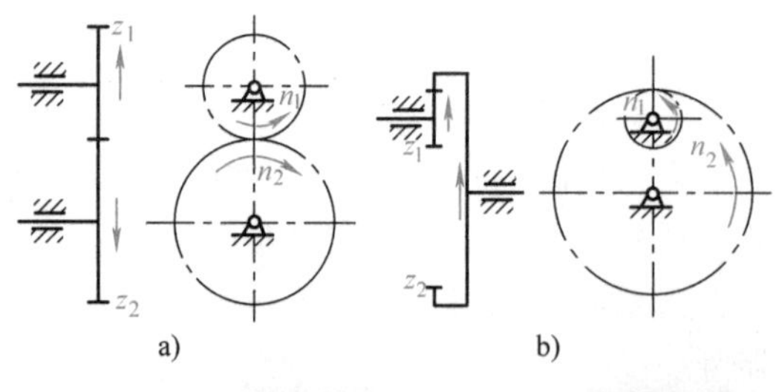

b)

图8-4 汽车变速器

8.1.2 定轴轮系传动比的计算

1. 一对圆柱齿轮的传动比

如图8-5所示，一对圆柱齿轮传动的传动比为

$$i_{12}=\frac{n_1}{n_2}=\pm\frac{z_2}{z_1} \tag{8-1}$$

式中，外啮合时，主、从动齿轮转动方向相反，取“-”号；内啮合时，主、从动齿轮转动方向相同，取“+”号。其转动方向也可用箭头表示，如图8-5所示。

a)　　b)

图8-5 一对圆柱齿轮的传动比

a）外啮合传动　b）内啮合传动

2. 平行轴定轴轮系的传动比

图8-6所示为所有齿轮轴线均互相平行的定轴轮系，设齿轮1为首轮，齿轮5为末轮，z_1、z_2、z_3、$z_{3'}$、z_4、$z_{4'}$、z_5为各轮齿数，n_1、n_2、n_3、$n_{3'}$、n_4、$n_{4'}$、n_5为各轮的转速，则各对齿轮的传动比为

$$i_{12}=\frac{n_1}{n_2}=-\frac{z_2}{z_1}$$

$$i_{23}=\frac{n_2}{n_3}=-\frac{z_3}{z_2}$$

$$i_{3'4}=\frac{n_{3'}}{n_4}=+\frac{z_4}{z_{3'}}$$

$$i_{4'5}=\frac{n_{4'}}{n_5}=-\frac{z_5}{z_{4'}}$$

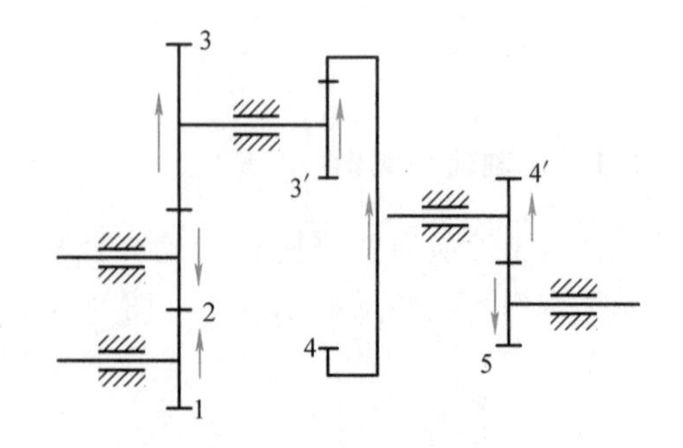

图8-6 平行轴定轴轮系的传动比

容易看出，将各对齿轮的传动比相乘即为首末两轮的传动比，即

$$
\begin{aligned}
i_{15} &= i_{12}i_{23}i_{3'4}i_{4'5} \\
&= \frac{n_1}{n_2} \times \frac{n_2}{n_3} \times \frac{n_{3'}}{n_4} \times \frac{n_{4'}}{n_5} \\
&= \left(-\frac{z_2}{z_1}\right)\left(-\frac{z_3}{z_2}\right)\left(+\frac{z_4}{z_{3'}}\right)\left(-\frac{z_5}{z_{4'}}\right) \\
&= (-1)^3 \frac{z_2 z_3 z_4 z_5}{z_1 z_2 z_{3'} z_{4'}} \\
&= (-1)^3 \frac{z_3 z_4 z_5}{z_1 z_{3'} z_{4'}}
\end{aligned}
$$

由上式可知：

1）平行轴定轴轮系的传动比等于轮系中各对齿轮传动比的连乘积，也等于轮系中所有从动轮齿数连乘积与所有主动轮齿数连乘积之比。若轮系中有 k 个齿轮，则平面平行轴定轴轮系传动比的一般表达式为

$$
\begin{aligned}
i_{1k} &= \frac{n_1}{n_k} \\
&= (-1)^m \frac{1\text{、}k\text{之间所有从动轮齿数的乘积}}{1\text{、}k\text{之间所有主动轮齿数的乘积}}
\end{aligned} \tag{8-2}
$$

2）传动比的符号决定于外啮合齿轮的对数 m，当 m 为奇数时，i_{1k} 为负号，说明首、末两轮转向相反；m 为偶数时，i_{1k} 为正号，说明首、末两轮转向相同。定轴轮系的转向关系也可用箭头在图上逐对标出，如图 8-6 所示。

3）图 8-6 所示的齿轮 2 既是主动轮又是从动轮，它对传动比的大小不起作用，但改变了传动装置的转向，这种齿轮称为惰轮。惰轮用于改变传动装置的转向和调节轮轴间距，又称为过桥齿轮。

3. 非平行轴定轴轮系的传动比

定轴轮系中含有锥齿轮、蜗杆等传动方式时，其传动比的大小仍可用式（8-2）计算。但其转动方向只能用箭头在图上标出，而不能用 $(-1)^m$ 来确定（图 8-7）。箭头标定转向的一般方法为：对圆柱齿轮传动，外啮合箭头方

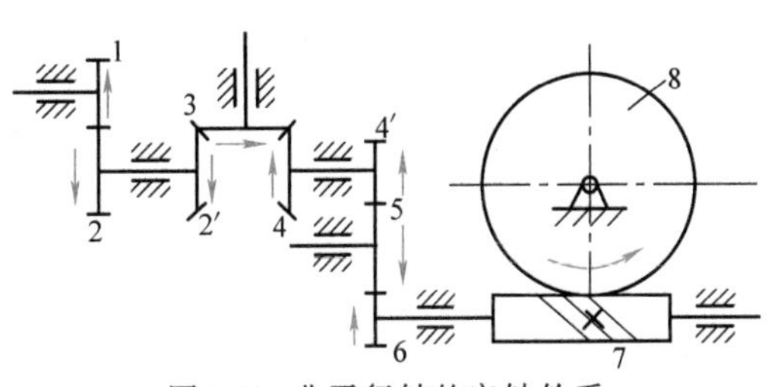

图 8-7 非平行轴的定轴轮系

向相反，内啮合箭头方向相同；对锥齿轮传动，箭头相对或相离；对蜗杆传动，用主动轮左、右手定则，四指弯曲方向代表蜗杆转向，大拇指的反方向代表蜗轮在啮合处的速度方向。

例 8-1 在图 8-7 所示的定轴轮系中，已知 $z_1=15$，$z_2=25$，$z_{2'}=z_4=14$，$z_3=24$，$z_{4'}=20$，$z_5=24$，$z_6=40$，$z_7=2$，$z_8=60$。若 $n_1=800\text{r/min}$，转向如图所示，求传动比 i_{18}、蜗轮 8 的转速和转向。

解 按式（8-2）计算传动比的大小

$$i_{18}=\frac{z_1}{z_8}=\frac{z_2z_3z_4z_5z_6z_8}{z_1z_{2'}z_3z_{4'}z_5z_7}$$

$$=\frac{25\times14\times40\times60}{15\times14\times20\times2}=100$$

$$n_8=\frac{n_1}{i_{18}}=\frac{800}{100}\text{r/min}=8\text{r/min}$$

因首末两轮不平行，故传动比不加符号，各轮转向用画箭头的方法确定，蜗轮 8 的转向如图 8-7 所示。

例 8-2 图 8-8 所示为外圆磨床砂轮架横向进给机构的传动系统图。转动手轮，使砂轮架沿工件作径向移动，以便靠近和离开工件，其中齿轮 1、2、3 和 4 组成定轴轮系，丝杠与齿轮 4 相固联，丝杠转动时带动与螺母固连的刀架移动，丝杠螺距 $t=4\text{mm}$，各齿数 $z_1=25$，$z_2=60$，$z_3=30$，$z_4=50$，试求手轮转一圈时砂轮架移动的距离 L。

解 轮系为定轴轮系，丝杠的转速与齿轮 4 的转速一样，要想求出丝杠的转速，就应先计算出齿轮 4 的转速，为了方便求出齿轮 4 的转速，这里可以齿轮 4 为主动轮，列出计算公式

$$n_{丝杠}=n_4 \quad i_{41}=\frac{n_4}{n_1}=\frac{z_3z_1}{z_4z_2},$$

$$n_4=n_1i_{41}=1\times\frac{z_3z_1}{z_4z_2}$$

$$=1\times\frac{30\times25}{50\times60}\text{r/min}=0.25\text{r/min}$$

再计算砂轮架移动的距离，因丝杠转一圈，螺母（砂轮架）移动一个螺距，所以砂轮架移动的距离

$$L=tn_{丝杠}=tn_4=4\times0.25\text{mm}=1\text{mm}$$

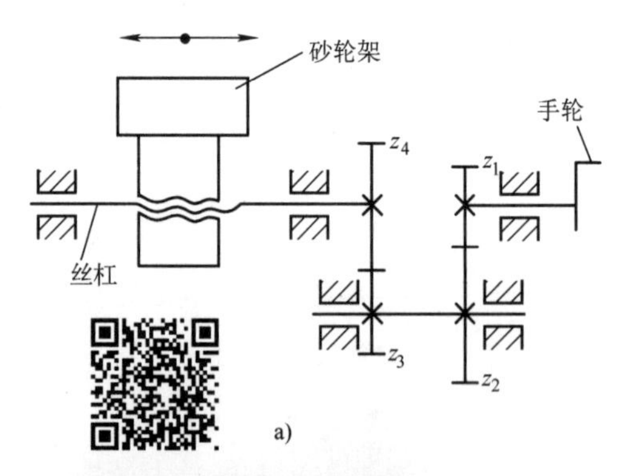

a)

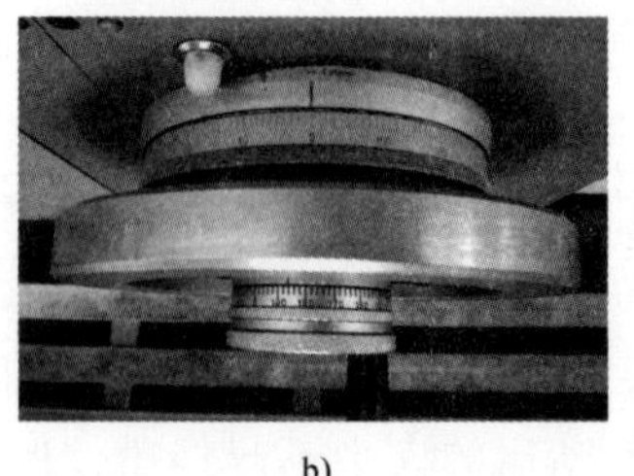

b)

图 8-8 外圆磨床的进给机构
a）传动系统 b）外圆磨床的进给刻度盘

小常识：MG1420E 型万能外圆磨床的刻度盘转一圈，砂轮架移动 2mm，刻度盘等分为 200 小格，每一小格表示的进给量为 0.01mm。下面的微调刻度盘可以精确到 0.001mm。

小说明：在实际应用中，轮系除了定轴轮系外，还有行星轮系。行星轮系又可分为简单行星轮系和复合行星轮系。

生产实践中加工设备的进给机构都是应用这样的传动系统来完成的，如将手轮（进给刻度盘）等分为 50 份，则转动进给刻度盘上的一等份就相当于进给机构的移动量为 0.02mm。

8.2　减速器

减速器是用于原动机和工作机之间的封闭式机械传动装置，由封闭在箱体内的齿轮或蜗杆传动所组成，主要用来降低转速、增大转矩或改变转动方向。由于其传递运动准确可靠，结构紧凑，润滑条件良好，效率高，寿命长，且使用维修方便，故得到广泛的应用。

常用的减速器目前已经标准化和规格化，由专门化生产厂制造，使用者可根据具体的工作条件进行选择。

8.2.1　减速器的主要形式、特点及应用

根据传动零件的形式，减速器可分为齿轮减速器、蜗杆减速器；根据齿轮的形状不同，可分为圆柱齿轮减速器、锥齿轮减速器；根据传动的级数，可分为一级减速器和多级减速器；根据传动的结构形式，可分为展开式减速器、同轴式减速器和分流式减速器。这里只介绍生产实践中最常用的简单的一级和二级减速器，其他形式的减速器可参看有关手册。常用减速器的形式及特点见表 8-1。

表 8-1　常用减速器的形式及特点

名称	形式		推荐传动比范围	特点及应用
一级减速器	圆柱齿轮	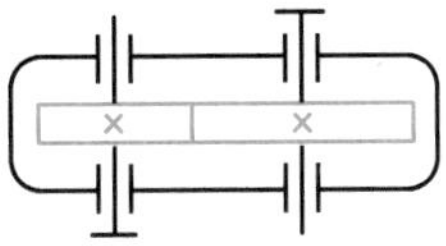	直齿 $i \leq 5$ 斜齿、人字形齿 $i \leq 10$	轮齿可做成直齿、斜齿或人字形齿。箱体一般用铸铁做成，单件或小批量生产时可采用焊接结构，尽可能不用铸钢件 支承通常用滚动轴承，也可用滑动轴承
	锥齿轮	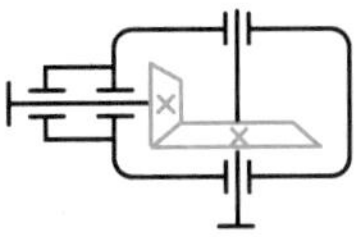	直齿 $i \leq 3$ 斜齿 $i \leq 6$	用于输入轴和输出轴垂直相交的传动
	下置式蜗杆	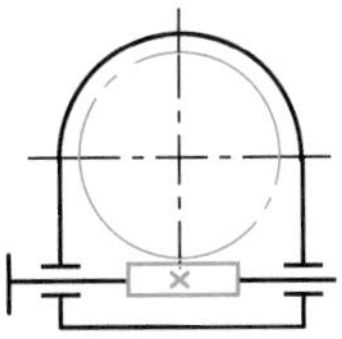	$i = 10 \sim 70$	蜗杆在蜗轮的下面，润滑方便，效果较好，但蜗杆搅油损失大，一般用在蜗杆圆周速度 $v < 4 \sim 5\text{m/s}$ 的场合
	上置式蜗杆	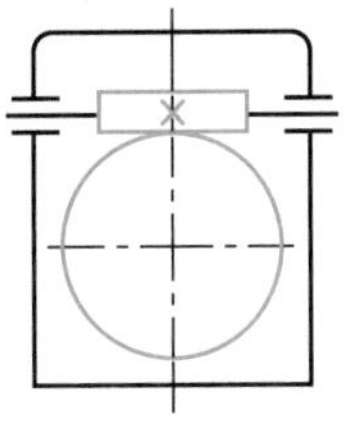	$i = 10 \sim 70$	蜗杆在上面，润滑不便，但装拆方便，蜗杆的圆周速度可高些

（续）

名称	形式		推荐传动比范围	特点及应用
二级减速器	圆柱齿轮展开式		$i=i_1i_2=8\sim40$	二级减速器中最简单的一种，由于齿轮相对于轴承位置不对称，轴应具有较高的刚度。用于载荷稳定的场合。高速级常用斜齿，低速级用斜齿或直齿
	圆锥圆柱齿轮		$i=i_1i_2=8\sim15$	锥齿轮应用在高速级，使齿轮尺寸不致过大，否则加工困难。锥齿轮可用直齿或弧齿。圆柱齿轮可用直齿或斜齿

8.2.2 减速器的构造

减速器结构因其类型、用途不同而异。但无论何种类型的减速器，其结构都是由箱体、轴系部件及附件组成。典型圆柱齿轮减速器结构如图8-9所示。图8-10～图8-13所示分别为一级圆柱齿轮减速器、二级圆柱齿轮减速器、圆锥圆柱齿轮减速器和蜗杆减速器的实物图。

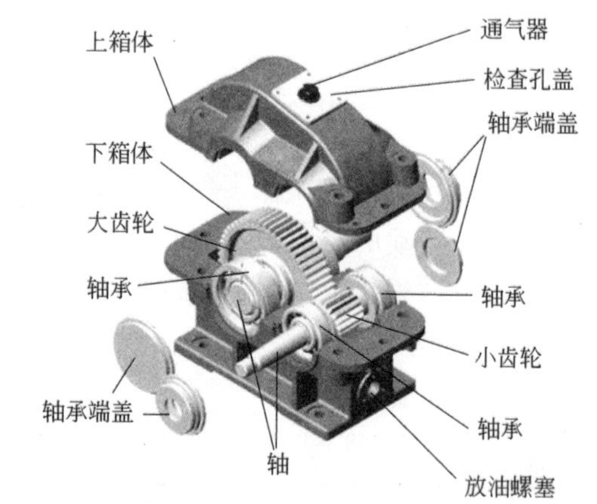

图8-9 圆柱齿轮减速器结构

图8-10 一级圆柱齿轮减速器实物图

图8-11 二级圆柱齿轮减速器实物图

图 8-12 圆锥圆柱齿轮减速器

图 8-13 蜗杆减速器实物图

实例分析

实例一 图 8-14 所示为铣床主轴箱。箱外有一级 V 带传动减速装置，箱内Ⅰ轴上有三联滑动齿轮，Ⅲ轴上有双联滑动齿轮。用拨叉分别移动三联和双联滑动齿轮，可使主轴Ⅲ得到六种不同的转速。已知Ⅰ轴的转速 $n_1=360\text{r/min}$，各齿轮齿数为 $z_1=14$、$z_2=48$、$z_3=28$、$z_4=20$、$z_5=30$、$z_6=70$、$z_7=36$、$z_8=56$、$z_9=40$、$z_{10}=30$，试计算主轴Ⅲ的六种转速。

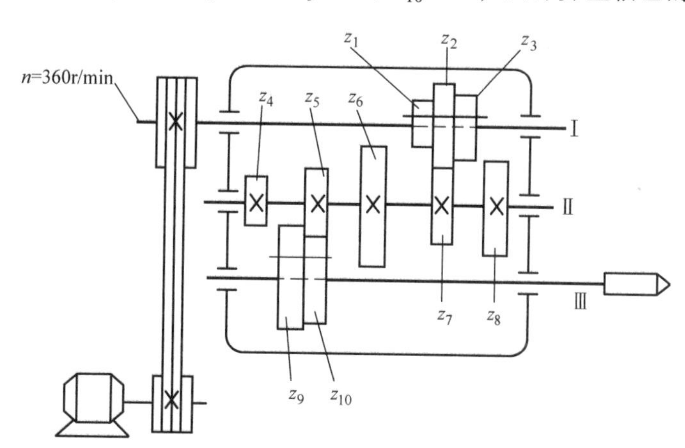

图 8-14 铣床主轴箱传动图

小提示：通过学习本例，了解机械式齿轮减速器都是通过不同的齿轮啮合来实现不同的转速的。

分析过程如下。

当Ⅲ轴上双联齿轮 $z_{10}=30$ 与Ⅱ轴上的 $z_5=30$ 啮合时，移动Ⅰ轴上的三联齿轮，可得到主轴的三种不同转速，即

$z_1 \to z_6 \to z_5 \to z_{10}$：

$$i_{总1}=\frac{n_{\mathrm{I}}}{n_{\mathrm{III}}}=\frac{70\times30}{14\times30}=5,\quad n_{\mathrm{III}}=n_{\mathrm{I}}\times\frac{1}{i_{总1}}=360\text{r/min}\times\frac{1}{5}=72\text{r/min}$$

$z_3 \to z_8 \to z_5 \to z_{10}$：

$$i_{总2}=\frac{n_{\mathrm{I}}}{n_{\mathrm{III}}}=\frac{56\times30}{28\times30}=2,\quad n_{\mathrm{III}}=n_{\mathrm{I}}\times\frac{1}{i_{总2}}=360\mathrm{r/min}\times\frac{1}{2}=180\mathrm{r/min}$$

$z_2 \to z_7 \to z_5 \to z_{10}$：

$$i_{总3}=\frac{n_{\mathrm{I}}}{n_{\mathrm{III}}}=\frac{36\times30}{48\times30}=\frac{3}{4},\quad n_{\mathrm{III}}=n_{\mathrm{I}}\times\frac{1}{i_{总3}}=360\mathrm{r/min}\times\frac{4}{3}=480\mathrm{r/min}$$

当Ⅲ轴上双联齿轮 $z_9=40$ 与Ⅱ轴上的 $z_4=20$ 啮合时，移动Ⅰ轴上的三联齿轮，又可得到主轴的三种不同转速，即

$z_1 \to z_6 \to z_4 \to z_9$：

$$i_{总4}=\frac{n_{\mathrm{I}}}{n_{\mathrm{III}}}=\frac{70\times40}{14\times20}=10,\quad n_{\mathrm{III}}=n_{\mathrm{I}}\times\frac{1}{i_{总4}}=360\mathrm{r/min}\times\frac{1}{10}=36\mathrm{r/min}$$

$z_3 \to z_8 \to z_4 \to z_9$：

$$i_{总5}=\frac{n_{\mathrm{I}}}{n_{\mathrm{III}}}=\frac{56\times40}{28\times20}=4,\quad n_{\mathrm{III}}=n_{\mathrm{I}}\times\frac{1}{i_{总5}}=360\mathrm{r/min}\times\frac{1}{4}=90\mathrm{r/min}$$

$z_2 \to z_7 \to z_4 \to z_9$：

$$i_{总6}=\frac{n_{\mathrm{I}}}{n_{\mathrm{III}}}=\frac{36\times40}{48\times20}=\frac{3}{2},\quad n_{\mathrm{III}}=n_{\mathrm{I}}\times\frac{1}{i_{总6}}=360\mathrm{r/min}\times\frac{2}{3}=240\mathrm{r/min}$$

实例二 图 8-15 所示为滚齿机工作台的传动系统，已知各齿轮的齿数为：$z_1=15$，$z_2=28$，$z_3=15$，$z_4=35$，$z_9=40$，蜗杆 8 和滚刀 A 均为单头，若被切齿轮的齿数为 64，试求传动比 i_{75} 及 z_5、z_7 的齿数。

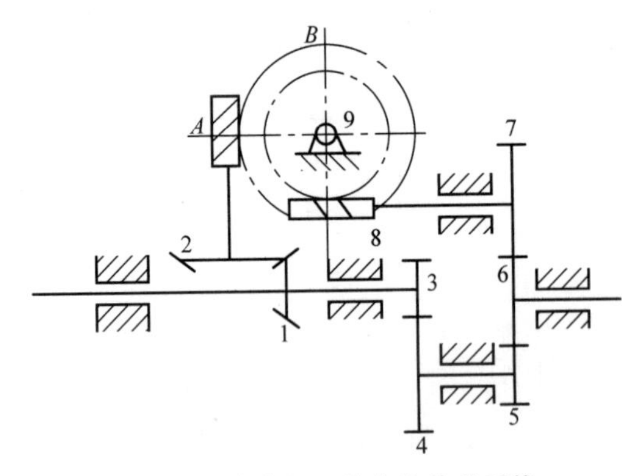

图 8-15　滚齿机工作台的传动系统

分析过程如下。

本实例为定轴轮系，滚刀 A 和蜗杆 8 的头数都为 1，齿轮 1 和齿轮 3 同轴，$n_1=n_3$。根据齿轮的展成原理，滚刀 A 与轮坯 B 的转速关系应满足下式：

$$i_{AB}=\frac{n_A}{n_B}=\frac{z_B}{z_A}=\frac{64}{1}=64 \qquad ①$$

这一速比应该由滚齿机工作台的传动系统加以保证，其传动路线为：齿轮 2(A)→1(3)→4(5)→6→7(8)→9(B)，其中齿轮 6 为惰轮。因不需判断其传动的方向，故轮系的传动比为

$$i_{AB} = \frac{n_A}{n_B} = \frac{z_1 z_4 z_7 z_9}{z_2 z_3 z_5 z_8} = \frac{15 \times 35 \times 40}{28 \times 15 \times 1} \times \frac{z_7}{z_5} = 50 \times \frac{z_7}{z_5} \qquad ②$$

②代入①整理得

$$i_{75} = \frac{n_7}{n_5} = \frac{z_5}{z_7} = \frac{25}{32}, \quad z_5 = 25, \quad z_7 = 32$$

本实例的意思是只要选用 $z_5 = 25$、$z_7 = 32$ 的一对齿轮，再按中心距搭配一个合适的齿轮 z_6 就能保证加工 64 个齿的齿轮。当被加工的齿轮的齿数 z_B 变化时，所需的传动比 i_{75} 也随之改变，这时只要根据 i_{75} 更换交换齿轮 z_5、z_7 和 z_6，就能保证滚齿机正确加工。

如加工 80 个齿的齿轮，选用 $z_5 = 25$、$z_7 = 40$，再配一个 z_6 就可以了。

知识小结

1. 定轴轮系
   - 一对圆柱齿轮的传动比
     - 传动比的大小
     - 转动的方向
   - 平行轴定轴轮系的传动比 $i_{1k} = \frac{n_1}{n_k} = (-1)^m \frac{1、k\text{ 之间所有从动轮齿数的乘积}}{1、k\text{ 之间所有主动轮齿数的乘积}}$
   - 非平行轴定轴轮系的传动比

2. 减速器
   - 一级圆柱齿轮减速器
   - 一级锥齿轮减速器
   - 下置式蜗杆减速器
   - 上置式蜗杆减速器
   - 圆柱齿轮展开式减速器
   - 圆锥圆柱齿轮减速器

习　题

一、判断题（认为正确的，在括号内打✓，反之打×）

1. 车床上的进给箱、运输机中的减速器都属于齿轮系。（　　）
2. 在齿轮系中，输出轴与输入轴的角速度（或转速）之比称为轮系的传动比。（　　）
3. 定轴轮系中每个齿轮的几何轴线位置都是固定的。（　　）
4. 定轴轮系的传动比，等于该齿轮系的所有从动轮齿数连乘积与所有主动轮齿数连乘积之比。（　　）
5. 齿轮系中加惰轮既会改变总传动比的大小，又会改变从动轮的旋转方向。（　　）
6. 采用齿轮系传动可以实现无级变速。（　　）
7. 齿轮系传动既可用于相距较远的轴间传动，又可获得较大的传动比。（　　）
8. 平行轴传动的定轴轮系传动比计算公式中，-1 的指数 m 表示齿轮系中相啮合的圆柱齿轮的对数。（　　）
9. 齿轮系中的某一个中间齿轮，既可以是前一级齿轮副的从动轮，又可以是后一级的主动轮。（　　）
10. 齿轮系可以实现多级的变速要求。（　　）

二、选择题（将正确答案的字母序号填写在横线上）

1. 当两轴相距较远，且要求传动准确时，应选用________。

A. 带传动　　B. 链传动　　C. 齿轮系传动

2. 传动比很大，要求能实现变速、变向的传动，选用________传动。

A. 带传动　　B. 链传动　　C. 齿轮系传动

3. 齿轮系________。

A. 不能获得大传动比　B. 不适宜做较远距离的传递　C. 可以实现变向和变速要求

4. 若主动轴转速为1200r/min，现要求在高效率下使传动轴获得12r/min的转速，应采用________传动。

A. 单头蜗杆　　B. 一对齿轮　　C. 齿轮系

5. 定轴轮系的传动比大小与齿轮系中惰轮的齿数________。

A. 有关　　B. 无关　　C. 成正比

6. 齿轮系中，________转速之比称为齿轮系的传动比。

A. 末轮与首轮　　B. 末轮与中间轮　　C. 首轮与末轮

7. 传递平行轴运动的齿轮系，若外啮合齿轮为偶数对时，首末两轮转向____。

A. 相同　　B. 相反　　C. 不确定

8. 如图8-16所示的三星轮换向机构传动中，1为主动轮，4为从动轮，图示位置________。

A. 有1个惰轮，主、从动轮转向相同

B. 有1个惰轮，主、从动轮转向相反

C. 有2个惰轮，主、从动轮转向相同

9. 图8-17所示为滑移齿轮变速机构，分析输出轴V的转速有________。

A. 18种　　B. 16种　　C. 12种

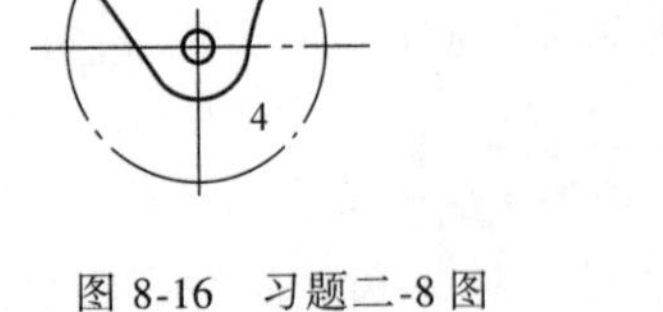

图8-16　习题二-8图

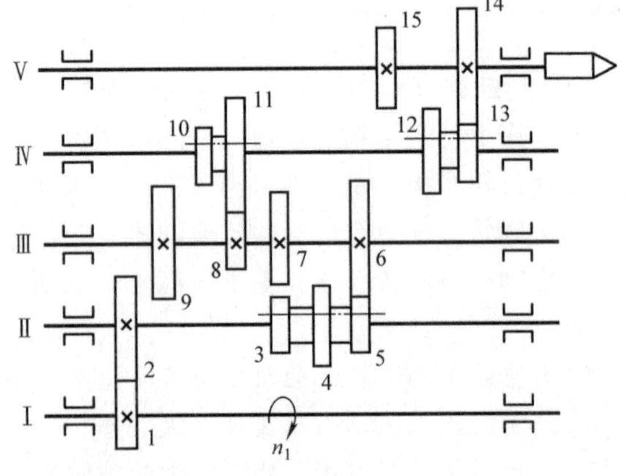

图8-17　习题二-9图

10. 定轴轮系的末端是齿轮齿条传动，已知小齿轮模数 $m=3$mm，齿数 $z=15$，末端齿轮的转速 $n_{齿轮}=10$r/min，则齿条的运动速度为________。

A. 1300mm/min　　B. 1413mm/min　　C. 1500mm/min

三、分析题

1. 如图 8-18 所示蜗杆传动中，已知蜗杆均为单头左旋，蜗轮齿数 $z_2=24$，$z_4=36$。试求传动比 i_{14} 及蜗轮 4 的转向。

2. 如图 8-19 所示齿轮系中，已知各齿轮齿数为 $z_1=20$，$z_2=40$，$z_3=15$，$z_4=60$，$z_5=18$，$z_6=18$，$z_7=2$（左旋），$z_8=40$，$z_9=20$，齿轮 9 的模数 $m=4\text{mm}$，齿轮 1 的转速 $n_1=100\text{r/min}$，转向如图示，求齿条 10 的速度 v_{10}，并确定其移动方向。

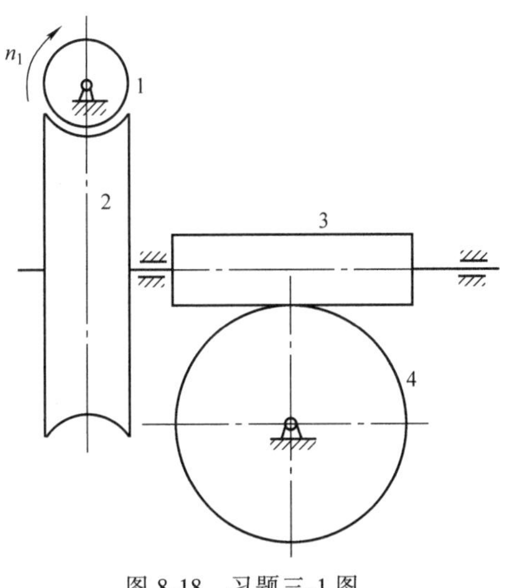

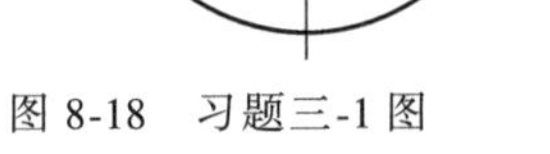
图 8-18　习题三-1 图

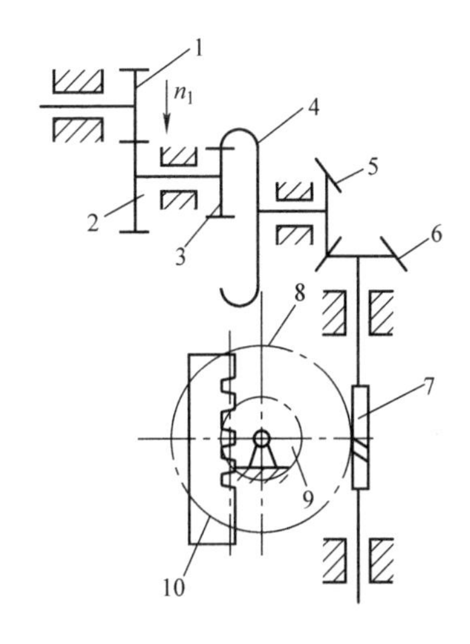

图 8-19　习题三-2 图

第9章 联　接

学习目标

了解常用螺纹的类型、特点和应用；熟悉螺纹联接的主要类型与应用、预紧和防松、螺栓联接的结构设计；了解键联接、花键联接、销联接和其他联接的类型和应用场合。

引　言

图9-1所示为一减速器实物图，减速器是由很多零件用不同的联接组装在一起来实现其功能的。从图9-1中可以看出减速器上下箱用“上下箱体联接螺栓”联接；为联接可靠，轴承旁的联接螺栓和一般上下箱体的联接螺栓不一样，用“轴承旁联接螺栓”；为上下箱体安装方便、准确，上下箱体在安装时要用“定位销”；轴承端盖和箱体的联接用“轴承端盖联接螺栓”；为使电动机和工作机联接，需要在电动机的外伸轴上安装键。

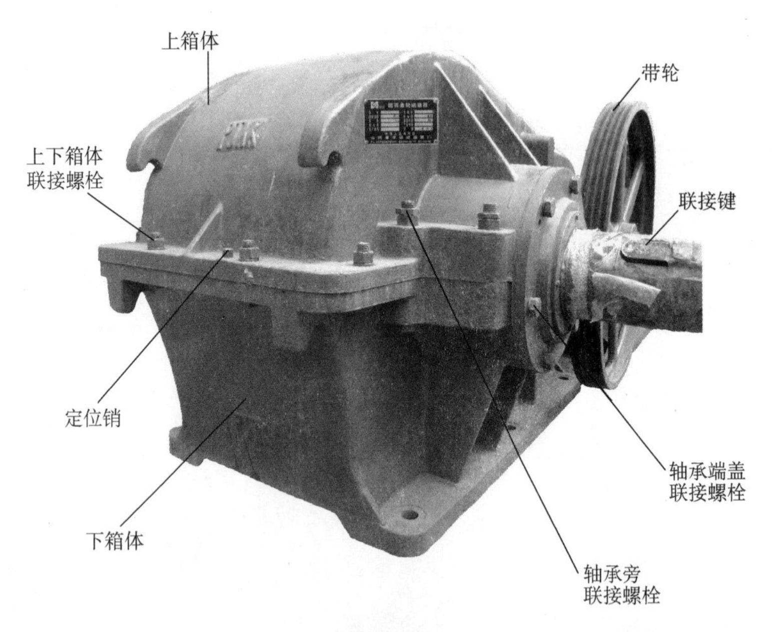

图9-1　减速器实物图

由此可见，机械设备的组成离不开各种联接，本章将介绍一般常见的螺纹联接、键联接与花键联接等联接形式。

学习内容

9.1　螺纹基础知识

1. 螺纹的类型和参数

如图 9-2 所示，将底边长等于 πd_2 的直角三角形绕在一直径为 d_2 的圆柱体上，并使其底边与圆柱体重合，则其斜边 ac 在圆柱体表面形成空间曲线，这条曲线称为螺旋线。

根据螺旋线的旋向，可将螺纹分为右旋和左旋两种，其中常用的是右旋。螺纹旋向的判别方法是：将螺杆直竖，若螺旋线右高左低（向右上升）为右旋，反之则为左旋。根据螺旋线的线数，可将螺纹分为单线螺纹、双线螺纹和多线螺纹，如图 9-3 所示。

根据螺旋线所在面分，螺纹还可分为外螺纹和内螺纹。螺纹联接用螺栓上的螺纹就是外螺纹，螺母上的螺纹即为内螺纹。螺纹联接就是由螺栓与螺母组成，如图 9-4 所示。

螺纹的主要参数如图 9-5 所示。

（1）大径 d　螺纹最大的直径，此直径在标准中规定为公称直径。

（2）小径 d_1　螺纹的最小直径。

（3）中径 d_2　螺纹的轴向剖面内，螺纹的牙厚和牙间宽度相等的假想圆柱的直径。

（4）螺距 P　相邻两螺纹牙在中径线上对应点之间的轴向距离。不同公称直径的螺纹在标准中规定了相应的螺距。

（5）导程 P_h　同一条螺旋线上相邻两螺纹牙在中径线上对应点之间的轴向距离称为导程。导程与螺距的关系为：$P_h = nP$，式中的 n 为螺旋线数。

（6）螺纹升角 ψ　在中径 d_2 圆柱上，螺旋线切线方向与垂直于螺纹轴线的平面所夹的锐角称为螺纹升角，如图 9-2 所示。

（7）牙型角 α　螺纹轴线平面内两侧边所夹之锐角，如图 9-5 所示。

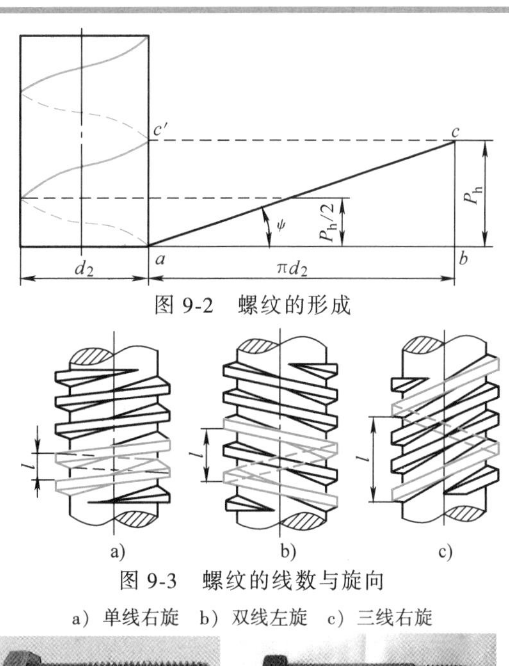

图 9-2　螺纹的形成

图 9-3　螺纹的线数与旋向

a）单线右旋　b）双线左旋　c）三线右旋

图 9-4　螺纹

a）外螺纹（普通螺栓）　b）铰制孔用螺栓

c）内螺纹（螺母）　d）螺纹联接

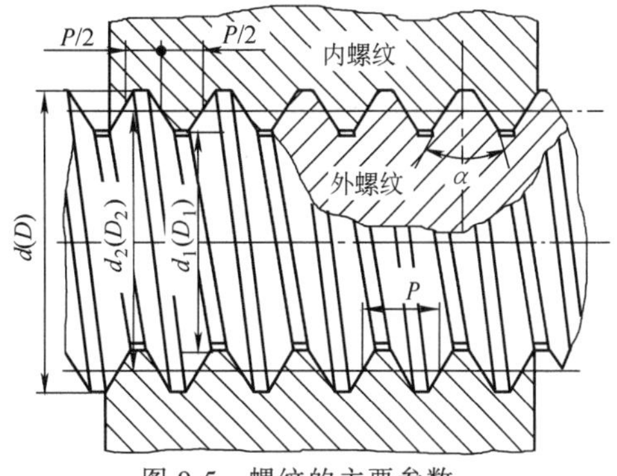

图 9-5　螺纹的主要参数

2. 常用的螺纹

（1）三角形螺纹　三角形螺纹的牙型为等边三角形，牙型角 $\alpha=60°$，$\beta=30°$。三角形螺纹的牙根强度高、自锁性好、工艺性能好，主要用于联接。同一公称直径的三角形螺纹按螺距大小分为粗牙螺纹和细牙螺纹。粗牙螺纹用于一般联接。细牙螺纹适用于受冲击、振动和变载荷的联接，以及细小零件、薄壁管件的联接和微调装置。但细牙螺纹耐磨性较差，牙根强度较低，易滑扣。其牙型及参数如图 9-6 所示。

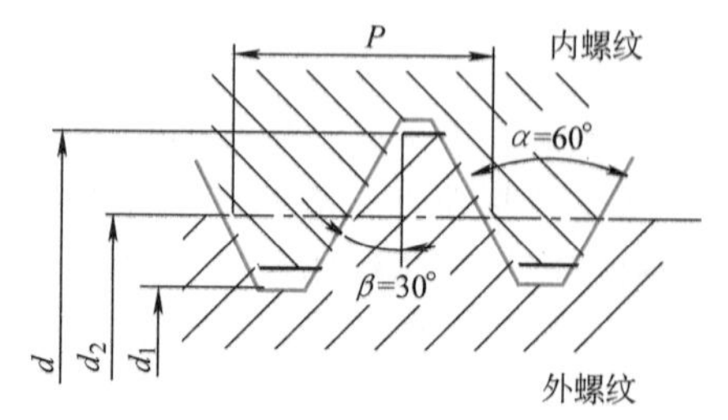

图 9-6　三角形螺纹

（2）矩形螺纹　矩形螺纹的牙型为正方形，牙厚是螺距的一半。牙型角 $\alpha=0°$，$\beta=0°$。矩形螺纹传动效率高，用于传动。但牙根强度较低，难于精确加工，磨损后间隙难以修复，补偿、对中精度低。其牙型及参数如图 9-7 所示。

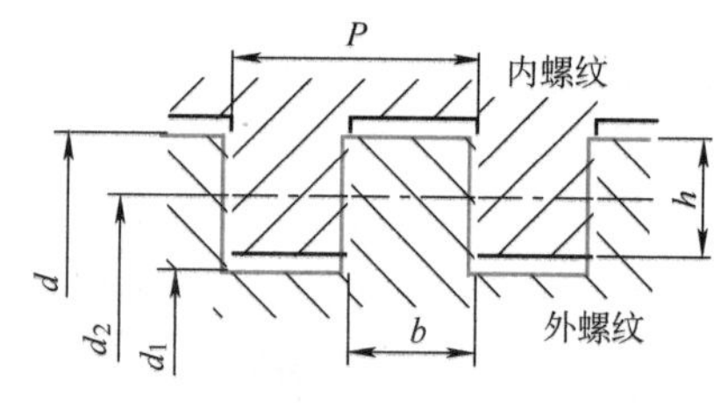

图 9-7　矩形螺纹

（3）梯形螺纹　梯形螺纹牙型为等腰梯形，牙型角 $\alpha=30°$，$\beta=15°$。梯形螺纹比三角形螺纹传动效率高；比矩形螺纹牙根强度高，其承载能力强，加工容易，对中性能好，可补偿磨损间隙，故综合传动性能好，是常用的传动螺纹。其牙型及参数如图 9-8 所示。

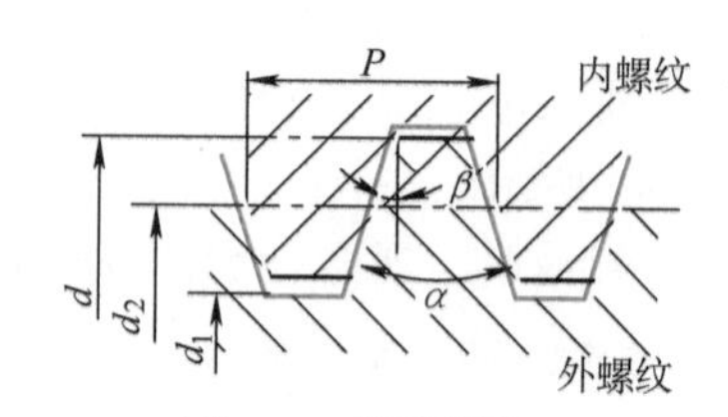

图 9-8　梯形螺纹

（4）锯齿形螺纹　锯齿形螺纹牙型为不等腰梯形，牙型角 $\alpha=33°$，工作面的牙侧角 $\beta=3°$，非工作面的牙侧角 $\beta=30°$。锯齿形螺纹综合了矩形螺纹传动效率高和梯形螺纹牙根强度高的特点，但只能用于单向受力的传动。其牙型及参数如图 9-9 所示。

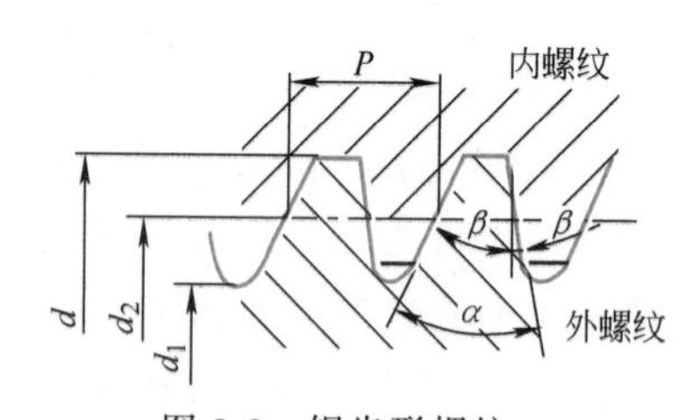

图 9-9　锯齿形螺纹

（5）管螺纹　管螺纹的牙型为等腰三角形，牙型角 $\alpha=55°$，$\beta=27.5°$，公称直径近似为管子孔径，以 in（英寸）为单位。由于牙顶呈圆弧状，内、外螺纹旋合时，相互挤压变形后无径向间隙，故多用于有紧密性要求的管件联接，以保证配合紧密。它适于压力不大的水、煤气、天然气、油等管路联接。其牙型及参数如图 9-10 所示。60°圆锥管螺纹与管螺纹相似，但螺纹是绕制在 1∶16 的圆锥面上，紧密性更好，适用于水、气、润滑和电气联接，以及高温、高压的管路联接。

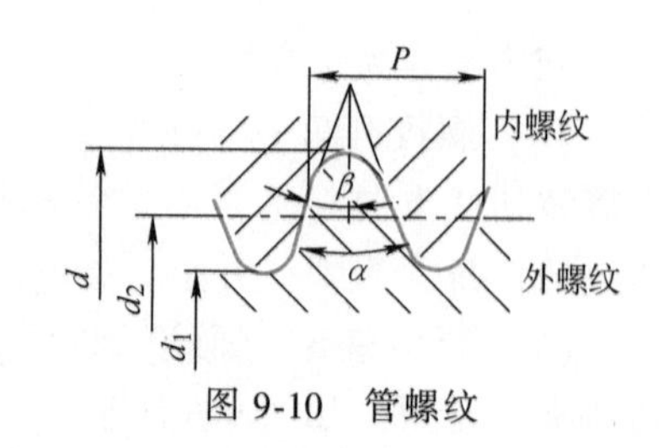

图 9-10　管螺纹

上述螺纹类型，除了矩形螺纹外，其余都已标准化。

3. 螺纹代号

螺纹代号由特征代号和尺寸代号组成。例如，粗牙普通螺纹用字母 M 与公称直径表示；细牙普通螺纹用字母 M 与公称直径×螺距表示。当螺纹为左旋时，在代号之后加“LH”。具体代号举例如下：

M40——表示公称直径为 40mm 的粗牙普通螺纹。

M40×1.5——表示公称直径为 40mm，螺距为 1.5mm 的细牙普通螺纹。

M40×1.5LH——表示公称直径为 40mm，螺距为 1.5mm 的左旋细牙普通螺纹。

关键知识点： 螺纹按旋向可分为左旋螺纹和右旋螺纹，按线数可分为单线螺纹、双线螺纹和多线螺纹。螺纹的牙型有三角形、矩形、梯形和锯齿形。联接螺纹一般采用三角形螺纹，而螺旋传动则多采用矩形螺纹、梯形螺纹和锯齿形螺纹。

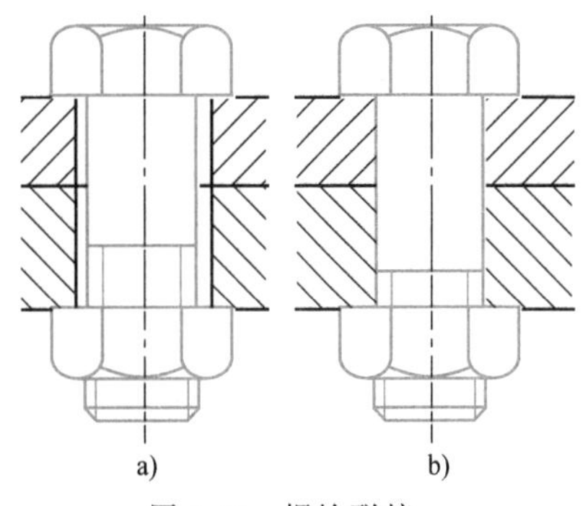

图 9-11　螺栓联接

9.2 螺纹联接

9.2.1 螺纹联接的主要类型

1. 螺栓联接

图 9-11 所示为螺栓联接，适用于被联接件不太厚又需经常拆装的场合使用，有两种联接形式：一种是被联接件上的通孔和螺栓杆间留有间隙的普通螺栓联接（图 9-11a）；另一种是螺杆与孔是基孔制过渡配合的铰制孔用螺栓联接（图 9-11b）。

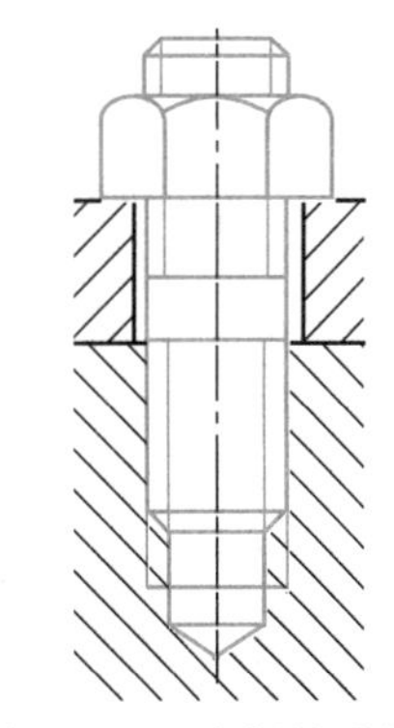
图 9-12　双头螺柱联接

2. 双头螺柱联接

图 9-12 所示为双头螺柱联接。这种联接适用于被联接件之一太厚而不便于加工通孔并需经常拆装的场合。其特点是被联接件之一制有与螺柱相配合的螺纹，另一被联接件上则为通孔。

3. 螺钉联接

图 9-13 所示为螺钉联接。这种联接的适用场合与双头螺柱联接相似，但多用于受力不大，不需经常拆装的场合。其特点是不用螺母，螺钉直接拧入被联接件的螺孔中。

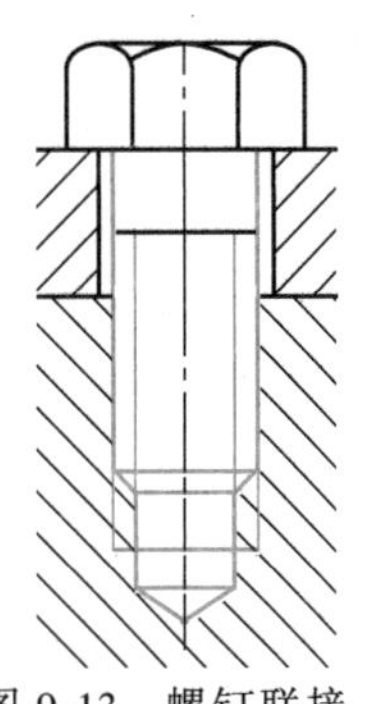
图 9-13　螺钉联接

4. 紧定螺钉联接

图 9-14 所示为紧定螺钉联接。这种联接适用于固定两零件的相对位置，并可传递不大的力和转矩。其特点是螺钉被旋入被联接件之一的螺纹孔中，末端顶住另一被联接件的表面或顶入相应的坑中，以固定两个零件的相对位置。

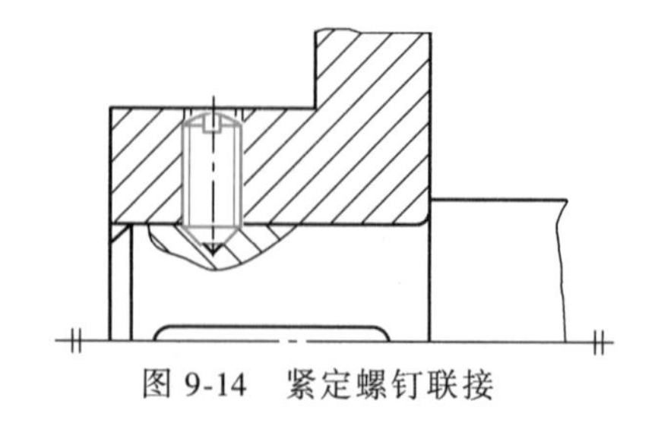
图 9-14　紧定螺钉联接

9.2.2　常用螺纹联接件

在机械制造中常见的螺纹联接件有：螺栓、双头螺柱、螺钉、紧定螺钉、螺母、垫圈等，具体结构如图 9-15～图 9-20 所示，这些零件的结构和尺寸都已标准化，可根据实际需要按标准选用。

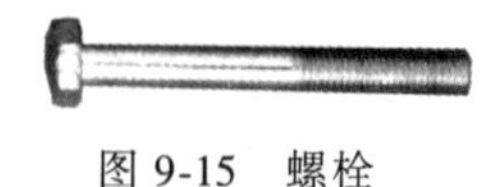
图 9-15　螺栓

图 9-16　双头螺柱

螺纹联接件的常用材料为 Q215A、Q235A、10 钢、35 钢和 45 钢，对于重要和特殊用途的螺纹联接件，可采用 15Cr、40Cr 等力学性能较好的合金钢。

图 9-17　螺钉

小提示：学习了螺纹联接的主要类型后，注意观察生产实际和日常生活中所见到的各类机械和装置用的是哪类联接形式。

小常识：螺栓强度等级分 4.8、5.6、6.8、8.8、9.8…等若干个等级，其中 8.8 级及以上螺栓通称为高强度螺栓，其余通称为普通螺栓。螺栓强度等级标号由两部分数字组成，分别表示螺栓材料的公称抗拉强度值和屈强比值。例如：强度等级为 4.8 级的螺栓，其含义是：螺栓材质公称抗拉强度达 4×100＝400MPa；螺栓材质的屈强比值为 0.8，螺栓材质的公称屈服强度达 400×0.8＝320MPa。螺栓强度等级用数字表示在螺栓头部，螺母的强度等级也标注在螺母的顶面。

图 9-18　紧定螺钉

图 9-19　螺母　　　　图 9-20　垫圈

9.2.3　螺纹联接的预紧和防松

1. 预紧

在生产实践中，大多数螺纹联接在安装时都需要预紧。联接件在工作前因预紧所受到的力，称为预紧力。预紧可以增强联接的刚性、紧密性和可靠性，防止受载后被联接件间出现缝隙或发生相对移动。

对于普通场合使用的螺纹联接，为了保证联接所需的预紧力，同时又不使螺纹联接件过载，通常由工人用普通扳手凭经验决定。对重要场合，如气缸盖、管路凸缘等紧密性要求较高的螺纹联接，预紧时应控制预紧力。

控制预紧力的方法很多，通常是用测力矩扳手和预置式扭力扳手。图 9-21a 所示为测力矩扳手的示意图，图 9-21b 所示为测力矩扳手（俗称公斤扳手）的实物图，图 9-21c 所示为测力矩扳手的力矩刻度盘。测力矩扳手利用控制拧紧力矩的方法来控制预紧力的大小，其工作原理是：扳手长柄在拧紧时产生弹性弯曲变形，但和扳手头部固连的指针不发生变形，当扳手长柄弯曲时，和长柄固连的刻度盘在指针下便显示出拧紧力矩的大小。

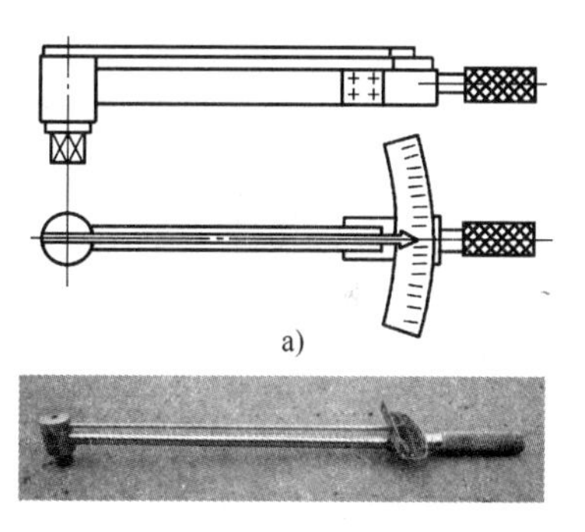

a)

b)

c)

图 9-21　测力矩扳手
a）示意图　b）实物图　c）刻度盘

图 9-22a 所示为预置式扭力扳手的实物图，图 9-22b 所示为扳手的头部，头部上有一个带齿的小圆盘，是调整手轮，转动手轮，可改变扳手拧紧的方向。因头部有棘轮机构，此扳手在拧紧时只需连续往复摆动，即可拧紧螺母。手柄的尾部（图 9-22c）有预设拧紧力矩数值的套筒，使用时转动套筒，调节标尺上的数值至所需拧紧力矩值。预置式扭力扳手具有声响装置，当紧固件的拧紧力矩达到预设数值时，能自动发出“咔嗒”的一声信号，提示完成工作。

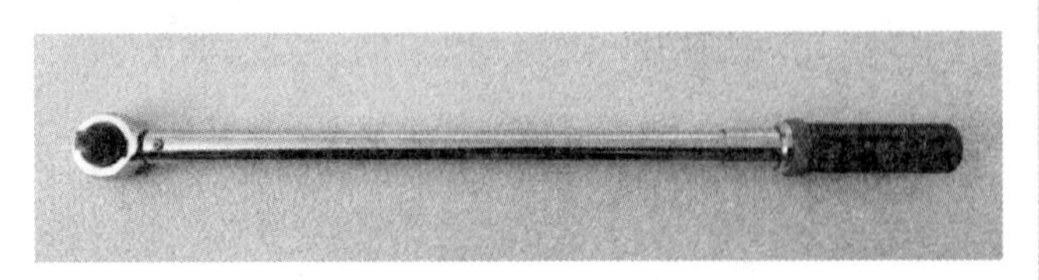

a)

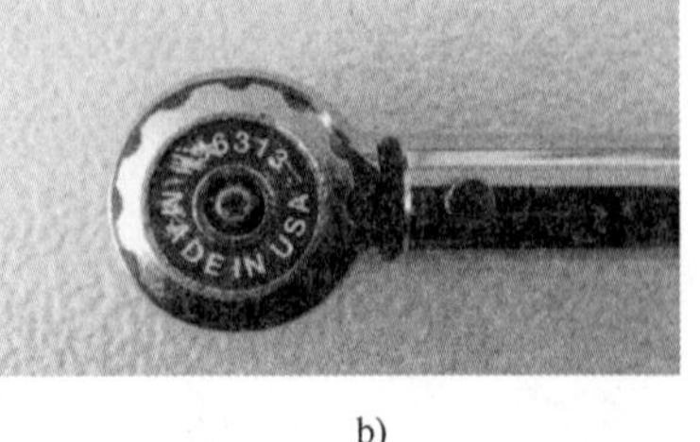

b)

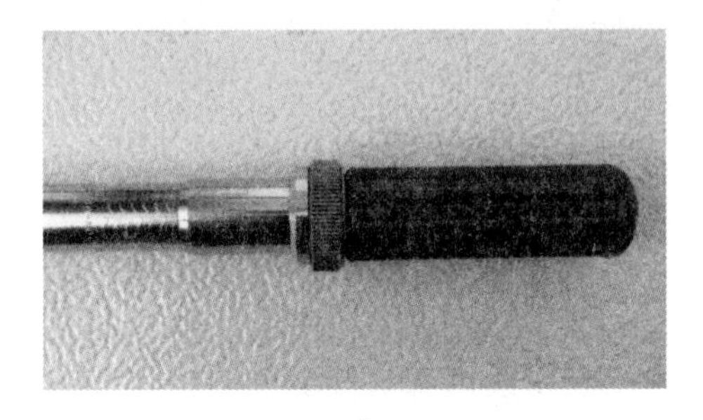

c)

图 9-22　预置式扭力扳手

小常识：螺纹联接的拧紧很重要，对于重要的联接一定要严格控制预紧力的大小。

考虑到由于摩擦因数不稳定和加在扳手上的力有时难于准确控制，可能使螺栓拧得过紧，甚至拧断，因此，对于重要联接不宜采用直径小于 16mm 的螺栓，并应在装配图上注明拧紧的要求。

2. 防松

联接用的螺纹联接件，一般采用三角形粗牙普通螺纹。正常使用时，螺纹联接本身具有自锁性，螺母和螺栓头部等支承面处的摩擦也有防松作用，因此在静载荷作用下，联接一般不会自动松脱。但在冲击、振动或变载荷作用下，或当温度变化很大时，螺纹中的摩擦阻力可能瞬间消失或减小，这种现象多次重复出现就会使联接逐渐松脱，甚至会引起严重事故。因此，在生产实践中，使用螺纹联接时必须考虑防松措施。常用的防松方法有以下几种：

（1）对顶螺母　两螺母对顶拧紧后使旋合螺纹间始终受到附加的压力和摩擦力，从而起到防松作用。该方式结构简单，适用于平稳、低速和重载的固定装置上的联接，但轴向尺寸较大，如图 9-23 所示。

（2）弹簧垫圈　螺母拧紧后，靠垫圈压平而产生的弹簧弹性反力使旋合螺纹间压紧，同时垫圈斜口的尖端抵住螺母与被联接件的支承面也有防松作用。该方式结构简单，使用方便，但在冲击、振动的工作条件下，其防松效果较差，一般用于不重要的联接，如图 9-24 所示。

（3）开口销与六角开槽螺母　将开口销穿入螺栓尾部小孔和螺母槽内，并将开口销尾部掰开与螺母侧面贴紧，靠开口销阻止螺栓与螺母相对转动以防松。该方式适用于较大冲击、振动的高速机械中，如图 9-25 所示。

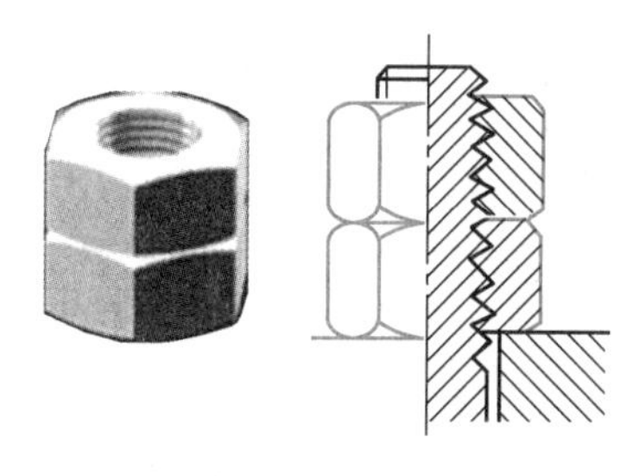

图 9-23　对顶螺母

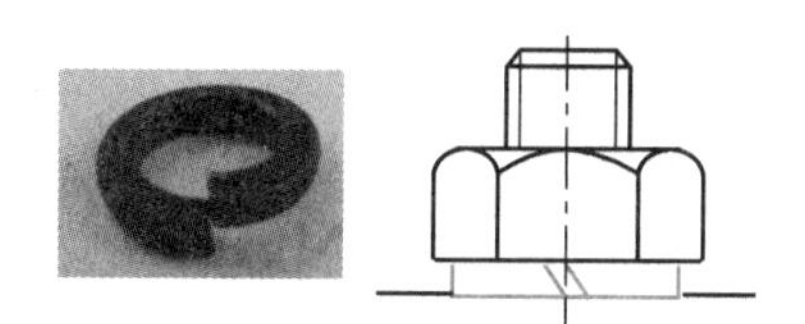

图 9-24　弹簧垫圈

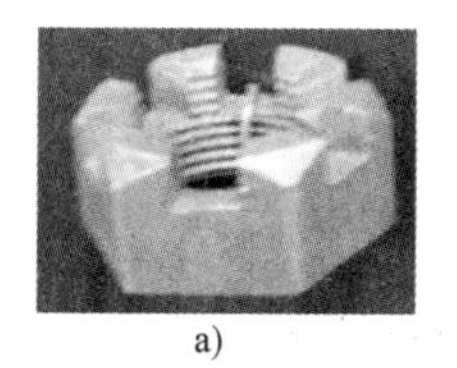

a)

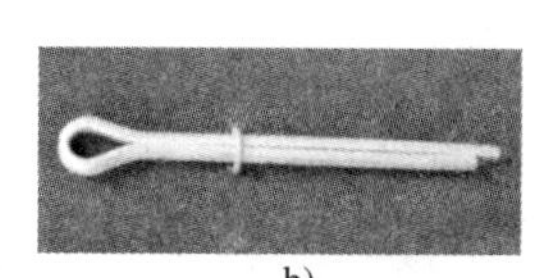

b)

c)

d)

图 9-25　开口销与六角开槽螺母

a）六角开槽螺母　b）开口销　c）三轮车用防松装置　d）汽车用防松装置

(4) 圆螺母与止动垫圈　止动垫圈的内圆有一内舌，外圆有若干外舌，螺杆(轴)上开有槽，使用时，先将止动垫圈的内舌插入螺杆的槽内，当螺母拧紧后，再将止动垫圈的外舌之一折嵌入圆螺母的沟槽中，使螺母和螺杆之间没有相对运动，该方式防松效果较好，多用于轴上滚动轴承的轴向固定，如图 9-26 所示。

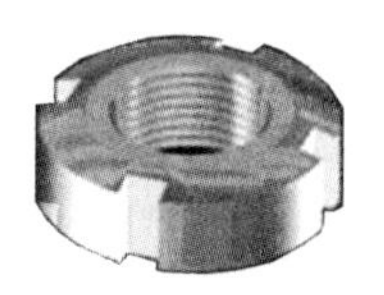

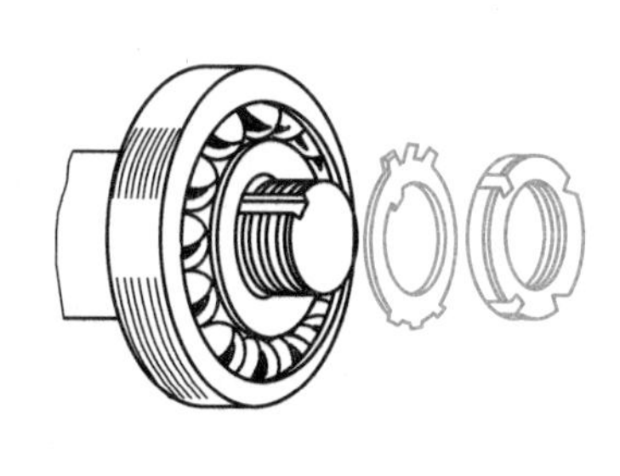

图 9-26　圆螺母与止动垫圈

(5) 止动垫圈　螺母拧紧后，将单耳或双耳止动垫圈上的耳分别向螺母和被联接件的侧面折弯贴紧，即可将螺母锁住。该方式结构简单，使用方便，防松可靠，如图 9-27 所示。

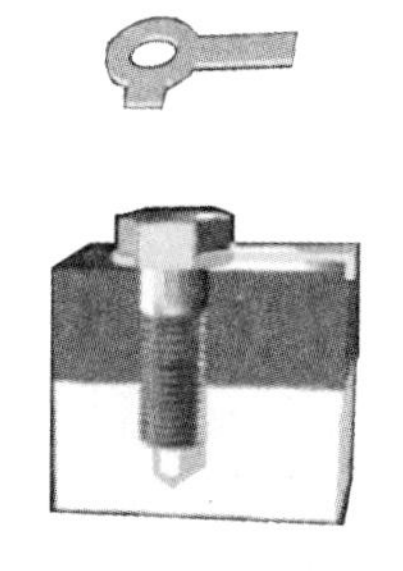

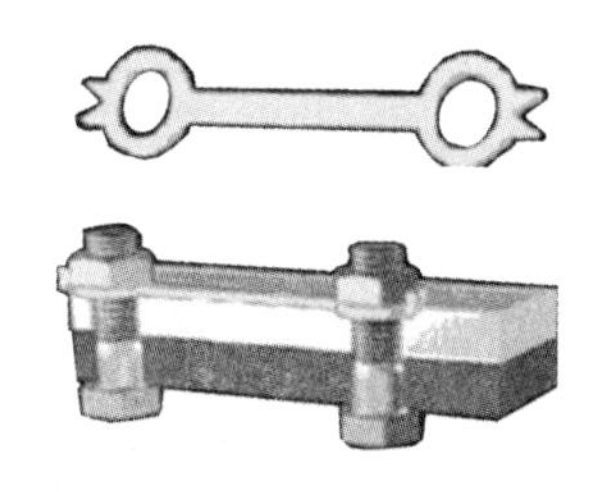

图 9-27　止动垫圈

（6）串联钢丝　用低碳钢丝穿入各螺钉头部的孔内，将各螺钉串联起来使其相互制约，使用时必须注意钢丝的穿入方向。该方式适用于螺钉组联接，其防松可靠，但装拆不方便，如图9-28所示。

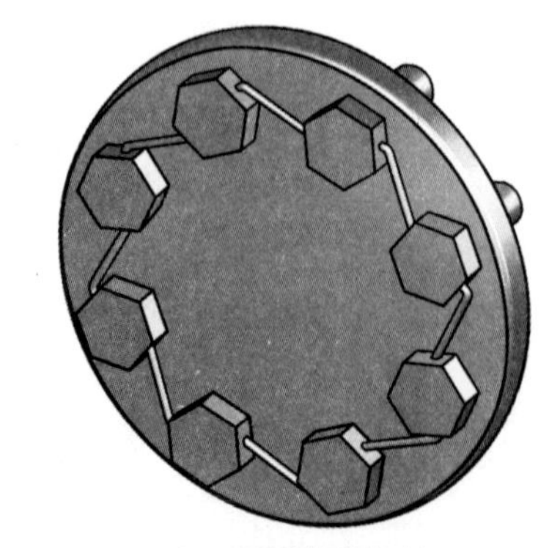

图9-28　串联钢丝

（7）冲点　在螺纹件旋合好后，用冲头在旋合缝处或在端面冲点防松。这种防松方法效果很好，但此时螺纹联接成了不可拆联接，如图9-29所示。

（8）黏结剂　用黏结剂涂于螺纹旋合表面，拧紧螺母后黏结剂能自行固化，防松效果良好，但不便拆卸，如图9-30所示。

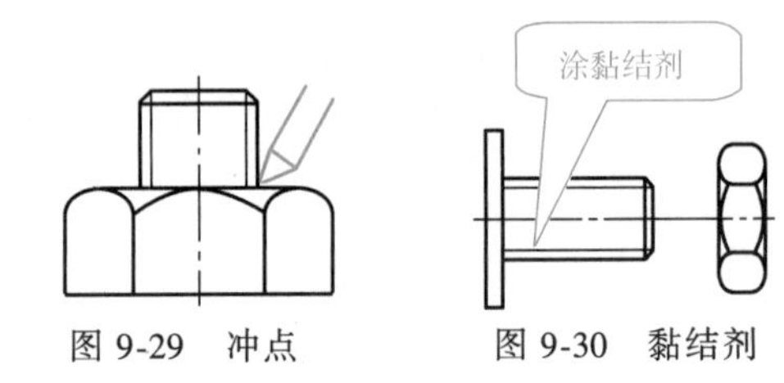

图9-29　冲点　　图9-30　黏结剂

9.2.4　螺栓组联接的结构设计

一般情况下，大多数螺栓都是成组使用的，安排螺栓组时应考虑受力、装拆、加工、强度等方面因素，应注意以下几个问题：

1）在布置螺栓位置时，各螺栓间及螺栓中心线与机体壁之间应留有足够的扳手空间，以便于装拆，如图9-31所示的尺寸A、B、C、D、E。

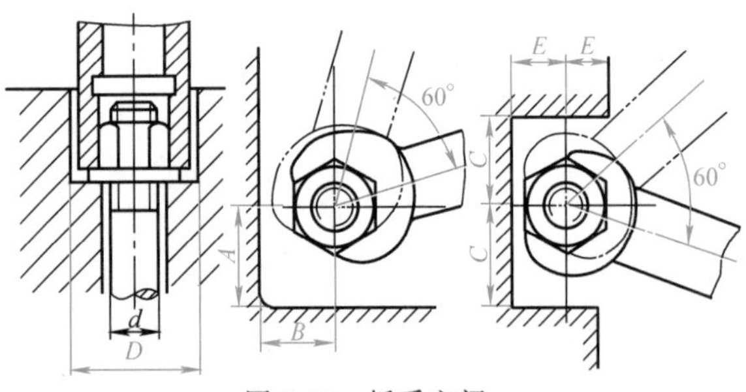

图9-31　扳手空间

2）如果联接在受轴向载荷的同时还受到较大的横向载荷，则可采用键、套筒、销等零件来分担横向载荷（图9-32），以减小螺栓的预紧力和结构尺寸。

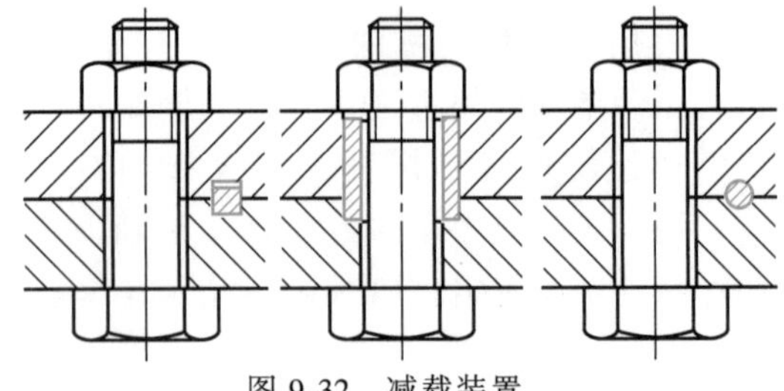

图9-32　减载装置

3）力求避免螺栓受弯曲，为此，螺栓与螺母的支承面通常应加工得平整。为减少加工面，其结构常可做成凸台或沉孔（图9-33）。加工或安装时，还应保证支承面与螺栓轴线相垂直，以免产生偏心载荷，使螺栓受到弯曲，从而削弱强度。

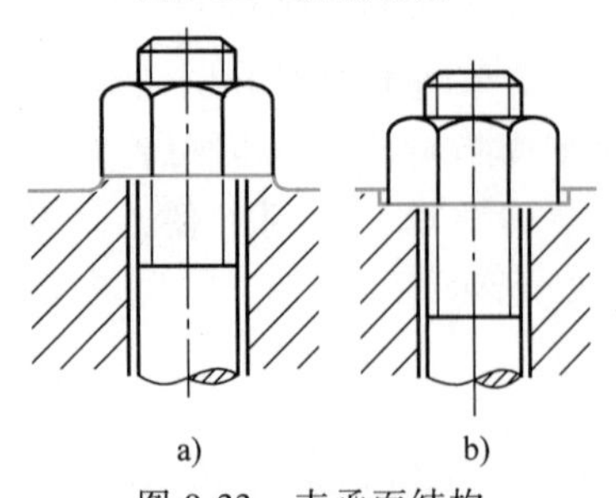

图9-33　支承面结构
a）凸台　b）沉孔

9.3　键联接

键联接在机器中应用极为广泛，常用于轴与轮毂之间的周向固定，以传递运动和转矩。有些键还能实现轴向移动，用作动联接。

键联接分为松键联接和紧键联接两大类。

9.3.1　松键联接的类型、标准及应用

松键联接可分为平键、半圆键联接两种。

1. 平键联接

平键联接具有结构简单、装拆方便、对中性好等优点，故应用最广。平键又分为普通平键、导向平键和滑键。

（1）普通平键　图9-34所示为普通平键联接的结构形式。普通平键用于静联接，用作轴上零件的周向固定，可以传递运动和转矩，键的两个侧面是工作面，按其端部形状不同分为圆头（A型）键、平头（B型）键及单圆头（C型）键三种，如图9-35所示。

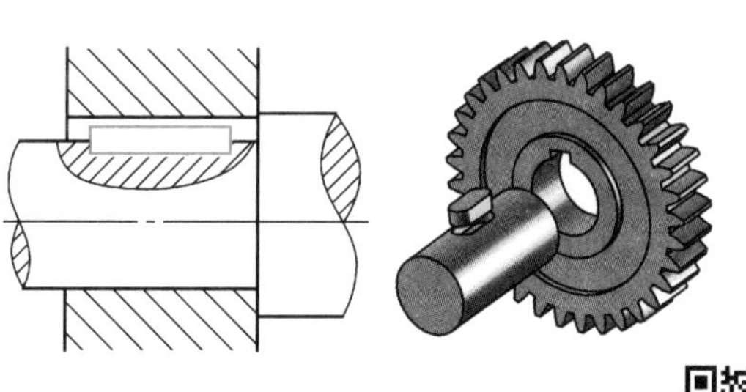

图9-34　普通平键联接

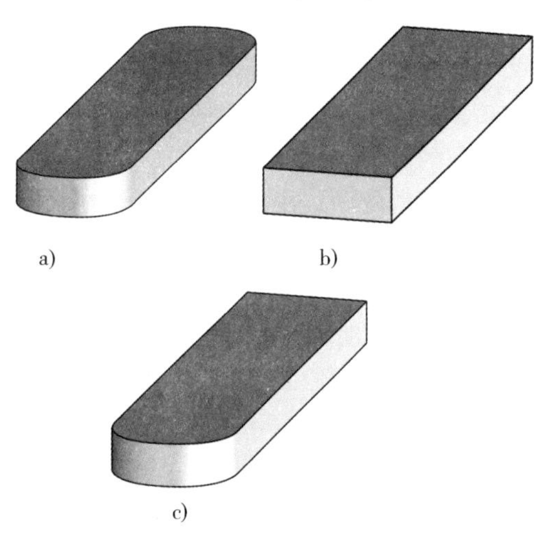

图9-35　普通平键的类型
a）A型键　b）B型键　c）C型键

用A型键和C型键时，轴上的键槽是用面铣刀加工的（图9-36a），键在槽中的轴向固定较好，但键槽两端会引起较大的应力集中；用B型键时，键槽是用盘铣刀加工的（图9-36b），应力集中较小，但键在槽中轴向固定不好。A型键应用最广，C型键则多用于轴端。

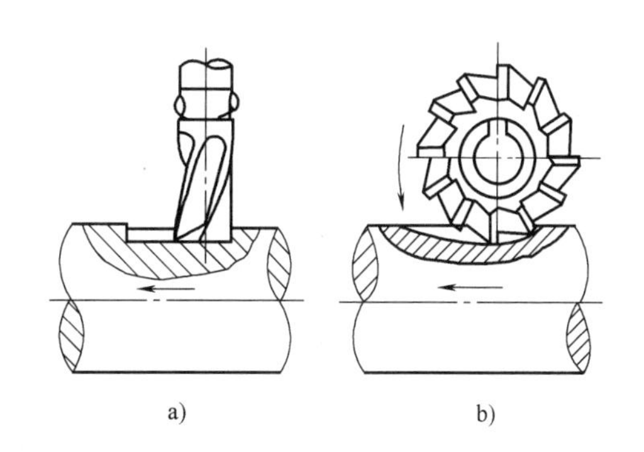

图9-36　键槽的加工
a）面铣刀加工　b）盘铣刀加工

（2）导向平键和滑键　导向平键和滑键用于动联接。当轮毂在轴上需沿轴向移动时，可采用导向平键或滑键。导向平键（图 9-37）用螺钉固定在轴上的键槽中，而轮毂可沿着键做轴向滑动，如汽车齿轮变速器中齿轮轴上的键。当被联接零件滑移的距离较大时，宜采用滑键（图 9-38）。滑键固定在轮毂上，与轮毂同时在轴上的键槽中做轴向滑移。

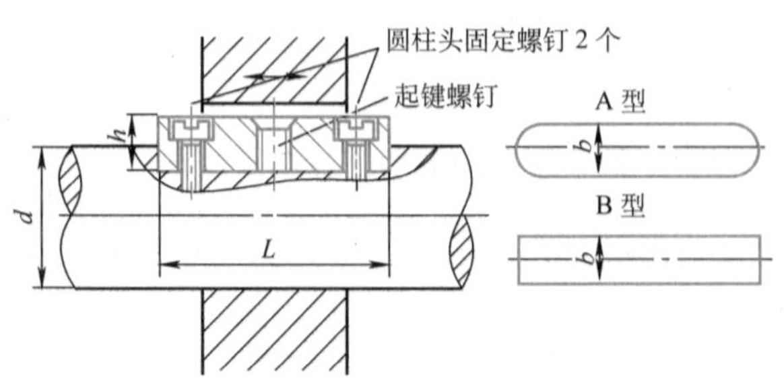

图 9-37　导向平键

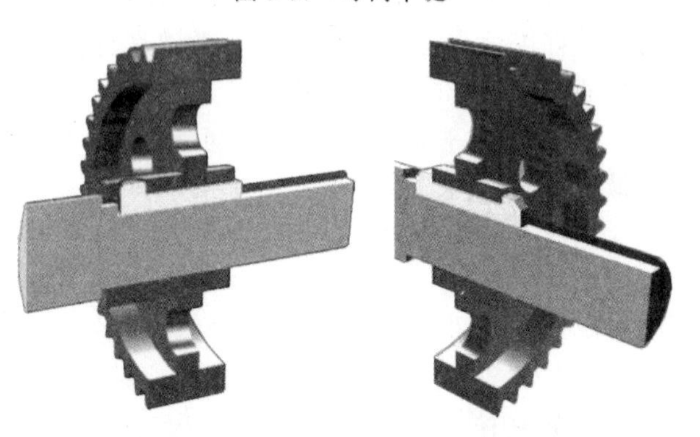

图 9-38　滑键

2. 半圆键联接

图 9-39 所示为半圆键联接。键槽呈半圆形，键能在键槽内自由摆动以适应轴线偏转引起的位置变化。其缺点是键槽较深，对轴的强度削弱大，故一般多用于轻载或锥形结构的联接中。

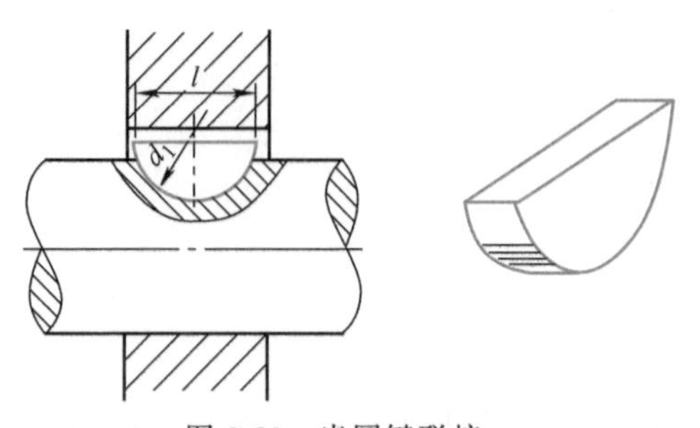

图 9-39　半圆键联接

9.3.2　紧键联接的类型、标准及应用

紧键联接有楔键和切向键联接两种。紧键联接的特点是：键的上、下两表面是工作面；装配时，将键楔紧在轴毂之间；工作时，靠键楔紧产生的摩擦力来传递转矩。

1. 楔键联接

图 9-40 所示为楔键联接的结构形式。楔键联接的对中性差，仅适用于要求不高、载荷平稳、速度较低的场合（如某些农业机械及建筑机械中）。楔键分为普通楔键（图 9-40a）及钩头楔键（图 9-40b）两种。为便于安装与拆卸，楔键最好用于轴端。使用钩头楔键时，拆卸较为方便，但应加装安全罩。

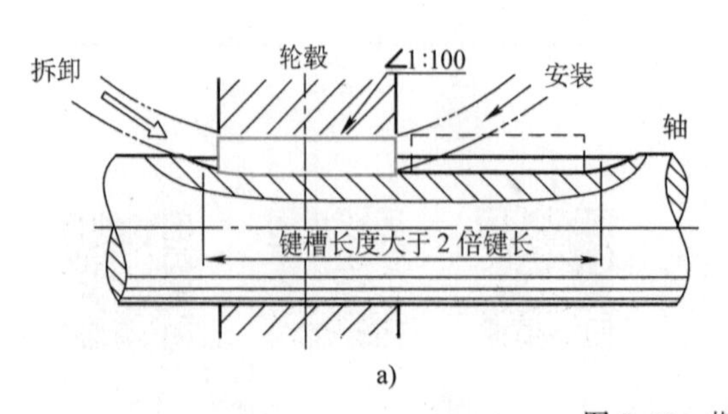

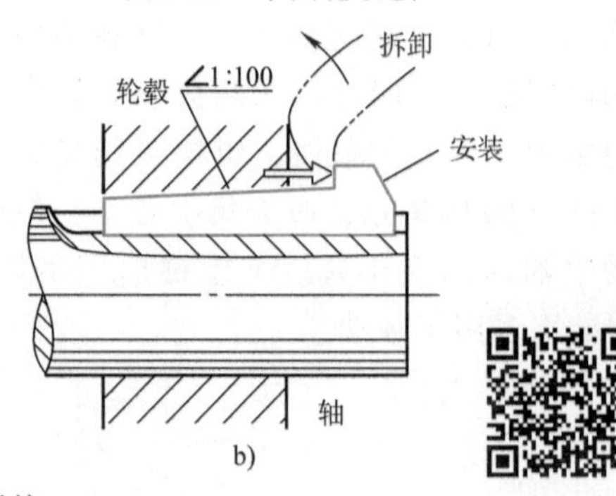

图 9-40　楔键联接
a）普通楔键　b）钩头楔键

2. 切向键联接

切向键联接如图9-41所示，由两个斜度为1∶100的楔键组成。装配时，把一对楔键分别从轮毂的两端打入，其斜面相互贴合，共同楔紧在轴毂之间。用一对切向键时，只能传递单向转矩；如要传递双向转矩，则要用两对切向键按120°～135°布置。切向键对轴削弱较大，故只适用于速度较小、对中性要求不高、轴径大于100mm的重型机械中。

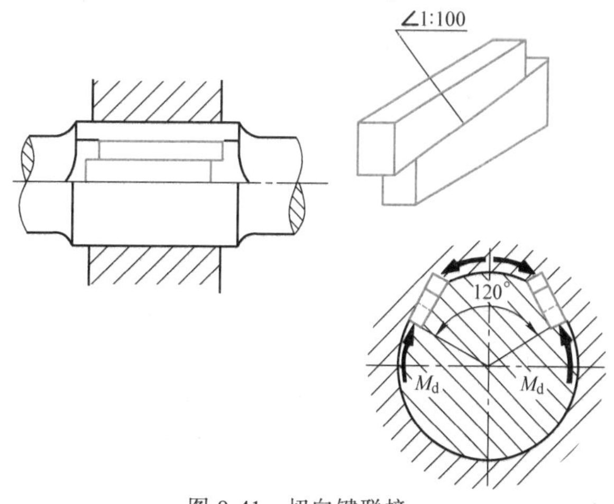

图9-41　切向键联接

9.4　花键联接

花键联接由周向均布多个键齿的花键轴与带有相应键槽的轮毂组成，如图9-42所示。与平键联接相比，由于键齿与轴一体，故花键联接的承载能力更高，定心性和导向性更好，对轴的削弱更小，因此适用于载荷较大和对定心精度要求较高的静联接和动联接，特别是在飞机、汽车、拖拉机、机床及农业机械中应用较广。其缺点是齿根仍有应力集中，加工需使用专用设备和量具、刃具，制造成本高。

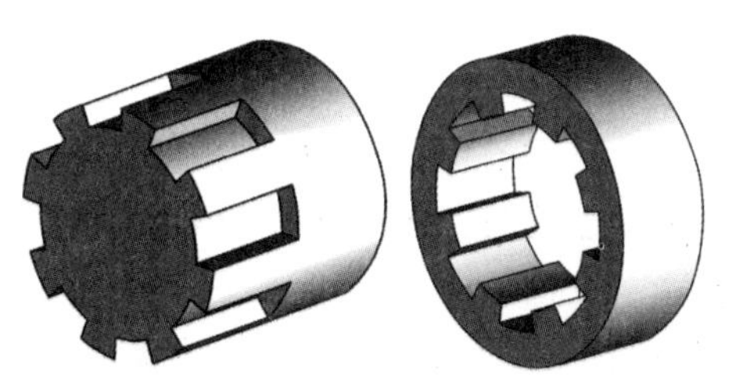

图9-42　花键联接

常用的花键联接根据其齿形的不同，可分为矩形花键联接和渐开线花键联接两种。

1. 矩形花键联接

如图9-43所示，矩形花键的齿侧边为直线，齿形简单，一般采用小径定心。这种定心方式的定心精度高、稳定性好，但花键轴和孔上的齿均需在热处理后磨削，以消除热处理变形。

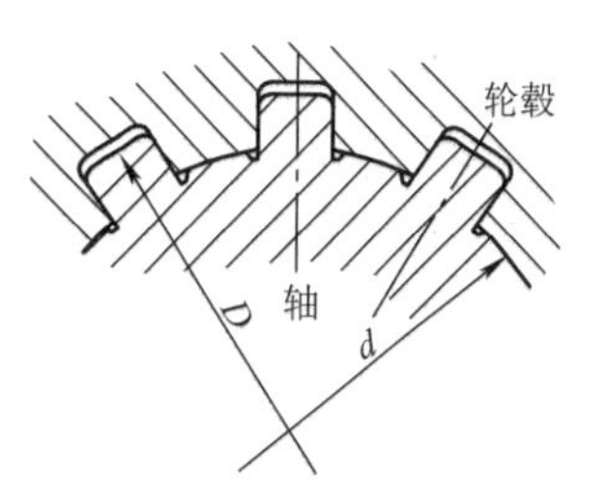

图9-43　矩形花键联接

2. 渐开线花键联接

如图9-44所示，渐开线花键的两侧齿形为渐开线，标准规定，渐开线花键的标准压力角有30°和45°两种。受载时，齿上有径向分力，能起自动定心作用，有利于各齿受力均匀，因此多采用齿形定心。渐开线花键可用加工齿轮的方法制造，工艺性好，易获得较高的精度和互换性，齿根

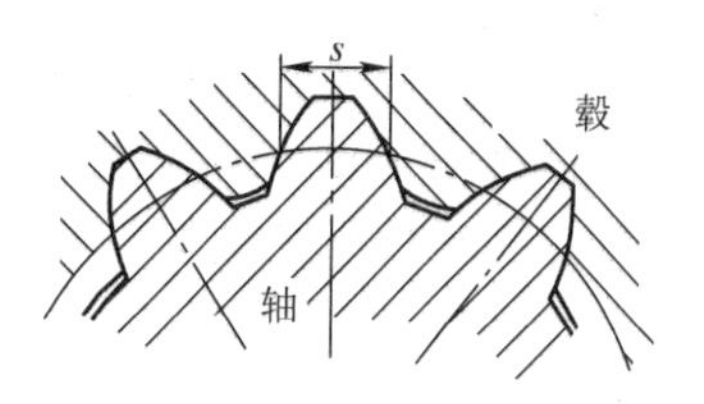

图9-44　渐开线花键联接

强度高，应力集中小，寿命长，因此常用于载荷较大、定心精度要求较高，以及尺寸较大的联接。

9.5 销联接

销联接主要用于固定零件之间的相对位置，如图 9-45a 所示，也可用于轴与轮毂的联接或其他零件的联接，以传递不大的载荷，如图 9-45b 所示。在安全装置中，销还常用作过载剪断元件，如图 9-45c 所示，称为安全销。

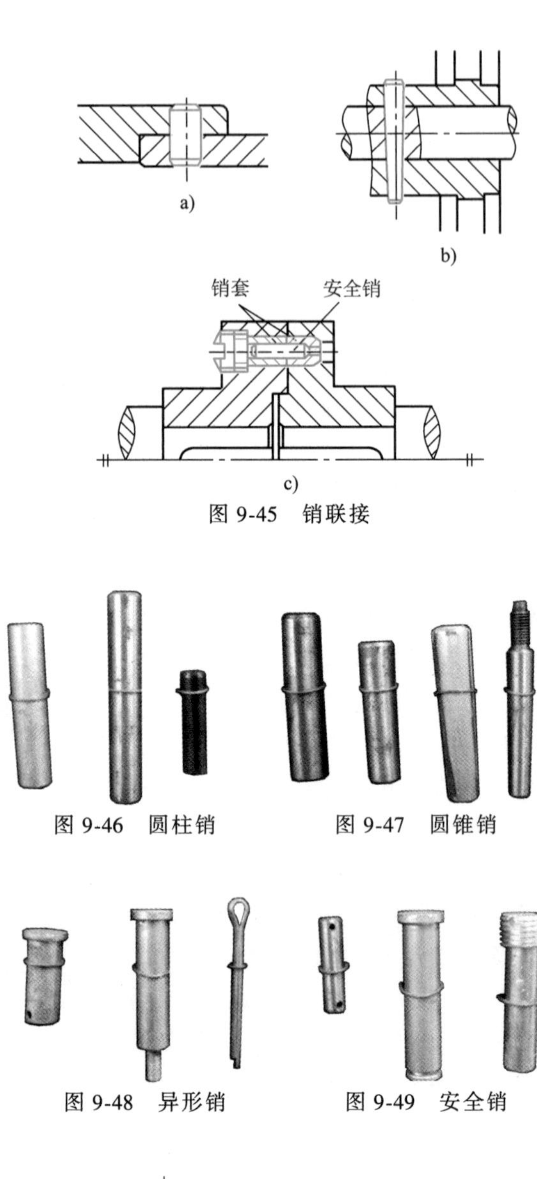

图 9-45 销联接

图 9-46 圆柱销

图 9-47 圆锥销

图 9-48 异形销

图 9-49 安全销

销按其外形可分为圆柱销（图 9-46）、圆锥销（图 9-47）及异形销（图 9-48）等，这些销都有国家标准。与圆柱销、圆锥销相配的被联接件孔均需铰光和开通。对于圆柱销联接，因有微量过盈，故多次装拆后定位精度会降低。圆锥销联接的销和孔均制有 1：50 的锥度，装拆方便，多次装拆对定位精度影响较小，故可用于需经常装拆的场合。特殊结构形式的销统称为异形销。安全销如图 9-49 所示。

9.6 其他联接简介

除了上述介绍的几种联接外，工程机械和生活实践中还经常用到其他一些联接，如铆接、焊接、胶接、过盈配合以及快拆联接等。

1. 铆接

如图 9-50 所示，铆接是将铆钉穿入被联接件的铆钉孔中，用锤击或压力机压缩铆合而成的一种不可拆联接。

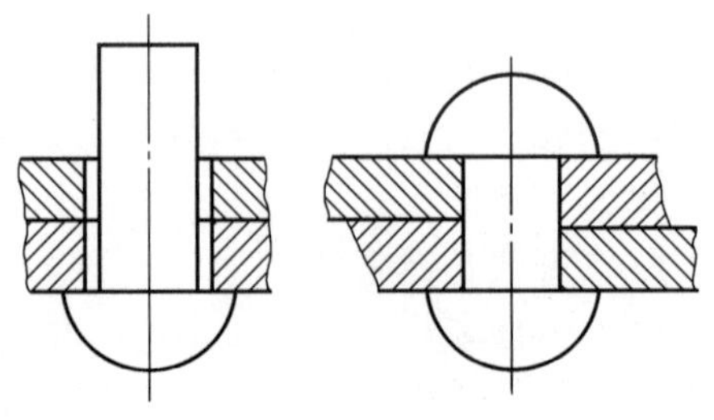
图 9-50 铆钉联接

铆接具有工艺设备简单、抗振、耐冲击和牢固可靠等优点，但结构笨重，被联接件的强度受到较大的削弱，且铆接时有剧烈的噪声。目前除桥梁、飞机制造等工业部门采用铆接外，其应用已逐渐减少，并被焊接、胶接所代替。

2. 焊接

焊接是利用局部加热的方法将被联接件联接成一体的一种不可拆联接，如图 9-51 所示。

在机械工业中，常用的焊接方法有属于熔融焊的气焊和电焊。电焊又分为电弧焊和接触焊两大类，其中电弧焊操作简单，联接质量好，应用最广。

焊接结构件可以全部用轧制的板、型材、管材焊成，也可以用轧材、铸件、锻件拼焊而成，同一组件又可以用不同材质或按工作需要在不同部位选用不同强度和不同性能的材料拼组而成。

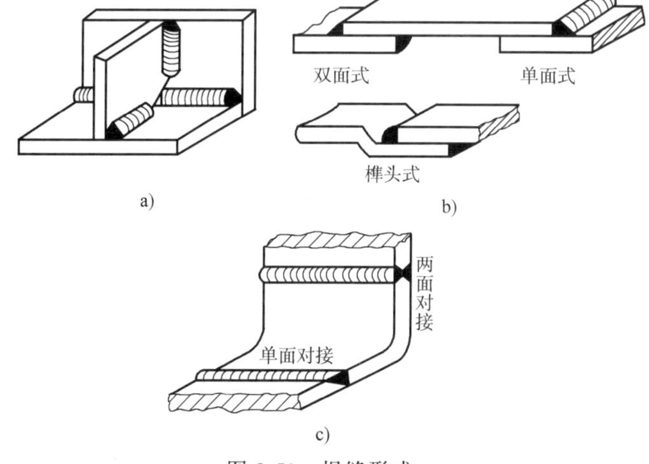

图 9-51 焊缝形式

a）正接填角焊缝 b）搭接焊缝 c）对接焊缝

小提示：通过学习比较，弄清铆接和焊接的区别和应用场合。

3. 胶接

胶接是利用胶粘剂在一定条件下把预制的元件联接在一起，并具有一定的联接强度。它也是使用时间较长的一种不可拆联接，其应用实例如图 9-52 所示。

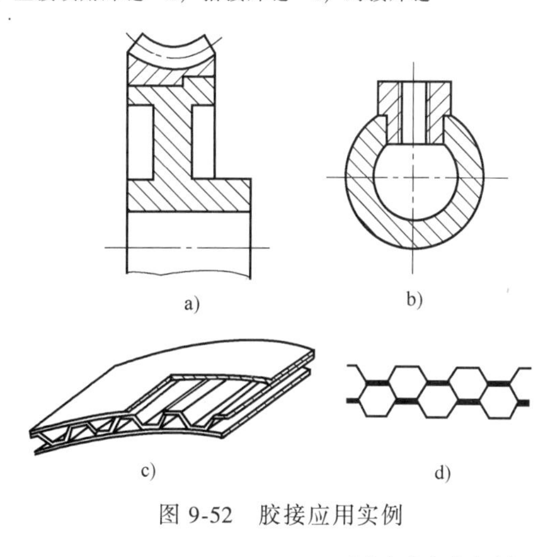

图 9-52 胶接应用实例

4. 过盈配合联接

过盈配合联接是利用两个被联接件间的过盈配合来实现的联接。图 9-53 所示为两光滑圆柱面的过盈配合联接，这种联接可做成可拆联接（过盈量较小），也可做成不可拆联接（过盈量较大）。这种联接结构简单，对中性好，对轴的削弱小，耐冲击性能强，但配合表面的加工精度要求较高，装配不方便。

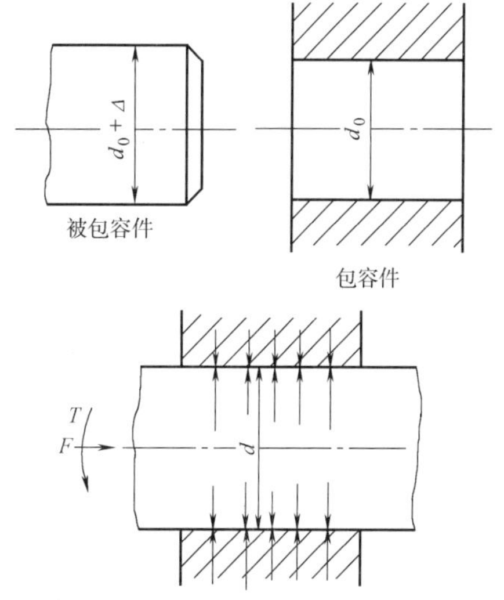

图 9-53 过盈联接

5. 快拆联接

图9-54所示为自行车车轮的快拆联接结构实物图。快拆结构（图9-54a）由偏心轮、拉杆和调节螺母几部分组成，车轮的轴为空心轴，拉杆从空心轴中穿过。图9-54a所示为快拆联接打开的状态，偏心轮转到偏心距在轴线上为最小距离的位置；图9-54b所示为快拆联接锁紧的状态，偏心轮转到偏心距在轴线上为最大距离的位置。

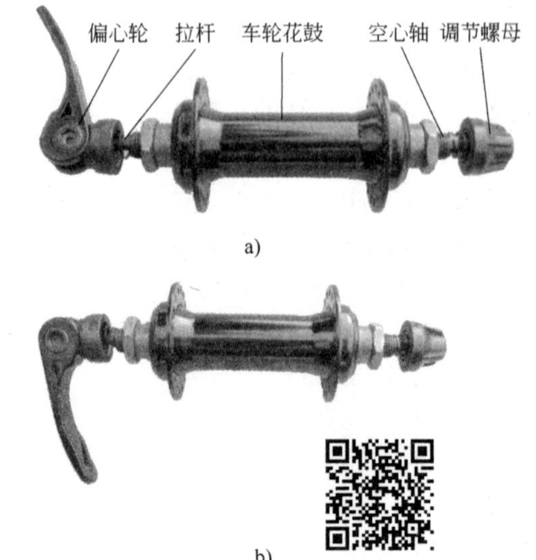

图9-54　车轮快拆结构

a）打开状态　b）锁紧状态

图9-55所示为自行车车座的快拆结构实物图，图9-56所示为快拆结构的组成，由偏心轮、拉杆、锁紧环和调节螺母组成，夹持原理也是利用改变拉杆的轴向距离调整锁紧环张口的收缩来夹紧座杆以相对固定车座的高度，锁紧环收缩的程度可由调节螺母来调整。调节车座高低时，向外扳动偏心轮，锁紧环松开，将车座调整至合适高度后，把偏心轮向内扳动，锁紧环收缩，座杆被锁紧，车座相对位置固定。

快拆联接的特点是结构简单、拆装方便、联接可靠，除用于自行车的联接外，在工程设备上也经常用到，如车床上的夹具等。

图9-55　车座快拆结构实物图

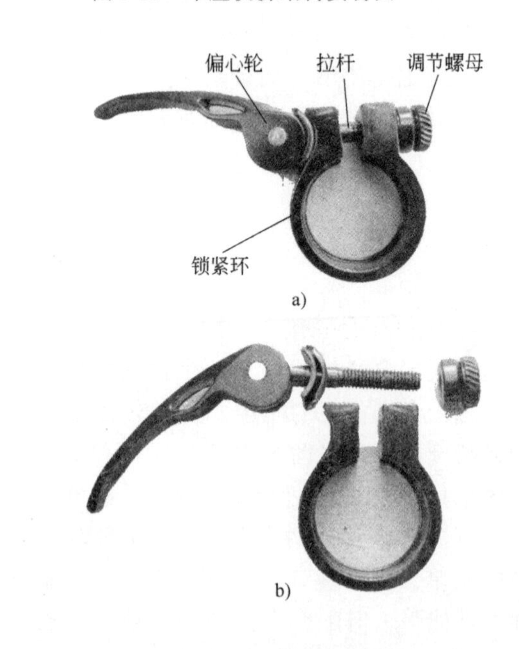

图9-56　车座快拆结构

实例分析

实例一　螺纹联接中扳手的正确使用。

扳手是用来旋紧六角形、正方形螺钉和各种螺母的工具，常用工具钢、合金钢制成。它的开口处要求光整、耐磨。扳手可分为活扳手、专用扳手和特殊扳手等。活扳手是常用的工具，正确的使用方法如图9-57所示。

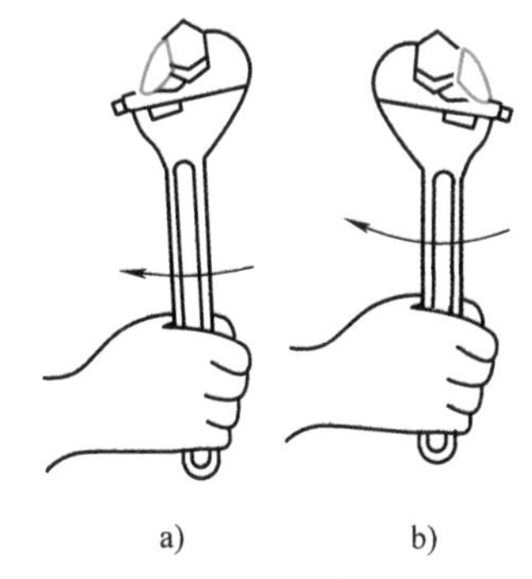

图9-57　活扳手使用方法

a）正确　b）不正确

实例二　双头螺柱的装配。

由于双头螺柱没有头部，无法将双头螺柱旋入被联接的螺纹孔内并紧固，常采用螺母对顶或通过长螺母、止动螺钉与双头螺柱对顶的方法来装配双头螺柱。

图9-58所示为用双螺母对顶装配双头螺柱。方法是先将两个螺母相互锁紧在双头螺柱上，然后用扳手固定下面一个螺母，同时扳动上面一个螺母，把双头螺柱拧入螺孔中紧固。

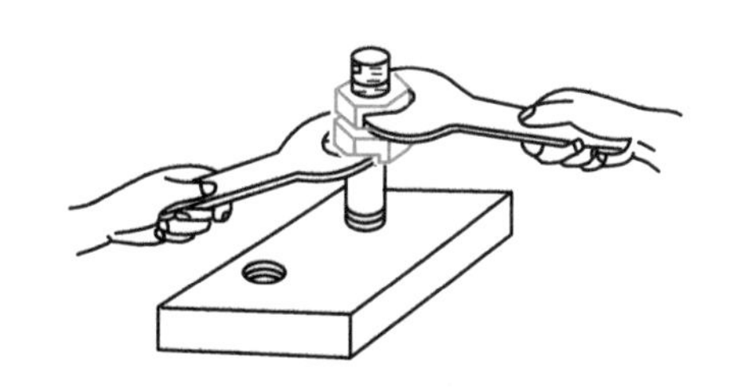

图9-58　双头螺柱的拧入法1

图9-59所示为通过长螺母和止动螺钉对顶装配双头螺柱，原理是用止动螺钉来阻止长螺母和双头螺柱之间的相对运动。装配时先将长螺母拧到双头螺柱的上部螺纹处，然后拧入止动螺钉顶到螺柱上表面，再扳动长螺母，双头螺柱即可拧入螺孔中。松开螺母时，应先使止动螺钉回松，即可拧下长螺母。

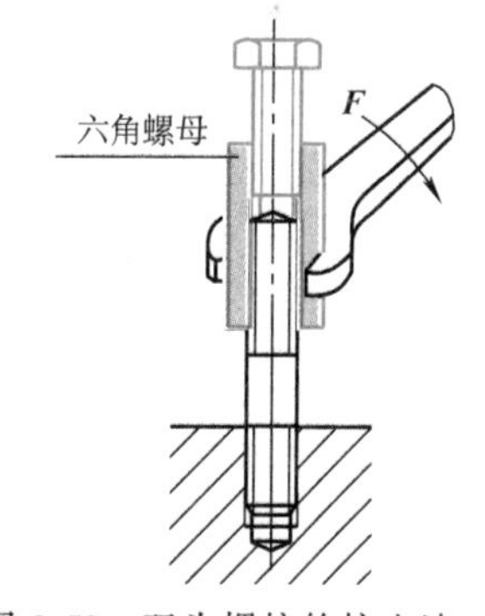

图9-59　双头螺柱的拧入法2

实例三　对顶螺母的拧紧

如图9-60所示，采用对顶螺母防松时，正确的操作步骤如下：

1）当下一个螺母拧紧后，上一个螺母拧入并刚接触下一个螺母即可。

2）用两个扳手分别卡住上、下螺母。一般左手持扳手卡住下一个螺母保持不动，右手持扳手卡住上一个螺母往拧紧方向转，直到转不动为止，即可达到对顶螺母防松的作用。

如果将两个螺母都向拧紧方向使劲拧紧，

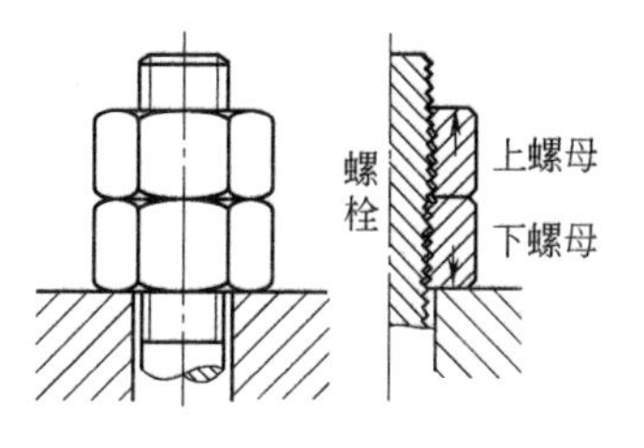

图9-60　对顶螺母的拧紧方法

则其结果如同一个加厚螺母拧紧一样，不起防松作用。

实例四 螺栓组的布置应遵循的原则。

1）螺栓组的布置应力求对称、均匀。通常将接合面设计成轴对称的简单几何形状，如图9-61所示，以便于加工，并应使螺栓组的对称中心与接合面的形心重合，以保证接合面受力比较均匀。

2）螺栓数目应取为2、3、4、6等易于分度的数目，以便加工，如图9-61所示。

3）同一组螺栓应采用同一种材料和相同的公称尺寸。

4）对承受弯矩或转矩的螺栓组联接，应尽量将螺栓布置在靠近接合面的边缘，以便充分和均衡地利用各个螺栓的承载能力，如图9-61所示。

5）拧紧螺栓组时，为使紧固件的配合面上受力均匀，应按一定的顺序来拧紧，如图9-61b中所标数字顺序，而且每个螺栓或螺母不能一次拧紧，应按顺序分2~3次才全部拧紧。拆卸时和拧紧时的顺序相反。

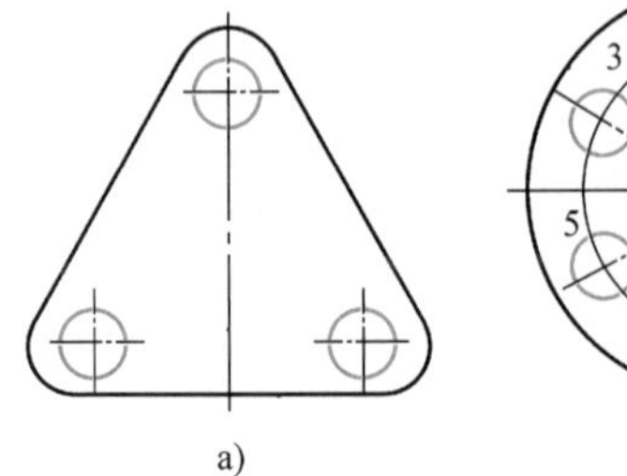
a)

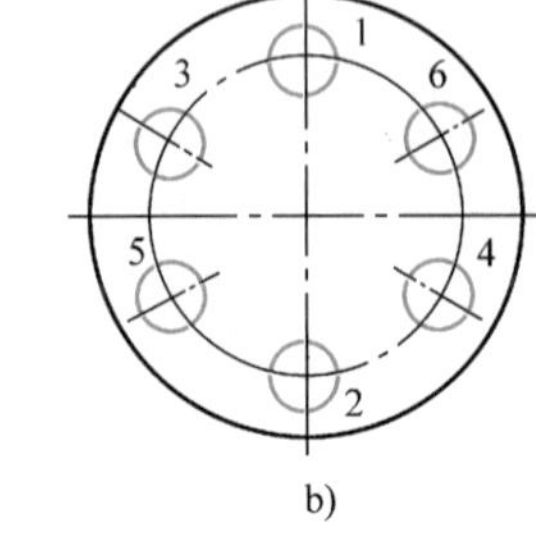

b)

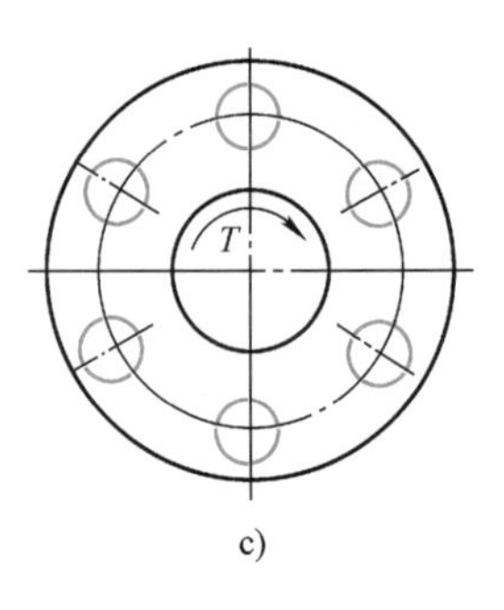

c)

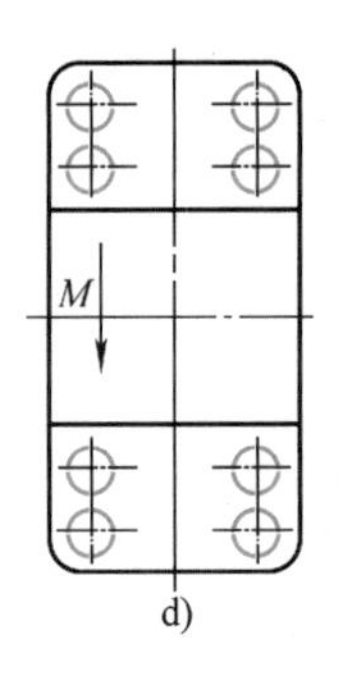

d)

图9-61 螺栓组的布置

知识小结

- 1. 螺纹基础知识
  - 螺旋线的旋向分
    - 右旋
    - 左旋
  - 螺旋线的线数分
    - 单线
    - 双线
    - 多线
  - 螺旋线所在面分
    - 外螺纹
    - 内螺纹
  - 螺纹的主要参数
    - 大径、小径、中径、螺距、导程、螺纹升角、牙型角
  - 常用的螺纹
    - 三角形螺纹
    - 矩形螺纹
    - 梯形螺纹
    - 锯齿形螺纹
    - 管螺纹
  - 螺纹的代号

2. 螺纹联接
    - 螺纹联接的主要类型
        - 螺栓联接
        - 双头螺柱联接
        - 螺钉联接
        - 紧定螺钉联接
    - 常用螺纹联接件
        - 螺栓、双头螺柱、螺钉、
        - 紧定螺钉、螺母、垫圈
    - 螺纹联接的预紧和防松
        - 预紧
            - 测力矩扳手
            - 预置式扭力扳手
        - 防松
            - 对顶螺母、弹簧垫圈、开口销与六角
            - 开槽螺母、圆螺母与止动垫圈
            - 止动垫圈、串联钢丝、冲点、粘结剂
    - 螺栓组联接的结构设计

3. 键联接
    - 松键联接的类型、标准及应用
        - 平键联接
            - 普通平键
                - 圆头（A 型）
                - 平头（B 型）
                - 单圆头（C 型）
            - 导向平键
            - 滑键
        - 半圆键联接
    - 紧键联接的类型、标准及应用
        - 楔键联接
            - 普通楔键
            - 钩头楔键
        - 切向键联接

4. 花键联接
    - 矩形花键
    - 渐开线花键

5. 销联接
    - 圆柱销
    - 圆锥销
    - 异形销
    - 安全销

6. 其他联接
    - 铆接
    - 焊接
    - 胶接
    - 过盈配合联接
    - 快拆联接

习　题

一、判断题（认为正确的，在括号内打✓，反之打×）

1. 三角形螺纹的牙型角是 60°。　（　　）
2. M24×1.5 表示公称直径为 24mm、螺距为 1.5mm 的粗牙普通螺纹。　（　　）

3. 公称直径相同的粗牙普通螺纹的强度高于细牙普通螺纹。（　）
4. 工程实践中螺纹联接多采用自锁性好的三角形粗牙螺纹。（　）
5. 螺纹联接中的预紧力越大越好。（　）
6. 螺纹的导程 P_h 与螺距 P、线数 n 的关系为：$P_h = np$。（　）
7. 双头螺柱联接用于被联接件之一太厚而不便于加工通孔，并需经常拆装的场合。
（　）
8. 螺钉联接用于被联接件之一太厚而不便于加工通孔，且不需经常拆装的场合。
（　）
9. 对于重要的联接可以采用直径小于16mm的螺栓联接。（　）
10. 对顶螺母和弹簧垫圈都属于机械防松。（　）
11. 键联接的主要用途是使轴与轮毂之间有确定的相对位置。（　）
12. 平键联接的对中性好、结构简单、装拆方便，故应用最广。（　）
13. 楔键联接的对中性差，仅适用于要求不高、载荷平稳、速度较低的场合。（　）
14. 平键中，导向键联接适用于轮毂滑移距离不大的场合，滑键联接适用于轮毂滑移距离较大的场合。（　）
15. 导向平键联接属于移动副。（　）
16. 切向键对轴削弱较大，故只适用于速度较小、对中性要求不高，且较大轴径的重型机械中。（　）
17. 由于花键联接较平键联接的承载能力高，因此花键联接主要用于载荷较大和对定心精度要求较高的场合。（　）
18. 花键联接除用于静联接外，还可用于动联接。（　）
19. 销的主要功用是用作零件之间的相对位置的固定。（　）
20. 销联接主要用于固定零件之间的相对位置，有时还可做防止过载的安全销。
（　）

二、选择题（将正确答案的字母序号填写在横线上）

1. 螺纹的公称直径是________。
A. 小径　　B. 中径　　C. 大径
2. 相邻两螺纹牙对应点在中径线上的轴向距离称为________。
A. 螺距　　B. 导程　　C. 线数
3. 同一条螺旋线上的相邻两螺纹牙对应点在中径线上的轴向距离称为________。
A. 螺距　　B. 导程　　C. 线数
4. 联接螺纹多用________螺纹。
A. 梯形　　B. 三角形　　C. 矩形
5. 下列三种螺纹中，自锁性能好的是________螺纹。
A. 梯形　　B. 三角形　　C. 矩形
6. 当两个被联接件之一太厚，不宜制成通孔，且联接需要经常拆装时，适宜采用________联接。
A. 螺栓　　B. 双头螺柱　　C. 螺钉
7. 当两个被联接件之一太厚，不宜制成通孔，且联接不需要经常拆装时，适宜采用

________联接。

A. 螺栓　　　　B. 双头螺柱　　　　C. 螺钉

8. 在螺纹联接常用的防松方法中，当承受较大冲击或振动载荷时，应选用________防松。

A. 对顶螺母　　　　B. 弹簧垫圈　　　　C. 开口销与六角开槽螺母

9. 采用凸台或沉孔支座作为螺栓或螺母的支承面，是为了________。

A. 降低成本　　　　B. 避免螺栓受弯曲应力　　　　C. 便于放置垫圈

10. 在同一组螺栓联接中，螺栓的材料、直径、长度均应相同，是为了________。

A. 造型美观　　　　B. 便于加工和装配　　　　C. 受力合理

11. 齿轮减速器的箱体与箱盖用螺纹联接，箱体被联接处的厚度不太大，且经常拆装，一般选用________。

A. 螺栓联接　　　　B. 螺钉联接　　　　C. 双头螺柱联接

12. 螺纹联接预紧的目的是________。

A. 增强联接的强度　　　　B. 防止联接自行松动　　　　C. 保证联接的可靠性和密封性

13. 下列几种螺纹联接中，________更适用于承受冲击、振动和变载荷。

A. 普通粗牙螺纹　　　　B. 普通细牙螺纹　　　　C. 梯形螺纹

14. 普通平键联接的工作特点是________。

A. 键的两侧面是工作面　　　　B. 键的上、下两表面是工作面

C. 上述均为工作面

15. 普通平键联接的应用特点是________。

A. 能实现轴上零件的轴向定位

B. 依靠侧面工作，对中性好，装拆方便

C. 能传递轴向力

16. 平键联接主要用于传递________的场合。

A. 轴向力　　　　B. 横向力　　　　C. 转矩

17. 在轴的端部加工 C 型键槽，一般采用________的方法。

A. 用盘铣刀铣制　　　　B. 在插床上用插刀加工　　　　C. 用面铣刀铣制

18. 锥形轴与轮毂的键联接宜用________。

A. 平键联接　　　　B. 半圆键联接　　　　C. 楔键联接

19. 可以承受不大的单方向的轴向力，上、下面是工作面的联接是________。

A. 平键联接　　　　B. 楔键联接　　　　C. 切向键联接

20. 结构简单，承载不大，但要求同时对轴向与周向都固定的联接应采用________。

A. 平键联接　　　　B. 花键联接　　　　C. 销联接

第10章 支承零部件

学习目标

了解轴的分类、材料、结构和应用，了解轴上零件的定位和固定；熟悉滚动轴承的类型、特点、代号和应用；了解滑动轴承的特点、主要结构和应用；了解联轴器、离合器的功用、类型、特点和应用。

引　言

图 10-1　齿轮减速器

日常生活和工业生产实践的设备中有很多轴，可以说有转动的部位就有轴，有轴的部位就有轴承。图 10-1 所示为一齿轮减速器的外形图。图 10-2 所示为轴的典型结构，减速器的低速轴（阶梯轴）上的轴段③、轴段⑦安装有轴承，用来支持轴的旋转。日常生活中的自行车的前轮轴、后轮轴、中轴等处安装的滚动装置就是滚动轴承。

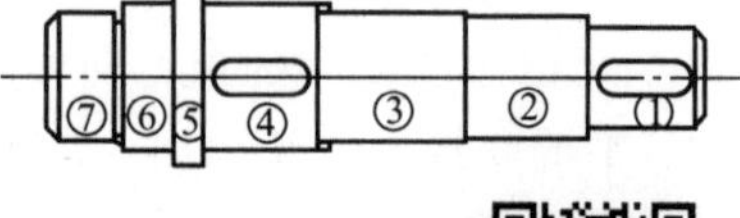

图 10-2　轴的典型结构

常用的工作机械多由原动装置、传动装置和执行装置等组成，每种装置之间需要互相连接起来。联轴器就是用来连接这些装置的重要零件，如图 10-3 所示。

本章将介绍支承零部件的类型、代号、材料、应用场合及选择。

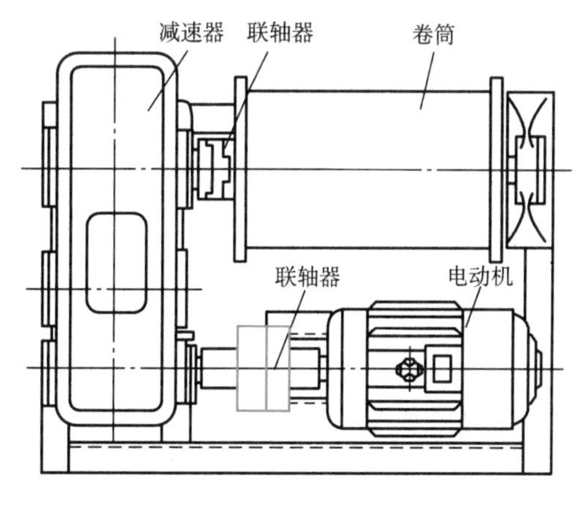

图 10-3　卷扬机

学习内容

10.1　轴的分类及应用

轴是直接支承传动零件（如齿轮、带轮、链轮等）以传递运动和动力的重要零件。

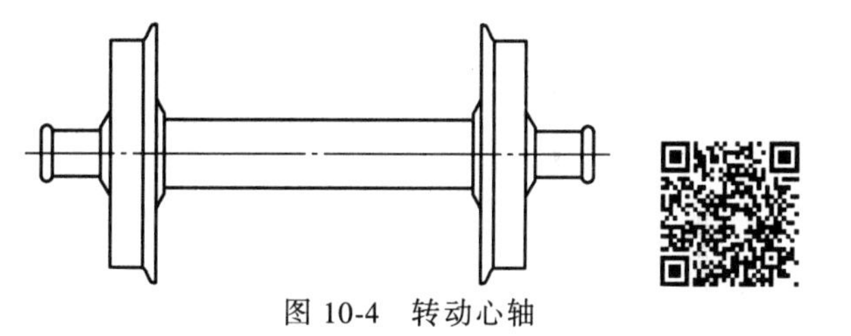

图 10-4　转动心轴

10.1.1　按所受载荷分类

按轴所受载荷，可分为心轴、传动轴和转轴三类。

（1）心轴　主要承受弯矩的轴称为心轴。若心轴工作时是转动的，则称为转动心轴，例如机车轮轴，如图 10-4 所示。

若心轴工作时不转动，则称为固定心轴，例如自行车前轮轴，如图 10-5 所示。

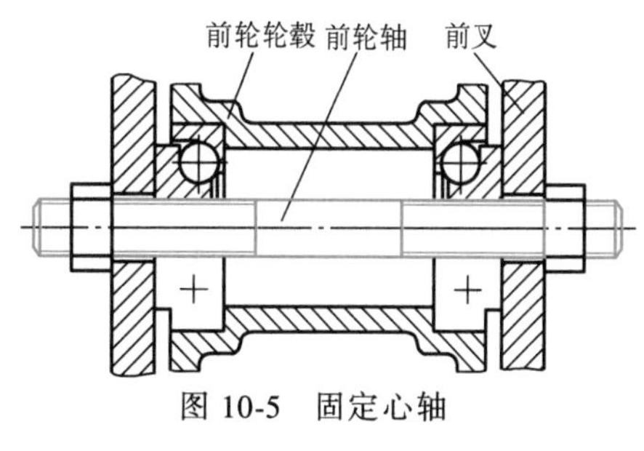

图 10-5　固定心轴

图 10-6　传动轴

（2）传动轴　主要承受转矩的轴称为传动轴。图 10-6 所示为汽车从变速器到后桥的传动轴。

（3）转轴　图10-7所示为单级圆柱齿轮减速器中的转轴，该轴上两个轴承之间的轴段承受弯矩，联轴器与齿轮之间的轴段承受转矩，这种既承受弯矩又承受转矩的轴称为转轴。

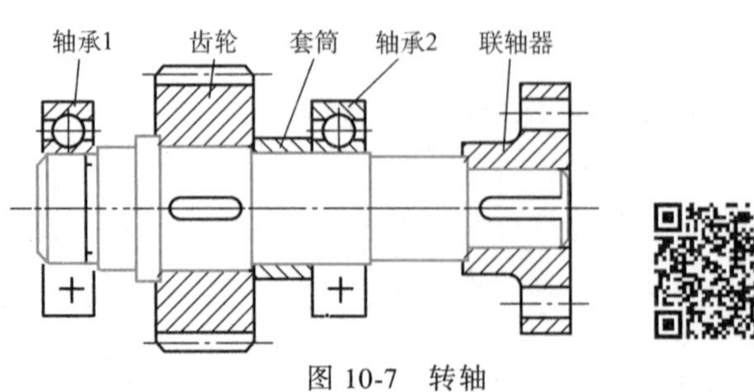

图10-7　转轴

10.1.2　按轴线的几何形状分类

按轴线的几何形状，轴可分为直轴（图10-5、图10-7）、曲轴和挠性轴三类。

图10-8　曲轴

曲轴（图10-8）常用于往复式机械（如曲柄压力机、内燃机）中，以实现运动的转换和动力的传递。

图10-9　挠性轴

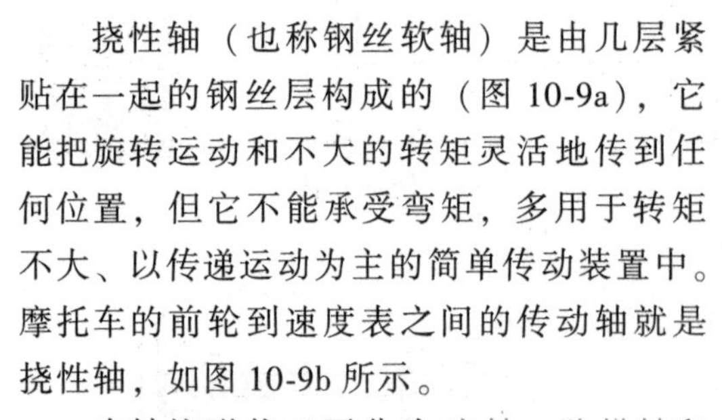

挠性轴（也称钢丝软轴）是由几层紧贴在一起的钢丝层构成的（图10-9a），它能把旋转运动和不大的转矩灵活地传到任何位置，但它不能承受弯矩，多用于转矩不大、以传递运动为主的简单传动装置中。摩托车的前轮到速度表之间的传动轴就是挠性轴，如图10-9b所示。

直轴按形状又可分为光轴、阶梯轴和空心轴三类。

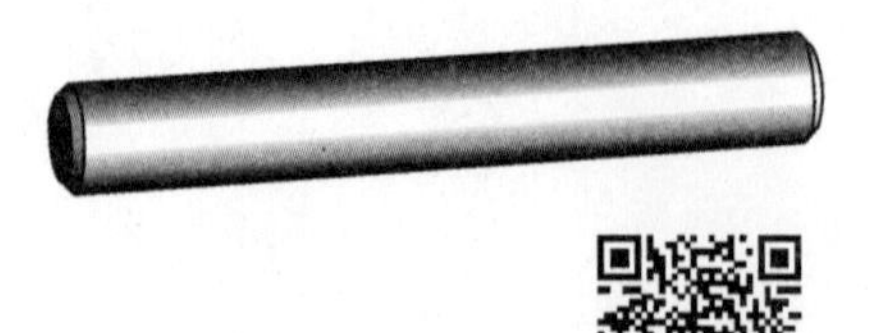

图10-10　光轴

（1）光轴　光轴的各截面直径相同。它加工方便，但零件不易定位，如图10-10所示。

（2）阶梯轴　轴上零件容易定位，便于装拆，一般机械中常用，如图 10-11 所示。

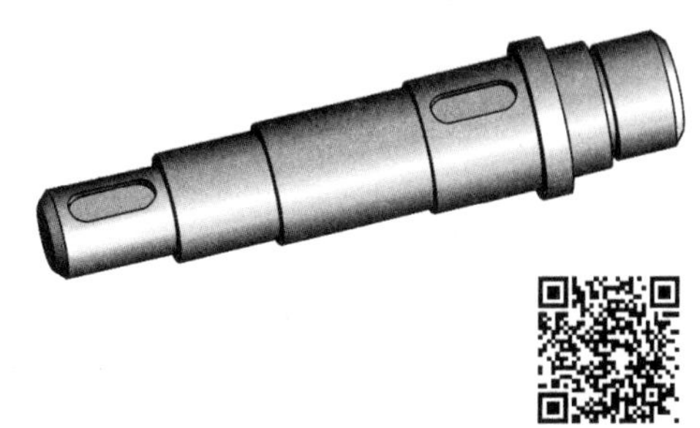

图 10-11　阶梯轴

（3）空心轴　图 10-12 所示为空心轴。它可以减轻质量、增加刚度，还可以利用轴的空心来输送润滑油、切削液，且便于放置待加工的棒料。车床主轴就是典型的空心轴。

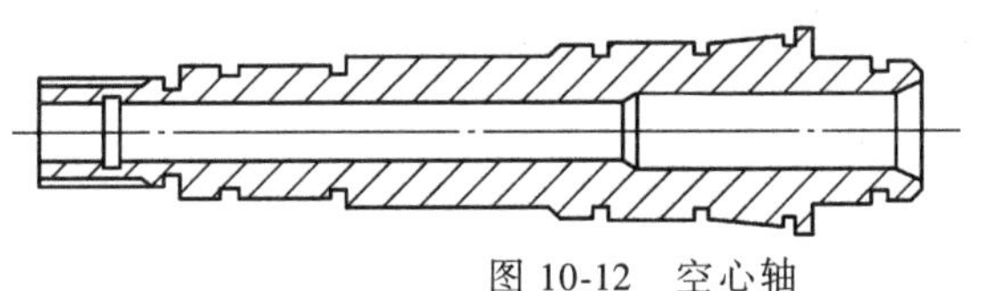

图 10-12　空心轴

10.2　轴的材料及其选择

轴的材料是决定承载能力的重要因素。轴的材料除应具有足够的强度外，还应具备足够的塑性、冲击韧度、耐磨性和耐蚀性；对应力集中的敏感性较小；具有良好的工艺性和经济性；能通过不同的热处理方式提高轴的疲劳强度。

轴的材料主要采用碳素钢和合金钢。碳素钢比合金钢价廉，对应力集中的敏感性小，并可通过热处理提高疲劳强度和耐磨性，故应用较广泛。常用的碳素钢为优质碳素钢，为保证轴的力学性能，一般应对其进行调质或正火处理。不重要的轴或受载荷较小的轴，也可用 Q235 等普通碳素钢。

合金钢比碳素钢的强度高，热处理性能好，但对应力集中的敏感性强，价格也较贵，主要用于对强度或耐磨性要求较高，以及处于高温或腐蚀等条件下工作的轴。

高强度铸铁和球墨铸铁有良好的工艺性，并具有价廉、吸振性和耐磨性好，以及对应力集中敏感性小等优点，适用于制造结构形状复杂的轴（如曲轴、凸轮轴等）。

轴的毛坯选择：当轴的直径较小而又不太重要时，可采用轧制圆钢；重要的轴应当采用锻造坯件；对于大型的低速轴，也可采用铸件。

轴的常用材料及其主要力学性能见表 10-1。

表 10-1　轴的常用材料及其主要力学性能

材料牌号	热处理方法	毛坯直径/mm	硬度 HBW	抗拉强度 R_m/MPa	屈服强度 R_{eL}/MPa	弯曲疲劳极限 R_{-1}/MPa	扭转疲劳极限 τ_{-1}/MPa	许用弯曲应力/MPa		
				不小于				$[\sigma_{+1}]_{bb}$	$[\sigma_0]_{bb}$	$[\sigma_{-1}]_{bb}$
Q235A	热轧或锻后空冷	≤100		400~420	225	170	105	125	70	40
		100~250		375~390	215					
35	正火	≤100	149~187	510	265	240	120	165	75	45
45	正火	≤100	170~217	590	295	255	140	195	95	55
	调质	≤200	217~255	640	355	275	155	215	100	60

（续）

材料牌号	热处理方法	毛坯直径/mm	硬度HBW	抗拉强度 R_m/MPa	屈服强度 R_{eH}/MPa	弯曲疲劳极限 R_{-1}/MPa	扭转疲劳极限 τ_{-1}/MPa	许用弯曲应力/MPa		
				不小于				$[\sigma_{+1}]_{bb}$	$[\sigma_0]_{bb}$	$[\sigma_{-1}]_{bb}$
40Cr	调质	≤100	241~286	735	540	355	200	245	120	70
		100~300	162~217	685	490	335	185			
35SiMn 42SiMn	调质	≤100	229~286	785	510	355	205	245	120	70
		100~300	219~269	735	440	335	185			
40MnB	调质	≤200	241~286	735	490	345	195	245	120	70

10.3 轴的结构分析

轴的结构一般应满足如下要求：

1）为节省材料、减轻质量，应尽量采用等强度外形和高刚度的剖面形状。

2）要便于轴上零件的定位、固定、装配、拆卸和位置调整。

3）轴上安装有标准零件（如轴承、联轴器、密封圈等）时，轴的直径要符合相应的标准或规范。

4）轴上结构要有利于减小应力集中以提高疲劳强度。

5）应具有良好的加工工艺性。多数情况采用阶梯轴，因为它既接近于等强度，加工也不复杂，且有利于轴上零件的装拆、定位和固定。

图10-13所示为阶梯轴的典型结构。轴上安装轮毂部分的轴段称为轴头（图10-13的①、④段），安装轴承的轴段称为轴颈（图10-13的③、⑦段），连接轴头和轴颈部分的轴段称为轴身（图10-13的②、⑤、⑥段）。

结构分析主要是看轴上零件的定位和固定方式，①、④轴段上联轴器和齿轮是靠②与⑤形成的轴肩来定位的。左端的轴承是靠⑥轴段的轴肩来定位的，右端的轴承是靠套筒来定位的。齿轮和联轴器靠键和轴实现圆周方向的固定。

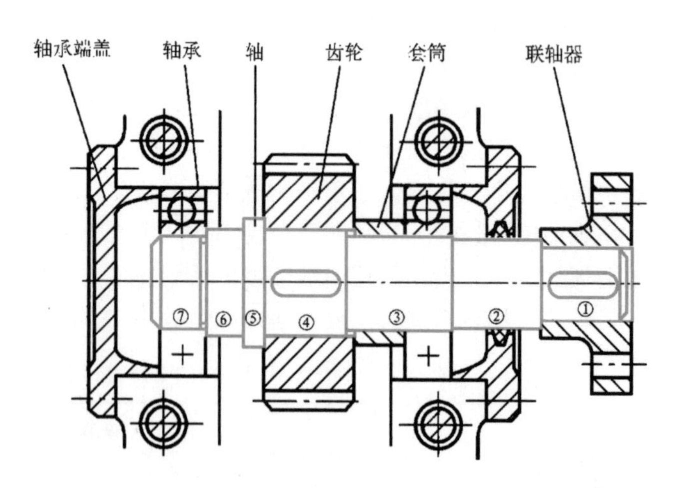

图10-13 阶梯轴的典型结构

10.3.1 轴上零件的定位和固定

选择轴的结构时，主要考虑下述几个方面：

（1）轴上零件的周向固定 轴上零件必须可靠地周向固定，才能传递运动与动力。周向固定可采用键、花键、销等方式。其结构可参考第 9 章的相关内容。

（2）轴上零件的轴向固定 轴上零件的轴向位置必须固定，以承受轴向力或不产生轴向移动。轴向定位和固定主要有两类方法：一是利用轴本身的结构，如轴肩、轴环、锥面等；二是采用附件，如套筒、圆螺母、弹性挡圈、轴端挡圈、紧定螺钉、楔键和销等，详见表 10-2。

表 10-2 轴上零件的轴向固定方法

固定方式	结构图形	应用说明
轴肩或轴环	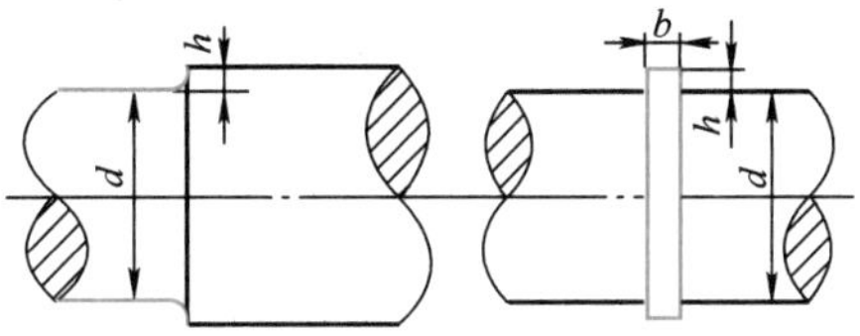 h　b　h　d　d	固定可靠，承受轴向力大
套筒	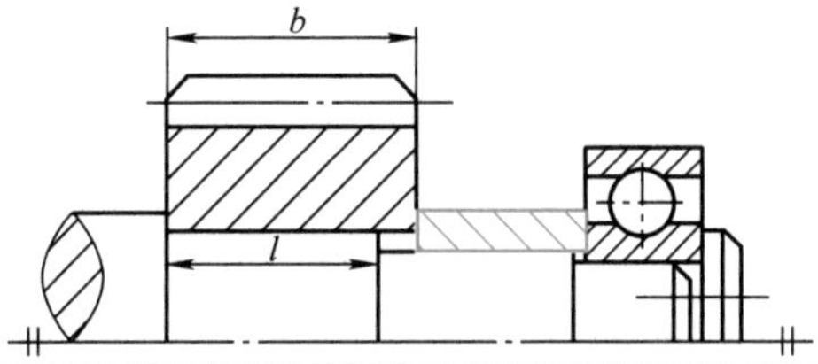 b　l	固定可靠，承受轴向力大，多用于轴上相邻两零件相距不远的场合，为了定位可靠，应使齿轮轮毂宽 b 大于相配轴段的长度 l，一般取 $b-l=2\sim3$mm。
锥面	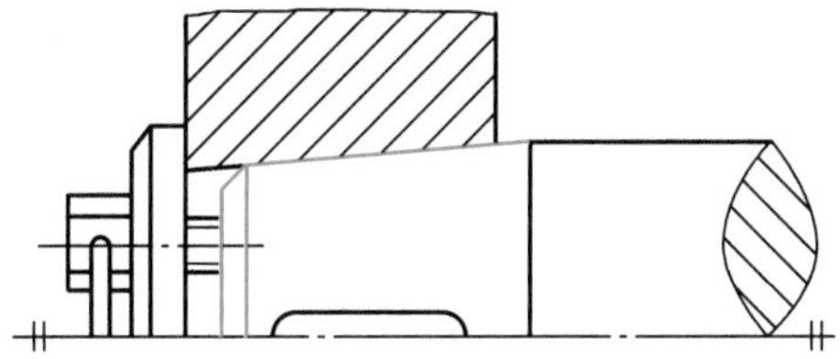	对中性好，常用于调整轴端零件位置或需经常拆卸的场合
圆螺母与止动垫圈	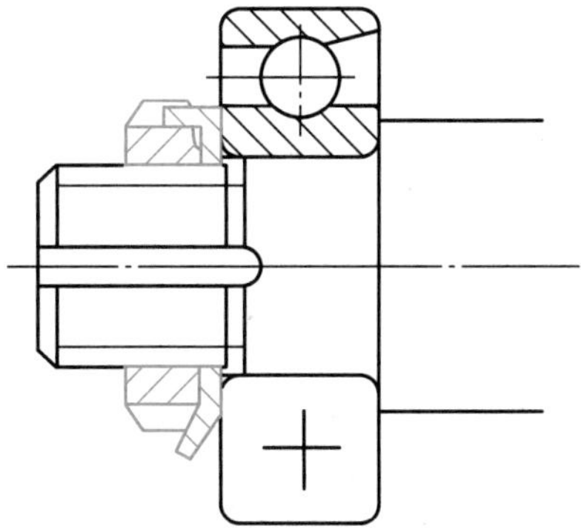	常用于零件与轴承之间距离较大，轴上允许车制螺纹的场合
双圆螺母	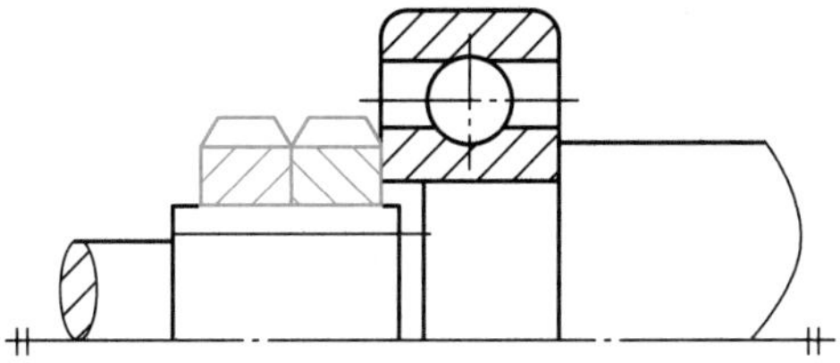	可以承受较大的轴向力，螺纹对轴的强度削弱较大，应力集中严重

（续）

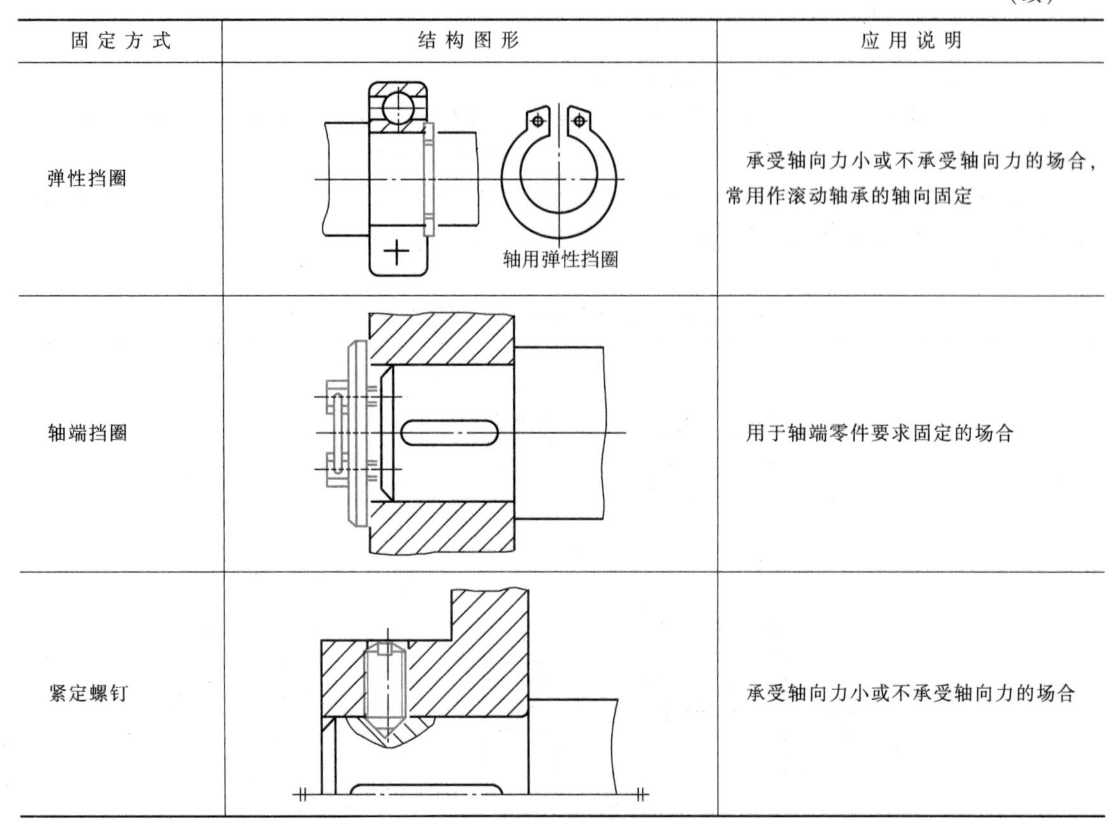

固 定 方 式	结 构 图 形	应 用 说 明
弹性挡圈		承受轴向力小或不承受轴向力的场合，常用作滚动轴承的轴向固定
轴端挡圈		用于轴端零件要求固定的场合
紧定螺钉		承受轴向力小或不承受轴向力的场合

（3）轴上零件的定位　轴上零件利用轴肩或轴环来定位是最方便而有效的办法，如图10-13所示的齿轮、联轴器左侧的定位。为了保证轴上零件紧靠定位面，轴肩或轴环处的圆角半径 r 必须小于零件轮毂孔的圆角 R 或倒角 $C1$（图10-14）。定位轴肩的高度 h 一般取（2~3）$C1$ 或 $h=(0.07\sim0.1)d$（d 为配合处的轴径）。轴环宽度 $b\approx1.4h$。

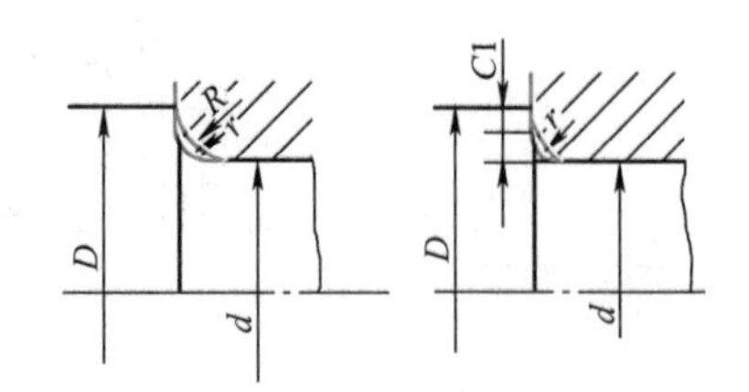

图10-14　定位轴肩的结构尺寸

10.3.2　轴的加工和装配工艺性

轴的形状应力求简单，阶梯级数尽可能少，键槽、圆角半径、倒角、中心孔等尺寸尽可能统一，以利于加工和检验；轴上需磨削的轴段应设计砂轮越程槽（图10-13中⑥和⑦的交界处）；车制螺纹的轴段应有退刀槽；当轴上有多处键槽时，应使各键槽位于同一圆轴素线上（图10-13）。为便于装配，轴端均应有倒角；阶梯轴常设计成两端小中间大，以便于零件从两端装拆；各零件装配应尽量不接触其他零件的配合表面；轴肩高度不应妨碍零件的拆卸。

10.4　滚动轴承

图 10-15　滚动轴承

10.4.1　轴承的功用和特点

轴承是机器中用来支承轴和轴上零件的重要部件。它能保证轴的回转精度，减少回转轴与支承间的摩擦和磨损。

按摩擦性质，轴承可分为滚动轴承（图 10-15）与滑动轴承（图 10-16）；按所受载荷方向的不同，又可分为承受径向载荷的向心轴承和承受轴向载荷的推力轴承。

图 10-16　滑动轴承

滚动轴承具有摩擦力矩小，易起动，载荷、转速及工作温度的适用范围较广，轴向尺寸小，润滑、维修方便等优点。滚动轴承已标准化，由专业工厂大批量生产，在机械中应用非常广泛。

10.4.2　滚动轴承的构造及类型

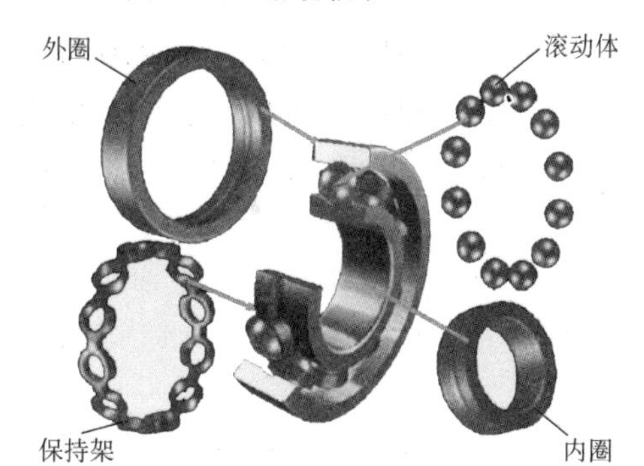

图 10-17　滚动轴承基本结构

如图 10-17 所示，滚动轴承一般由内圈、外圈、滚动体及保持架四部分组成。通常内圈用过盈配合与轴颈装配在一起，外圈则以较小的间隙配合装在轴承座孔内，内、外圈的一侧均有滚道，工作时，内、外圈做相对转动，滚动体可在滚道内滚动。为防止滚动体相互接触而增加摩擦，常用保持架将滚动体均匀地分开。滚动轴承的构造中，有的无外圈或无内圈，亦可无保持架，但不能没有滚动体。

滚动体的形状有球形、圆柱形、圆锥形、鼓形、滚针形等多种，如图 10-18 所示。

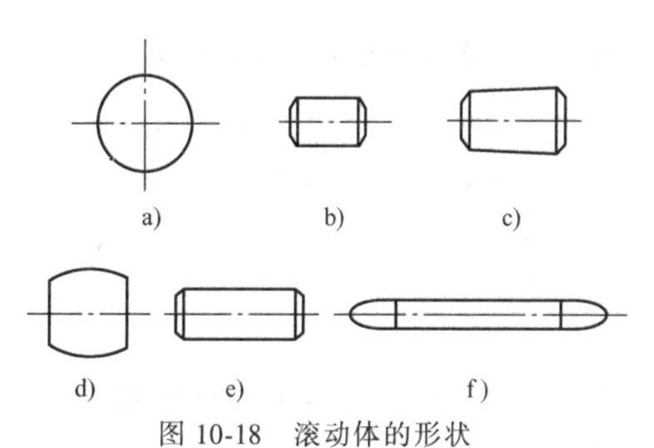

图 10-18　滚动体的形状

a）球形滚动体　b）圆柱滚子　c）圆锥滚子　d）鼓形滚子　e）长圆柱滚子　f）滚针

滚动轴承的内圈、外圈和滚动体均采用强度高、耐磨性好的铬锰高碳钢制造，常用材料有 GCr15、GCr15SiMn 等，淬火后硬度可达 60HRC 以上。保持架多用低碳钢或铜合金制造，也可采用塑料或其他材料。

滚动轴承的类型如下所述：

1）按滚动体形状，滚动轴承可分为球轴承和滚子轴承两大类。

2）按滚动轴承所承受载荷的方向不同，滚动轴承可分为以承受径向载荷为主的向心轴承和以承受轴向载荷为主的推力轴承两类。

3）接触角是滚动轴承的一个重要参数。如图 10-19 所示，轴承的径向平面（垂直于轴承轴心线的平面）与经轴承套圈传递给滚动体的合力作用线（一般为外圈滚道接触点的法线）的夹角为接触角，用 α 表示。接触角越大，轴承承受轴向载荷的能力也越大。按接触角分，公称接触角 $\alpha=0°$ 的称为径向接触向心轴承（如深沟球轴承、圆柱滚子轴承）；公称接触角 $0°<\alpha\leqslant 45°$ 的称为角接触向心轴承（如角接触球轴承、圆锥滚子轴承）；公称接触角 $\alpha=90°$ 的称为轴向推力轴承。

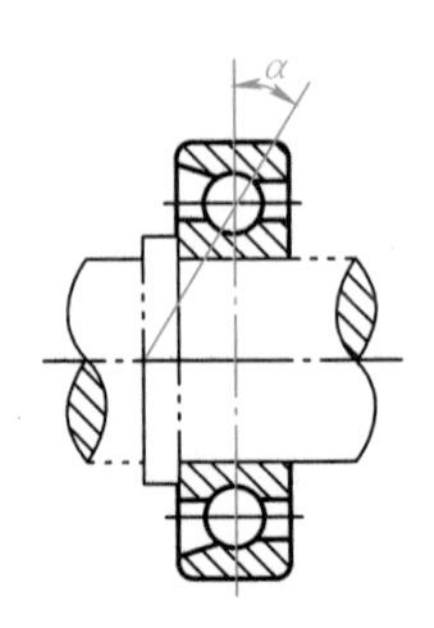

图 10-19　滚动轴承的接触角

4）由于轴的安装误差或轴的变形等都会引起内、外圈轴心线发生相对倾斜，其倾斜角用 θ 表示（图 10-20）。当内、外圈倾斜角过大时，可采用外滚道为球面的调心轴承，这类轴承能自动适应两套圈轴心线的偏斜。

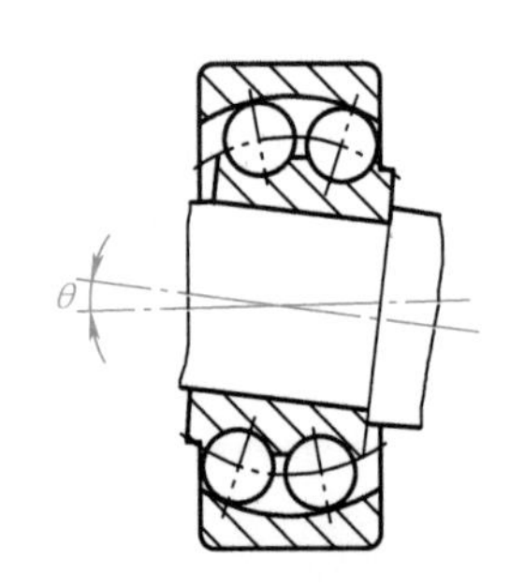

图 10-20　滚动轴承的轴心线倾斜

滚动轴承已完全标准化，由专业化工厂生产，故本章只介绍滚动轴承的类型、代号、选择方法及寿命计算等问题。

10.4.3　滚动轴承的类型及代号

相关国家标准规定了滚动轴承代号的表示方法。滚动轴承代号由基本代号、前置代号及后置代号组成，其排列顺序如图 10-21 所示。

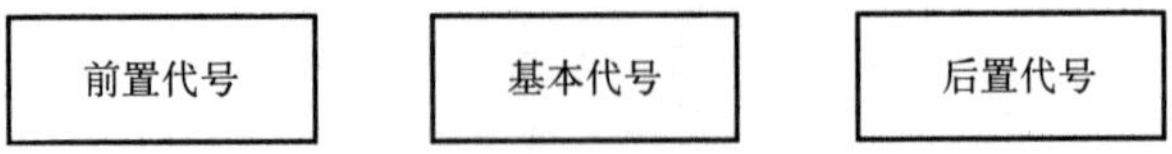

前置代号	基本代号	后置代号

图 10-21　轴承代号的组成

1. 基本代号

基本代号用来表示轴承的基本类型、结构和尺寸，其组成如图 10-22 所示。

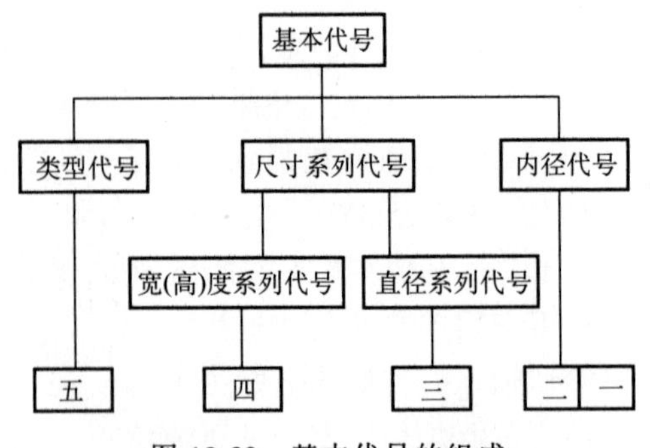

图 10-22　基本代号的组成

（1）类型及类型代号　滚动轴承的主要类型及其代号如下：

1）调心球轴承（类型代号 1）。调心球轴承是一种带球面外滚道的双列球轴承，它具有自动调心性，可以自动补偿由于轴的挠曲和壳体变形而引起的同轴度误差。它主要承受径向载荷，也可以承受不大的轴向载荷，允许角偏差小于 3°，适用于多支点传动轴、刚性较小的轴，以及难以对中的轴，如图 10-23 所示。

图 10-23　调心球轴承（1205）实物图

2）调心滚子轴承（类型代号 2）。调心滚子轴承有两列对称布置的滚子，滚子在外圈内球面滚道里可以自由调位，以此补偿轴变形和轴承座的同轴度误差。允许角偏差小于 2.5°，承载能力比调心球轴承大，常用于一般类型轴承不能胜任的重载情况，如轧钢机、大功率减速器、吊车车轮等，如图 10-24 所示。

图 10-24　调心滚子轴承（22211）实物图

3）推力调心滚子轴承（类型代号 2）。推力调心滚子轴承由下支承滚道、上支撑滚道，以及保持架和滚动体连为一体的几部分组成，主要承受轴向载荷，承载能力比推力球轴承大得多，并能承受一定的径向载荷。下支承滚道为球形滚道，能自动调心，允许角偏差小于 3°，极限转速较推力球轴承高，适用于重型机床、大型立式电动机轴的支承等，如图 10-25 所示。

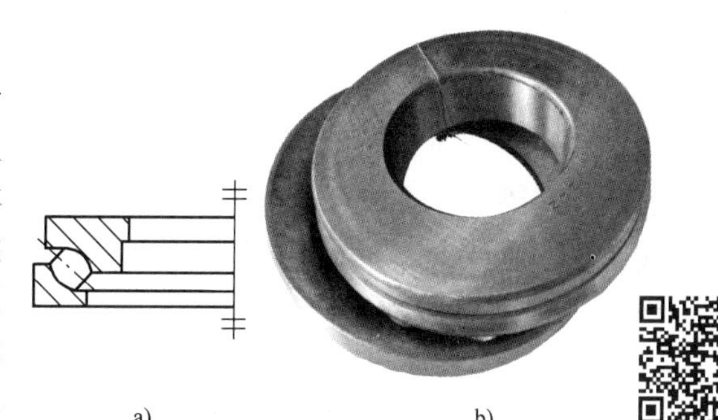

图 10-25　推力调心滚子轴承
a）轴承简图　b）29418 轴承

4）圆锥滚子轴承（类型代号 4）。圆锥滚子轴承的外圈是倾斜的，内圈与保持架、滚动体为一整体，内、外圈可以分离，轴向和径向间隙容易调整，可同时承受径向载荷和较大的单向轴向载荷，承载能力高，常用于斜齿轮轴、锥齿轮轴、蜗杆减速器轴和汽车的前后轴，以及机床主轴的支承等。允许角偏差 2′，一般成对使用，如图 10-26 所示。

图 10-26　圆锥滚子轴承（30204）实物图

5）推力球轴承（类型代号5）。推力球轴承分为：51000型，用于承受单向轴向载荷；52000型，用于承受双向轴向载荷。51000型由上、下两个支承滚道，中间带保持架的滚动体三部分组成。52000型是由上、中、下三个支承滚道，两个带保持架的滚动体五部分组成。推力球轴承只能承受轴向载荷，不能承受径向力，不宜在高速下工作，常用于起重机吊钩、蜗杆轴和立式车床主轴的支承等，如图10-27所示。

图10-27　推力球轴承

a）51314轴承　b）52314轴承

6）深沟球轴承（类型代号6）。滚动轴承一般由内圈、外圈、滚动体及保持架等四部分组成，主要承受径向载荷，也能承受一定的轴向载荷，极限转速较高，当量摩擦因数最小，高转速时可用来承受不大的纯轴向载荷，允许角偏差小于10′，承受冲击能力差，适用于刚性较大的轴，常用于机床变速箱、小功率电动机与普通民用设备等，如图10-28所示。

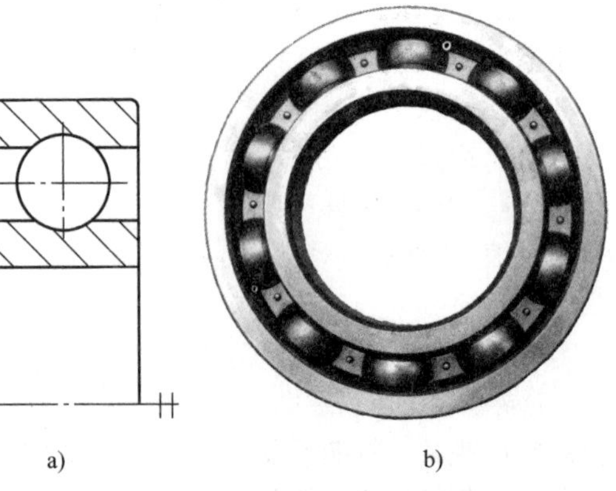

图10-28　深沟球轴承

a）轴承简图　b）6224轴承

7）角接触球轴承（类型代号7）。角接触球轴承的基本结构和深沟球轴承几乎一样，只是轴承的一个或两个套圈带斜坡，有一个接触角，可承受单向轴向载荷和径向载荷。接触角α越大，承受轴向载荷的能力也越大，通常应成对使用。高速时用它代替推力球轴承较好。适用于刚性较大、跨距较小的轴，如斜齿轮减速器和蜗杆减速器中轴的支承等。允许角偏差小于10′，如图10-29所示。

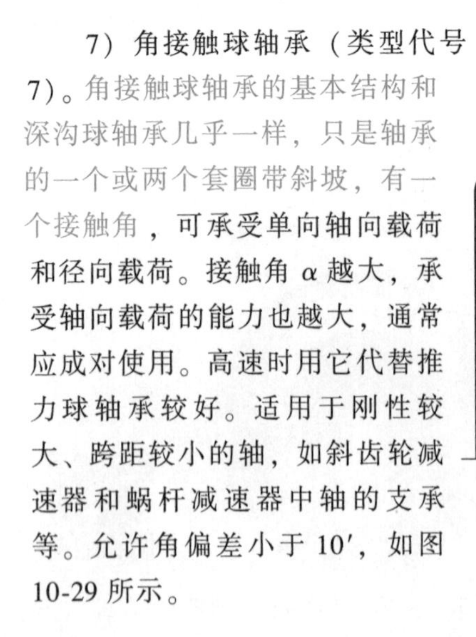

图10-29　角接触球轴承

a）轴承简图　b）7224轴承

8）圆柱滚子轴承（类型代号有 N、NU、NJ 等，前两种较常见）。圆柱滚子轴承的外圈的内滚道是平的，内圈与保持架、滚动体为一整体，内、外圈可以分离，装拆方便，可承受较大的径向载荷，不能承受轴向载荷。内、外圈允许少量轴向移动，允许角偏差很小，允许角偏差小于 4′。其承载能力比深沟球轴承大，能承受较大的冲击载荷，适用于刚性较大、对中良好的轴，常用于大功率电动机、人字齿轮减速器等。圆柱滚子轴承有单列和双列滚子之分，图 10-30 所示为单列圆柱滚子轴承。

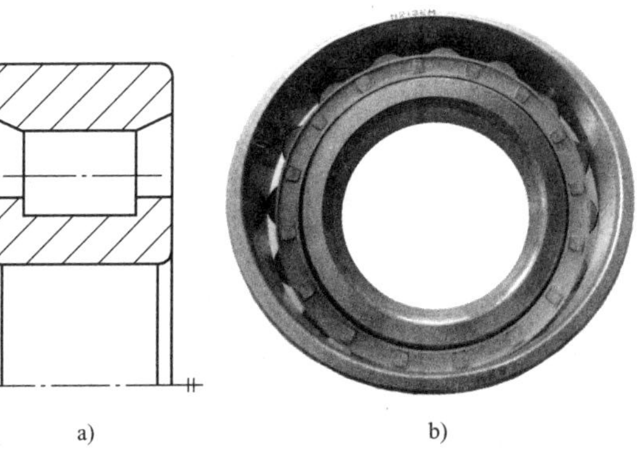

图 10-30　单列圆柱滚子轴承 N213
a）轴承简图　b）N213 轴承

9）滚针轴承（类型代号 NA）。滚针轴承的结构与组成和圆柱滚子轴承类似，不同的是把圆柱滚子换成滚针。该类轴承的结构类型较多，有的没有保持架，有的就只有保持架和滚针，而没有内、外圈。在同样的内径条件下，与其他类型的轴承相比，其外径最小，内、外圈可以分离。其径向承受载荷能力较大，不能承受轴向力，一般用于对轴承外径有严格要求的场合，如图 10-31 所示。

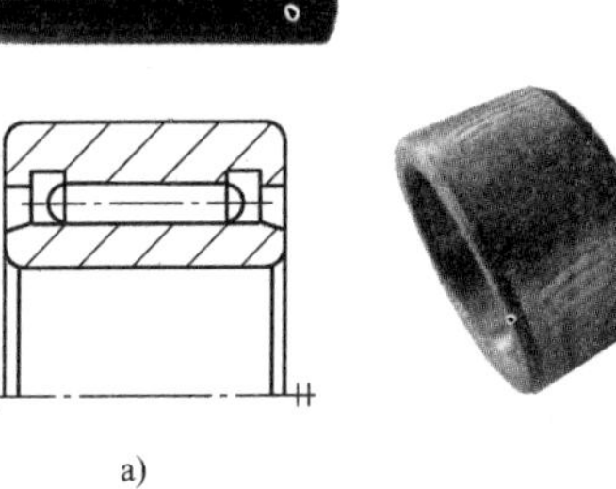

图 10-31　滚针轴承
a）轴承简图　b）6224 轴承

（2）尺寸系列代号　尺寸系列代号由轴承的宽（高）度系列代号和直径系列代号组合而成。

1）宽（高）度系列代号。对于同一内、外径的轴承，根据不同的工作条件可做成不同的宽（高）度，如图 10-32 所示，称为宽（高）度系列（对于向心轴承表示宽度系列，对于推力轴承则表示高度系列），用基本代号右起第四位数字表示，其代号见表 10-3。当宽度系列代号为 0 时，在轴承代号中通常省略，但在调心轴承和圆锥滚子轴承代号中不可省略。

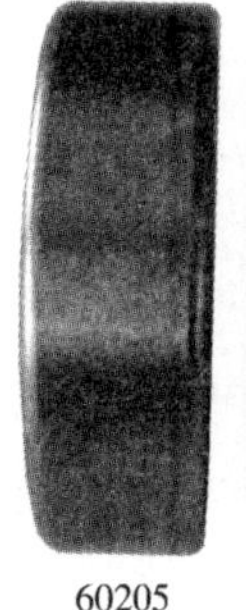

60205　62205

图 10-32　宽（高）度系列对比

表 10-3　轴承的宽（高）度系列代号

向心轴承	宽度系列	特窄	窄	正常	宽	特宽	推力轴承	高度系列	特低	低	正常
	代号	8	0	1	2	3,4,5,6		代号	7	9	1,2

2）直径系列代号。对于同一内径的轴承，由于工作所需承受的负荷大小不同，寿命长短不同，必须采用大小不同的滚动体，因而使轴承的外径和宽度随之改变，这种内径相同而外径不同的变化称为直径系列，用基本代号右起第三位数字表示，其代号见表 10-4。图 10-33 所示是不同直径系列深沟球轴承的外径和宽度对比。

图 10-33　直径系列对比

表 10-4　滚动轴承的直径系列代号

项目	向心轴承						推力轴承				
直径系列	超轻	超特轻	特轻	轻	中	重	超轻	特轻	轻	中	重
代号	8,9	7	0,1	2	3	4	0	1	2	3	4

组合排列时，宽（高）度系列在前，直径系列在后，详见表 10-5。

表 10-5　尺寸系列代号

直径系列		向心轴承								推力轴承			
		宽度系列代号								高度系列代号			
		8	0	1	2	3	4	5	6	7	9	1	2
		宽度尺寸依次递增→								高度尺寸依次递增→			
		尺寸系列代号											
外径尺寸依次递增↓	7	—	—	17	—	37	—	—	—	—	—	—	
	8	—	08	18	28	38	48	58	68	—	—	—	—
	9	—	09	19	29	39	49	59	69	—	—	—	—
	0	—	00	10	20	30	40	50	60	70	90	10	—
	1	—	01	11	21	31	41	51	61	71	91	11	—
	2	82	02	12	22	32	42	52	62	72	92	12	22
	3	83	03	13	23	33	—	—	—	73	93	13	23
	4	—	04	—	24	—	—	—	—	74	94	14	24
	5	—	—	—	—	—	—	—	—	—	95	—	—

注：表中“—”表示不存在此种组合。

（3）内径代号　内径代号表示轴承内径尺寸的大小，用基本代号右起第一、第二位数字表示，常用内径代号见表 10-6。

表 10-6　滚动轴承常用内径代号

轴承公称内径/mm		内径代号	示例
10～17	10	00	深沟球轴承 6200 $d=10\text{mm}$
	12	01	
	15	02	
	17	03	
20～480（22,28,32 除外）		公称内径除以 5 的商数，商数为个位数，需在商数左边加“0”如 08	调心滚子轴承 23208 $d=40\text{mm}$
大于或等于 500 及 22,28,32		用公称内径毫米数直接表示，但在与尺寸系列之间用“/”分开	调心滚子轴承 230/500 $d=500\text{mm}$ 深沟球轴承 62/22 $d=22\text{mm}$

注：此表代号不表示滚针轴承的代号。

滚动轴承基本代号一般由五个数字或字母加四个数字组成，当宽度系列为“0”时，可省略，例如：

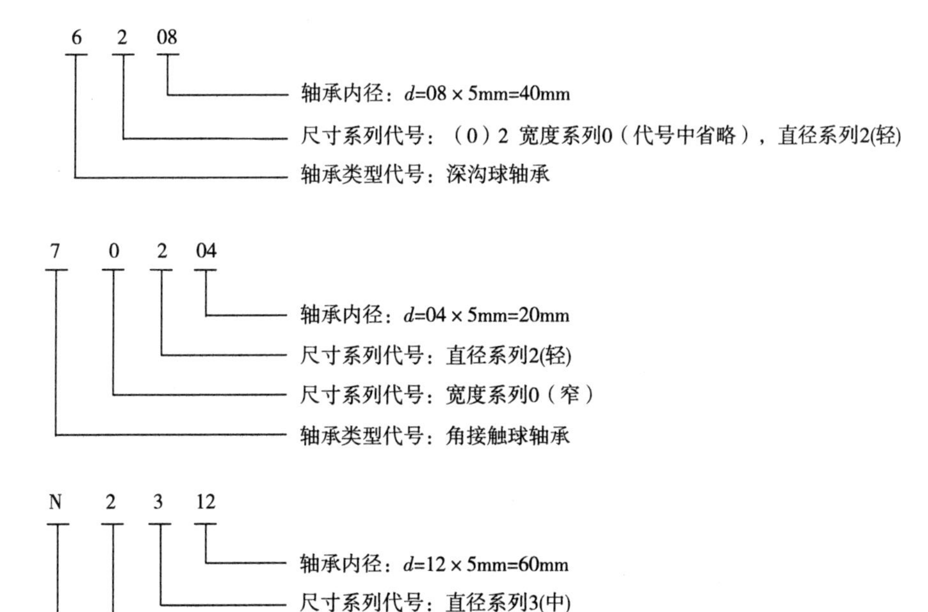

2. 前置代号和后置代号

（1）前置代号　前置代号表示成套轴承分部件，用字母表示。例如，L 表示可分离轴承

的可分离内圈或外圈，K 表示滚子和保持架组件等。

（2）后置代号　后置代号是轴承在结构形状、尺寸公差、技术要求等方面有改变时，在基本代号右侧添加的补充代号，一般用字母（或加数字）表示，与基本代号相距半个汉字距离。后置代号共分八组，例如，第一组是内部结构，表示内部结构变化情况，现以角接触球轴承的接触角变化为例，说明其标注含义：

1）角接触球轴承，公称接触角 $\alpha=40°$，代号标注：7210B。

2）角接触球轴承，公称接触角 $\alpha=25°$，代号标注：7210AC。

3）角接触球轴承，公称接触角 $\alpha=15°$，代号标注：7005C。

又如，后置代号中第五组为公差等级，滚动轴承的公差等级分为 0、6、6X、5、4、2 六级，其中 2 级精度最高，0 级精度最低。标记方法为在轴承代号后写 /P0、/P6、/6X、/P5、/P4、/P2 等，如 6208/P6。0 级精度为普通级，应用最广，其代号通常可不标。

前、后置代号及其他有关内容，详见《滚动轴承产品样本》。

10.4.4　滚动轴承的类型、特点及选择

1. 选择轴承类型应考虑的因素

1）轴承工作载荷的大小、方向和性质。

2）轴承转速的高低。

3）轴颈和安装空间允许的尺寸范围。

4）对轴承提出的特殊要求。

2. 滚动轴承选择的一般原则

1）球轴承与同尺寸和同精度的滚子轴承相比，它的极限转速和旋转精度较高，因此更适用于高速或旋转精度要求较高的场合。

2）滚子轴承比同尺寸的球轴承的承载能力大，承受冲击载荷的能力也较高，因此适用于重载及有一定冲击载荷的场合。

3）非调心的滚子轴承对于轴的挠曲敏感，因此这类轴承适用于刚度较大的轴和能保证严格对中的场合。

4）各类轴承内、外圈轴线相对偏转角不能超过许用值，否则会使轴承寿命降低，故在刚度较差或多支点轴上，应选用调心轴承。

5）推力轴承的极限转速较低，因此在轴向载荷较大和转速较高的装置中，应采用角接触球轴承。

6）当轴承同时受较大的径向和轴向载荷，且需要对轴向位置进行调整时，宜采用圆锥滚子轴承。

7）当轴承的轴向载荷比径向载荷大很多时，采用向心和推力两种不同类型轴承的组合来分别承担轴向和径向载荷，其效果和经济性都比较好。

8）考虑经济性，球轴承比滚子轴承价格便宜。公差等级越高，价格越贵。

10.4.5　轴承的安装与拆卸

进行滚动轴承组合设计时，应考虑轴承的安装与拆卸。例如，定位轴肩高度应符合滚动轴承规定的安装尺寸，以保证拆卸空间的位置（图 10-34c）。

安装轴承时，可用压力机在内圈上施加压力，将轴承压套到轴颈上（图 10-34a），也可在内圈上加套后用锤子均匀敲击，装入轴颈，但不允许直接用锤子敲打轴承外圈，以防损坏轴承。对精度要求较高的轴承，还可采用热配法，将轴承放在温度低于 100℃ 的油中加热后，再装入。

轴承的拆卸如图 10-34b、c 所示，图 10-34d 所示为拆卸轴承专用的轴承拆卸器。

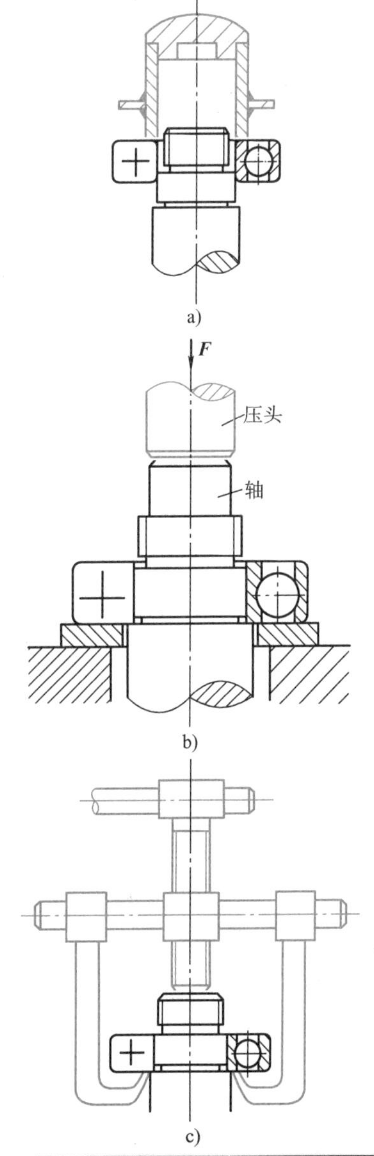

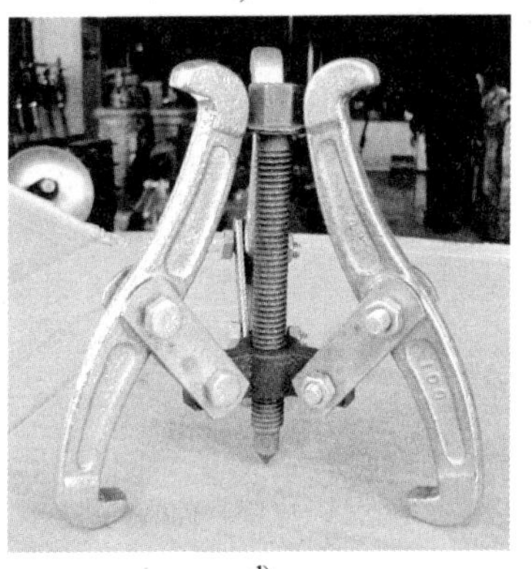

d)

图 10-34　轴承的装拆

10.5　滑动轴承

在高速、重载、高精密度、结构要求剖分、大直径或很小直径的场合，尤其是在低速、有较大冲击的机械中（如水泥搅拌机、破碎机等），不便使用滚动轴承时，应使用滑动轴承。

10.5.1　滑动轴承的结构和类型

滑动轴承一般由轴承座、轴瓦（或轴套）、润滑装置和密封装置等部分组成。

滑动轴承根据承受载荷方向的不同可分为向心滑动轴承和推力滑动轴承两类。

向心滑动轴承只能承受径向载荷。它有整体式和对开式两种形式。

1. 整体式滑动轴承

图10-35所示为典型的整体式滑动轴承，它由轴和轴套组成。实际上，有些轴直接穿入机架上加工出的轴承孔，即构成了最简单的整体式滑动轴承。

整体式滑动轴承结构简单，制造容易，成本低，常用于低速、轻载、间歇工作而不需要经常装拆的场合。它的缺点是轴只能从轴承的端部装入，装拆不便；轴瓦磨损后，轴与孔之间的间隙无法调整。

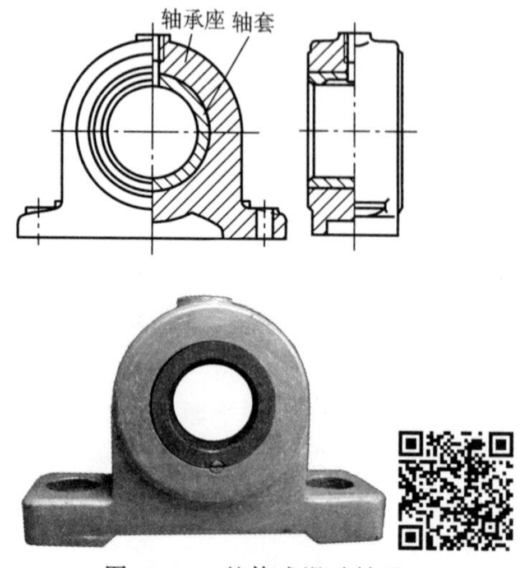

图10-35　整体式滑动轴承

2. 对开式滑动轴承

图10-36所示为典型的对开式滑动轴承。它由轴承座、轴承盖、剖分的上轴瓦和下轴瓦，以及双头螺柱等组成。为了保证轴承的润滑，可在轴承盖上注油孔处加润滑油。为便于装配时对中和防止横向移动，轴承盖和轴承座的分合面做成阶梯形定位止口。

这种轴承的轴瓦采用对开式，在分合面上配置有调整垫片，当轴瓦磨损后，可适当调整垫片或对轴瓦分合面进行刮削、研磨等切削加工来调整轴颈与轴瓦间的间隙。由于这种轴承装拆方便，故应用较广。

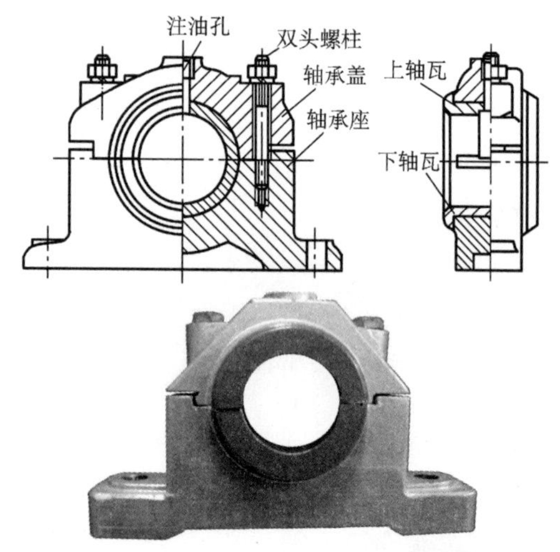

图10-36　对开式滑动轴承

3. 推力滑动轴承的结构形式

以立式轴端推力滑动轴承为例，它由轴承座、衬套、轴瓦和止推瓦组成，如图10-37所示。止推瓦底部制成球面，可以自动复位，避免偏载；销用来防止轴瓦转动；轴瓦用于固定轴的径向位置，同时也可承受一定的径向负荷。润滑油靠压力从底部注入，并从上部油管流出。

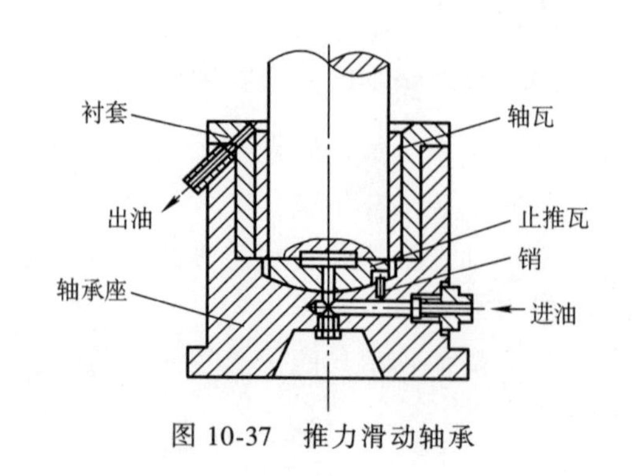

图10-37　推力滑动轴承

推力轴承用来承受轴向载荷，如图 10-38 所示。按推力轴颈支承面的不同，可分为实心、空心和多环等形式。对于实心式推力轴颈，由于它距支承面中心越远处滑动速度越大，边缘部分磨损较快，因而使边缘部分压强减小，靠近中心处压强很高，轴颈与轴瓦之间的压力分布很不均匀。如采用空心或环形轴颈，则可使压力分布趋于均匀。根据承受轴向力的大小，环形支承面可做成单环或多环，多环式轴颈承载能力较大，且能承受双向轴向载荷。

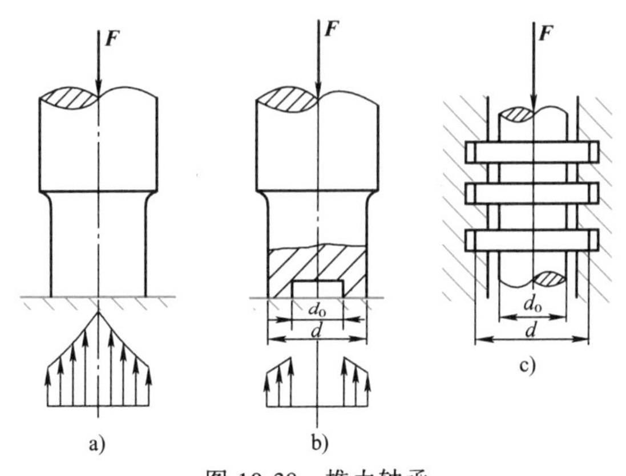

图 10-38　推力轴承

a）实心式　b）空心式　c）多环式

10.5.2　轴瓦（轴套）的结构和轴承材料

轴瓦（轴套）是滑动轴承中直接与轴颈相接触的重要零件，它的结构形式和性能将直接影响轴承的寿命、效率和承载能力。

1. 轴瓦（轴套）的结构

整体式滑动轴承通常采用圆筒形轴套（图 10-39a），对开式滑动轴承则采用对开式轴瓦（图 10-39b）。它们的工作表面既是承载面，又是摩擦面，因而是滑动轴承中的核心零件。

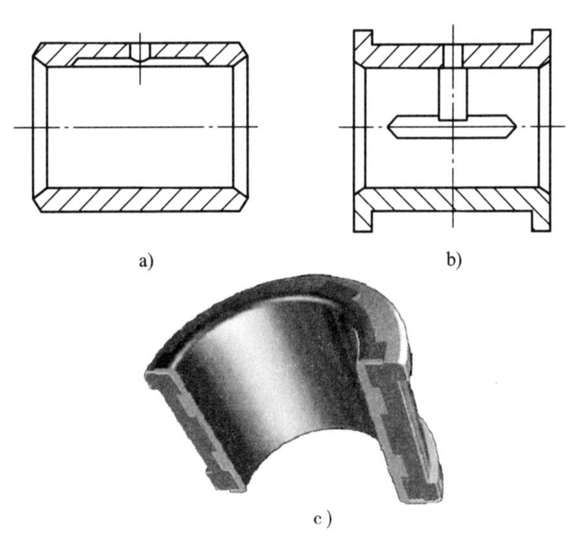

图 10-39　轴瓦（轴套）结构

a）圆筒形轴套　b）对开式轴瓦　c）实物图

许多轴瓦（轴套）内壁上开有油沟，其目的是为了把润滑油引入轴颈和轴瓦的摩擦面，使轴颈和轴瓦（轴套）的摩擦面上建立起必要的润滑油膜。油沟一般开在非承载区，并不得与端部接通，以免漏油，通常轴向油沟长度为轴瓦宽度的 80 %。油沟的形式如图 10-40 所示，油沟的上方开有油孔。

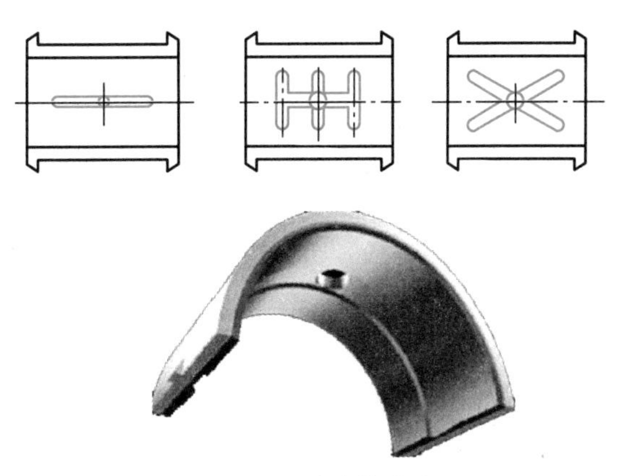

图 10-40　油沟的形式

为了节约贵重金属，常在轴瓦内表面浇注一层轴承合金作为减摩材料，以改善轴瓦接触表面的摩擦状况，提高轴承的承载能力，这层材料通常称为轴承衬。为保证轴承衬与轴瓦贴附牢固，一般在轴瓦内表面预制一些沟槽等，沟槽形式如图10-41、图10-42所示。

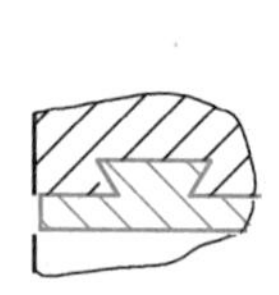

图10-41 铸铁或钢制轴瓦的沟槽形式

图10-42 青铜轴瓦的沟槽形式

2. 轴承材料

轴瓦（或轴套）和轴承衬的材料统称为轴承材料。非液体摩擦滑动轴承工作时，因轴瓦与轴颈直接接触并有相对运动，将产生摩擦、磨损并发热，故常见的失效形式是磨损、胶合或疲劳破坏。因此，轴承材料应具有足够的强度和良好的塑性、减摩性（对润滑油的吸附性强，摩擦因数小）和耐磨性，容易跑合（指经短期轻载运转后能消除表面不平度，使轴颈与轴瓦表面相互吻合），易于加工等性能。

轴承材料有金属、粉末冶金材料、非金属材料几类。

1）金属材料包括轴承合金、青铜、铸铁等。常用的金属材料及其性能见表10-7。轴承合金（巴氏合金）常用的有锡基和铅基两种，这些材料的减摩性、抗胶合性、塑性好，但强度低、价格贵。

青铜强度高、承载能力强、导热性好，且可以在较高温度下工作，但与轴承合金相比，其抗胶合能力较差，不易跑合，与之相配的轴颈必须经淬硬处理。

2）粉末冶金材料是以粉末状的铁或铜为基本材料与石墨粉混合，经压制和烧结制成的多孔性材料。用这种材料制成的成形轴瓦，可在其材料孔隙中存储润滑油，具有自润滑作用，即运转时因热膨胀和轴颈的抽吸作用，使润滑油从孔隙中自动进入工作表面起润滑作用，停止运转时轴瓦降温，润滑油回到孔隙。由于它不需要经常加油，故又称之为含油轴承。含油轴承有铁-石墨和青铜-石墨两种。粉末冶金材料的价格低廉、耐磨性好，但韧性差，常用于低、中速及轻载或中载、润滑不便或要求清洁的场合，如食品机械、纺织机械或洗衣机等机械中。

3）非金属材料主要有塑料、硬木、橡胶等，使用最多的是塑料。塑料轴承材料的特点是：有良好的耐磨性和耐蚀性，良好的吸振和自润滑性。缺点是承载能力一般较低，导热性和尺寸稳定性差，热变形大，故常用于工作温度不高、载荷不大的场合。

表10-7 常用金属轴承材料及其性能

材料	牌　号	[p] /MPa	[v] /(m/s)	[pv] /(MPa·m/s)	备　注
锡锑轴承合金	ZSnSb11Cu6	平稳　25	80	20	用于高速、重载的重要轴承。变载荷下易疲劳，价高
	ZSnSb8Cu4	冲击　20	60	15	

（续）

材料	牌　号	[p] /MPa	[v] /(m/s)	[pv] /(MPa·m/s)	备　注
铅锑轴承合金	ZPbSb16Sn16Cu2	15	12	10	用于中速、中载轴承，不宜受显著冲击，可作为锡锑轴承合金的代用品
	ZPbSb15Sn5Cu3Cd2	5	6	5	
锡青铜	ZCuSn10Pb1	15	10	15	用于中速、重载及受变载荷的轴承
	ZCuSn5Pb5Zn5	8	3	15	用于中速、中载轴承
铅青铜	ZCuPb30	平稳 25 冲击 15	12 8	30 60	用于高速、重载轴承，能承受变载荷和冲击载荷
铝青铜	ZCuAl9Mn2	15	4	12	最易用于润滑充分的低速、重载轴承
黄铜	ZCuZn38Mn2Pb2	10	1	10	用于低速、中载轴承
铸铁	HT150～HT250	2～4	0.5～1	1～4	用于低速、轻载的不重要轴承，价廉

10.5.3　轴承的润滑

轴承与轴颈或轴承内、外圈之间有相对运动，摩擦和磨损严重。为了提高轴承的承载能力和使用寿命，轴承的润滑也是设计中十分重要的问题。

1. 润滑剂

轴承中常用的润滑剂是润滑油和润滑脂。

（1）润滑油　润滑油的内摩擦因数小，流动性和冷却作用较好，且更换润滑油时不需拆开机器，是最常用的润滑剂。但润滑油易从壳体内流出，故需采用结构比较复杂的密封装置，且需经常加油。目前工业上常用的润滑油有矿物油和合成润滑油，矿物油因价廉而应用更为广泛。

润滑油的选择应考虑轴承载荷、速度、工作情况，以及摩擦表面状况等条件。对于载荷大、温度高的轴承，宜选用黏度大的油；反之，对于载荷小、速度高的轴承，宜选黏度较小的油。

（2）润滑脂　润滑脂稠度大，密封简单，不需经常添加，不易流失，承载能力也较高。但它的物理及化学性能不如润滑油稳定，摩擦损耗大，效率低，不能起冷却作用或作为循环润滑剂使用，因此常用于低速、受冲击或间歇运动的机器中。

2. 润滑方式及选择

为了获得良好的润滑效果，除正确选择润滑剂外，还应选用合适的润滑方式和润滑装置。

（1）滑动轴承的润滑方式及装置　根据供油方式的不同，润滑方式可分为间歇式和连续式。

1）间歇润滑只适用于低速、轻载和不重要的轴承，比较重要的轴承均应采用连续润滑。常见的间歇润滑方式和装置如图10-43所示，一种是压注油杯，一般用油壶或油枪进行定期加油；另一种是装满油脂的旋盖式油杯。

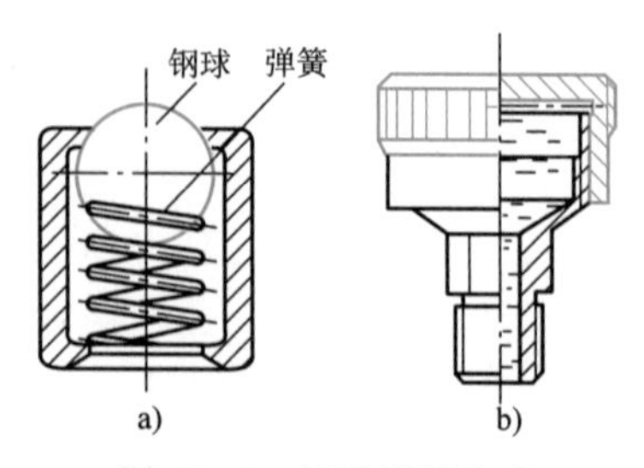

图10-43　间歇润滑方式
a）压注油杯　b）旋盖式油杯

2）图10-44所示为连续润滑的供油装置，其中，图10-44a所示为芯捻润滑装置，它利用芯捻的毛细作用将油从油杯中吸入轴承，但供油量不能调整；图10-44b所示为针阀式注油杯，当手柄平放时，针阀被弹簧压下，堵住底部油孔，当手柄垂直时，针阀提起，底部油孔打开，油杯中的油流入轴承，调节螺母可调节针阀提升的高度，以控制油孔的进油量。

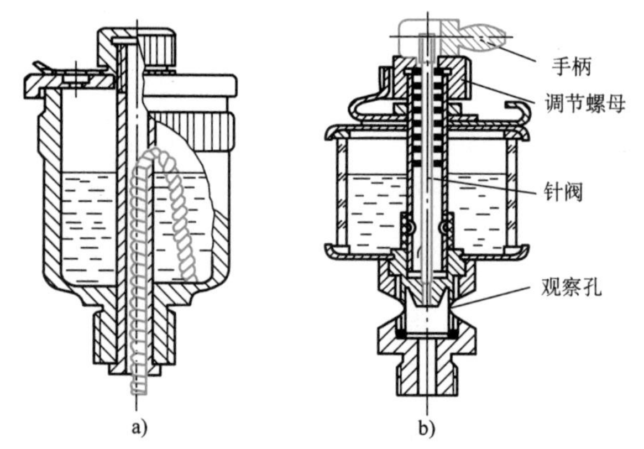

图10-44　连续润滑方式
a）芯捻润滑装置　b）针阀式注油杯

3）如图10-45所示的润滑装置是在轴颈套上一个油杯，利用轴的旋转将油甩到轴颈上，它适用于转速较高的轴颈处。

（2）滚动轴承的润滑方式　滚动轴承通常以轴承内径 d 和转速 n 的乘积值 dn 来选择润滑剂和润滑方式，选择时参见表10-8。

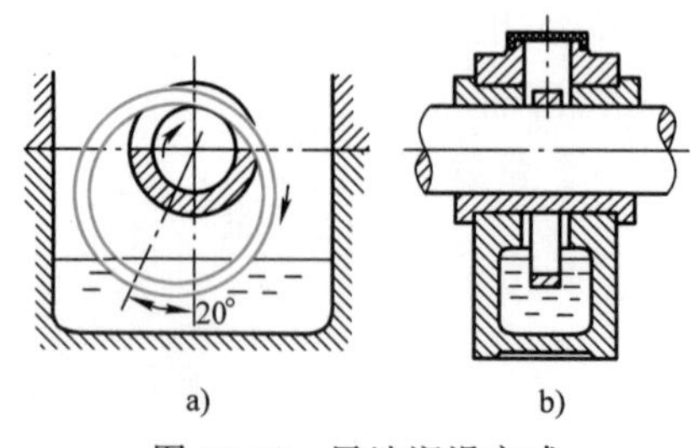

图10-45　甩油润滑方式

表10-8　适用于脂润滑和油润滑的 *dn* 值界限

轴承类型	$dn/(10^4\mathrm{mm}\cdot\mathrm{r/min})$（脂润滑）	$dn/(10^4\mathrm{mm}\cdot\mathrm{r/min})$（油润滑）			
		油浴	滴油	喷油（循环油）	油雾
深沟球轴承	16	25	40	60	>60
调心球轴承	16	25	40		
角接触球轴承	16	25	40	60	>60
圆柱滚子轴承	12	25	40	60	>60
圆锥滚子轴承	10	16	23	30	
调心滚子轴承	8	12		25	
推力球轴承	4	6	12	15	

滴油润滑用油杯（图 10-44b）储油，可用针阀调节油量。为了使滴油畅通，一般选用黏度较低的 L-AN15 全损耗系统用油。

喷油润滑是用油泵将油增压，然后通过油管和喷嘴将油喷到轴承内，其润滑效果好，一般适用于高速、重载和重要的轴承中。

油雾润滑是用经过过滤和脱水的压缩空气，将润滑油经雾化后通入轴承。该润滑方式适用于 dn 值大于 6×10^5mm · r/min 的轴承。这种方法的冷却效果好，并可节约润滑油，但油雾散在空气中，会污染环境。

在齿轮减速器中，利用浸在润滑油中的齿轮转动，飞溅起来的油甩到箱壁，并由分箱面上的沟槽将油导入来润滑轴承，这种方法称为飞溅润滑。

采用润滑脂时，可将润滑脂填入轴承空腔内，另外可在适当部位用油杯（图 10-43b ）来定期补充润滑脂。

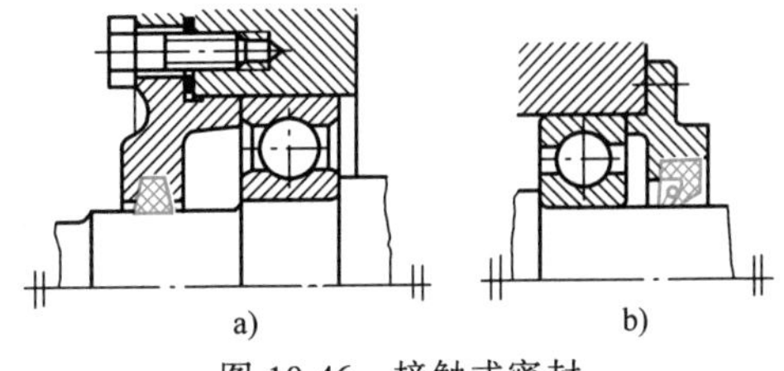

图 10-46 接触式密封

a）毡圈密封 b）皮碗密封

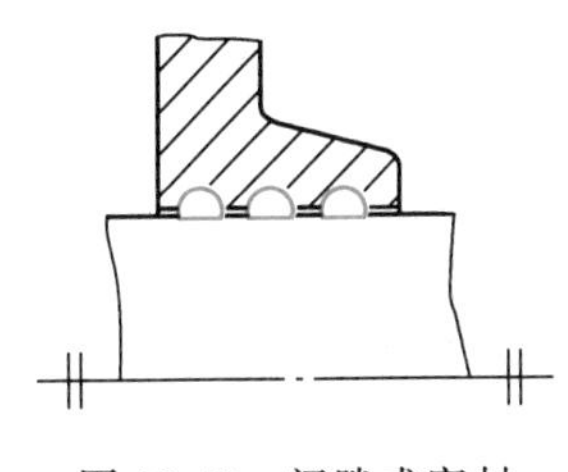

图 10-47 间隙式密封

10.5.4 轴承的密封

密封的目的是防止灰尘、水分和杂物侵入轴承内，并阻止润滑剂的流失。现以滚动轴承处的典型密封结构为例来说明，常用的密封方式有接触式和非接触式两类。

接触式密封如图 10-46 所示，毡圈密封是靠毡圈弹性材料与轴紧密接触来实现密封，毡圈密封一般适用于脂润滑和密封处圆周速度 $v<5$m/s 的场合。皮碗密封是靠皮碗与轴紧密接触来实现密封，皮碗密封适用于 $v<10$m/s 的脂或油润滑。

非接触式密封常用间隙式，如图 10-47 所示，间隙 $\delta=0.1\sim0.3$mm，间隙内可填润滑脂以增加密封效果。这种方式结构简单，适用于 $v<6$m/s 的脂或油润滑。

图 10-48 所示为迷宫式密封，其密封效果较好，密封处圆周速度可达 30m/s，但结构复杂。

为了具有更好的密封效果，有时可将几种密封形式组合起来使用，如图 10-49 所示。

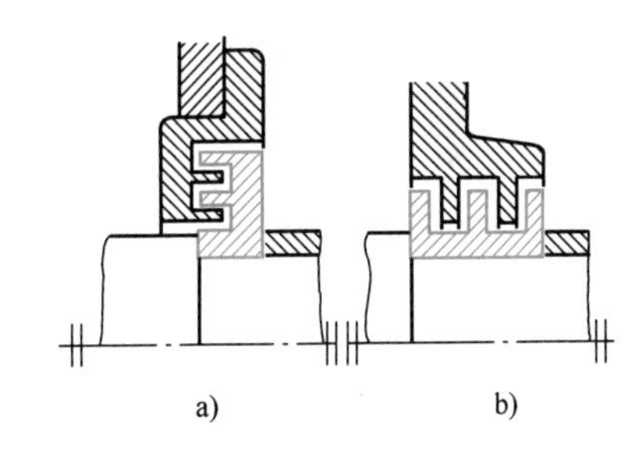

图 10-48 迷宫式密封

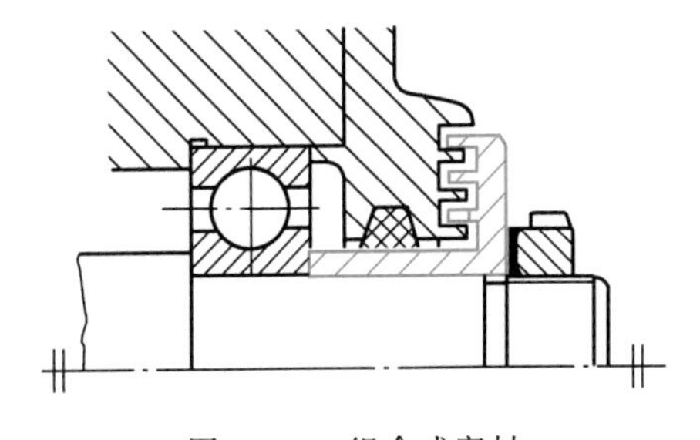

图 10-49 组合式密封

10.6 联轴器

联轴器和离合器都是用来连接两轴，使之一起转动并传递转矩的装置。**联轴器与离合器的区别是：**联轴器只有在机器停止运转后将其拆卸，才能使两轴分离；离合器则可以在机器的运转过程中进行分离或接合。

图 10-50 单键联接套筒联轴器

10.6.1 常用联轴器的结构和特点

1. 固定式刚性联轴器

（1）套筒联轴器 将套筒与被连接两轴的轴端分别用键（或销）固定连成一体，即成为套筒联轴器。它结构简单，径向尺寸小，但要求被连接两轴必须很好地对中，且装拆时需作较大的轴向移动，故常用于要求径向尺寸小的场合。

单键联接的套筒联轴器可用于传递较大转矩的场合，如图 10-50 所示；若用销联接，如图 10-51 所示，则常用于传递较小转矩的场合，或用作剪销式安全联轴器。

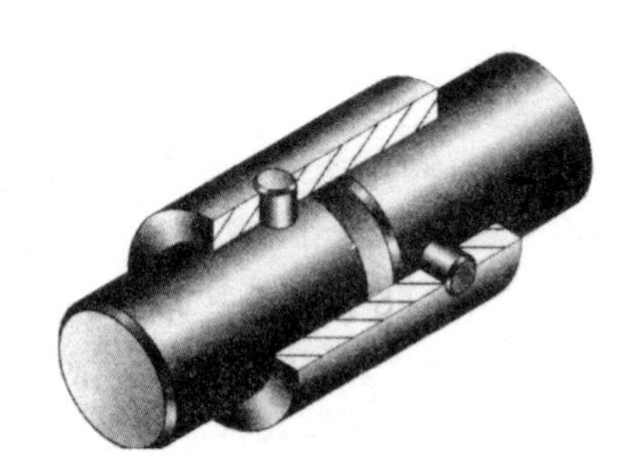

图 10-51 销联接套筒联轴器

（2）凸缘联轴器 如图 10-52 所示，凸缘联轴器由两个半联轴器及联接螺栓组成。凸缘联轴器结构简单，成本低，但不能补偿两轴线可能出现的径向位移和偏角位移，故多用于转速较低、载荷平稳、两轴线对中性较好的场合。

图 10-52 凸缘联轴器

（3）链条联轴器 如图 10-53 所示，链条联轴器是利用公用的链条，同时与两个齿数相同的并列链轮啮合，常见的有双排滚子链联轴器、齿形链联轴器等。

链条联轴器具有结构简单，装拆方便，拆卸时不用移动被连接的两轴，尺寸紧凑，质量轻，有一定补偿能力，对安装精度要求不高，工作可靠，寿命较长，成本较低等优点，可用于纺织、农机、起重运输、工程、矿山、轻工、化工等机械的轴系传动，适用于高温、潮湿和多尘工况环境，但不适用于高速、有剧烈冲击载荷和传递轴向力的场合。链条联轴器应在良好的润滑并有防护罩的条件下工作。

图 10-53 链条联轴器

2. 可移式刚性联轴器

（1）滑块联轴器　如图 10-54 所示，滑块联轴器由两个带有凹槽的半联轴器和两端面都有榫的中间圆盘组成。圆盘两面的榫位于互相垂直的两个直径方向上，可以分别嵌入半联轴器相应的凹槽中。

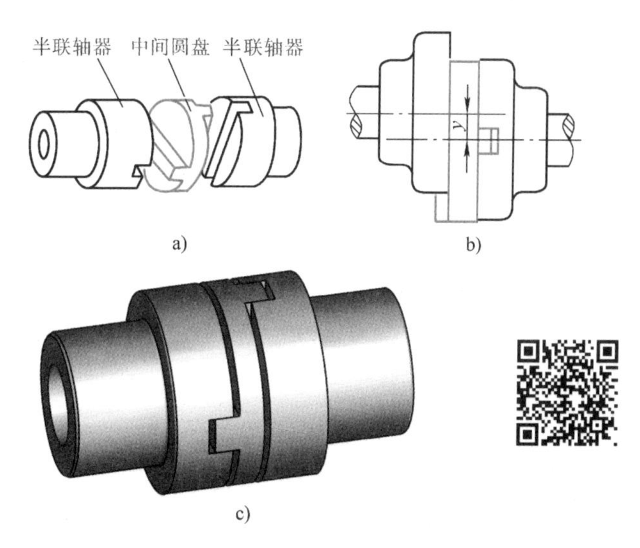

图 10-54　滑块联轴器

a）分体图　b）组合图　c）实物图

滑块联轴器允许两轴有一定的径向位移。当被连接的两轴有径向位移时，中间圆盘将在半联轴器的凹槽中作偏心回转，由此引起的离心力将使工作表面压力增大而加快磨损。为此，应限制两轴间的径向位移量不大于 0.04d（d 为轴径），偏角位移量 $\alpha \leqslant 30'$，轴的转速不超过 250r/min。

滑块联轴器主要用于没有剧烈冲击载荷而又允许两轴线有径向位移的低速轴连接。联轴器的材料常选用 45 钢或 ZG310—570，中间圆盘也可用铸铁。摩擦表面应进行淬火，硬度为 46～50HRC。为了减少滑动面的摩擦和磨损，还应注意润滑。

（2）齿式联轴器　它是由两个具有外齿环的半内套筒轴和两个具有内齿环的凸缘外壳组成的半联轴器，通过内、外齿的相互啮合而相连（图 10-55）。两凸缘外壳用螺栓联成一体，两齿式联轴器内、外齿环的轮齿间留有较大的齿侧间隙，外齿轮的齿顶做成球面，球面中心位于轴线上，故能补偿两轴的综合位移。齿环上常用压力角为 20°的渐开线齿廓，齿的形状有直齿和鼓形齿，后者称为鼓形齿式联轴器。

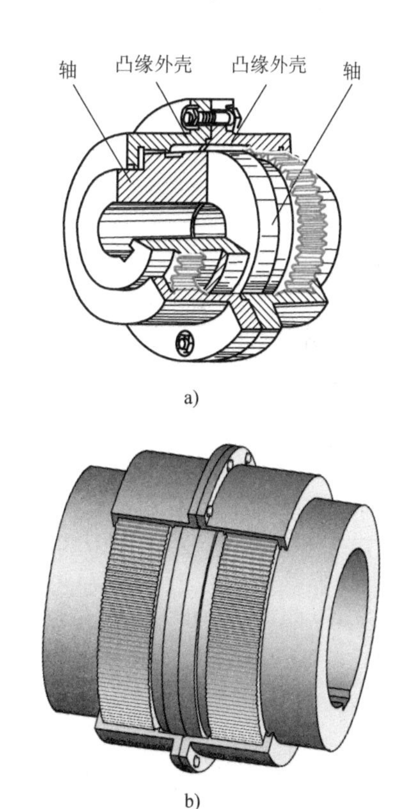

图 10-55　齿式联轴器

a）结构图　b）实物图

与滑块联轴器相比，齿式联轴器的转速可提高，且因为是多齿同时啮合，故齿式联轴器工作可靠，承载能力大，但制造成本高，一般多用于起动频繁，经常正、反转的重型机械。

（3）万向联轴器　如图10-56所示，万向联轴器由两个轴叉分别与中间的十字轴以铰链相连，万向联轴器两轴间的夹角可达45°。单个万向联轴器工作时，两轴的瞬时角速度不相等，从而会引起冲击和扭转振动。为避免这种情况，保证从动轴和主动轴均以同一角速度等速回转，应采用双万向联轴器，如图10-56b所示，并要求中间轴与主、从动轴间夹角相等，及中间轴两端轴叉应位于同一平面内。

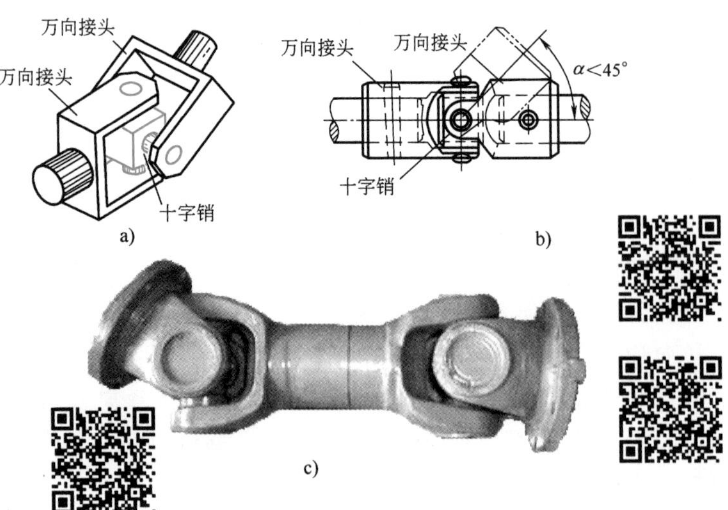

图10-56　万向联轴器
a）结构图　b）双万向联轴器　c）实物图

3. 金属弹性元件联轴器

蛇形弹簧联轴器（图10-57）是一种结构先进的金属弹性联轴器，它靠蛇形弹簧片将两轴连接并传递转矩。蛇形弹簧联轴器减振性好，使用寿命长。梯形截面的蛇形弹簧片采用优质弹簧钢，经严格的热处理及特殊加工而成，具有良好的力学性能，从而使联轴器的使用寿命远比非金属弹性元件联轴器（如弹性套柱销联轴器、弹性柱销联轴器）长。其承受变载荷范围大，起动安全，运行可靠；联轴器的传动效率，经测定达99.47%；其短时超载能力为额定转矩的两倍，运行安全可靠；噪声低，润滑好，结构简单，装拆方便，整机零件少，体积小，重量轻；被设计成梯形截面的弹簧片与梯形齿槽的吻合尤为方便、紧密，从而使装拆、维护比一般联轴器简便；允许有较大的安装偏差，由于弹簧片与齿弧面是点接触的，所以使联轴器能获得较大的挠性。它能被安装在同时有径向、角向、轴向的偏差的情况下正常工作。

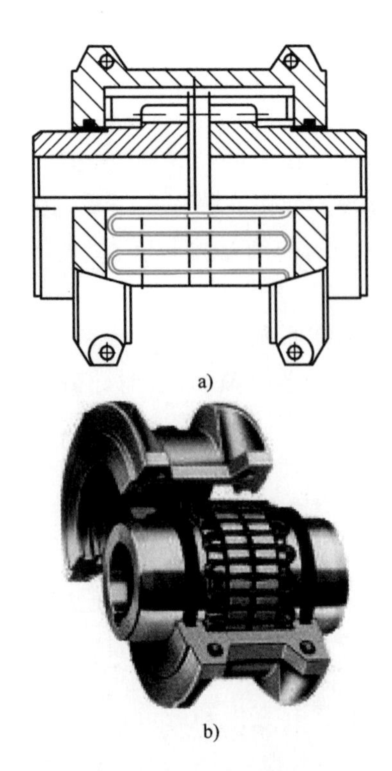

图10-57　蛇形弹簧联轴器
a）结构图　b）实物图

4. 非金属弹性元件联轴器

（1）梅花形弹性联轴器　如图 10-58 所示，梅花形弹性联轴器主要由两个带凸齿的半联轴器和弹性元件组成，靠半联轴器和弹性元件的密切啮合并承受径向挤压以传递转矩。当两轴线有相对偏移时，弹性元件发生相应的弹性变形，起到自动补偿作用。梅花形弹性联轴器主要适用于起动频繁、正反转、中高速、中等转矩和要求高可靠性的工作场合，例如，冶金、矿山、石油、化工、起重、运输、轻工、纺织、水泵、风机等。

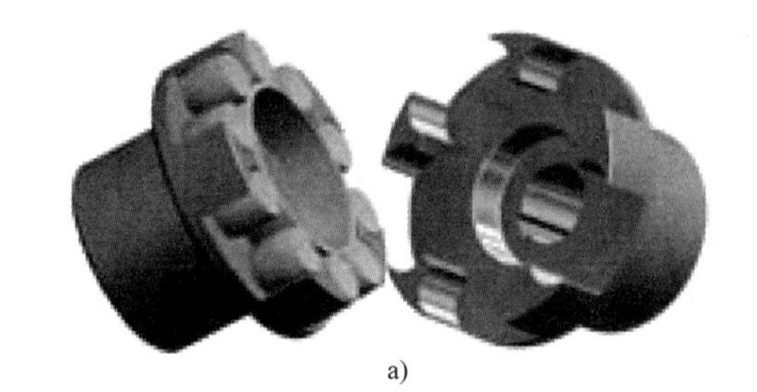

a)

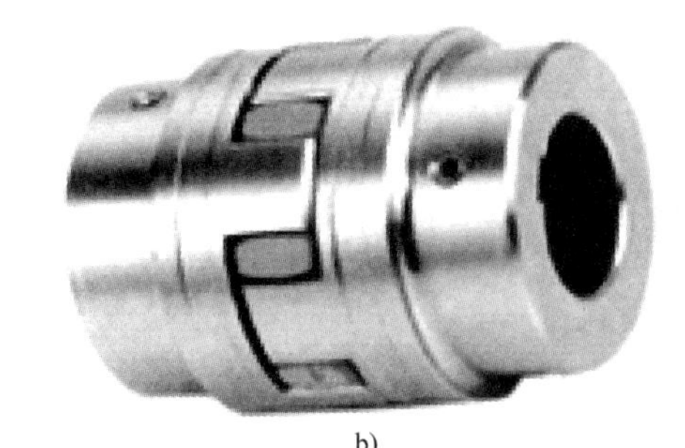

b)

图 10-58　梅花形弹性联轴器

a）分体图　b）实物图

与其他联轴器相比，梅花形弹性联轴器具有以下特点：工作稳定可靠，具有良好的减振、缓冲和电绝缘性能；结构简单，径向尺寸小，重量轻，转动惯量小，适用于中高速场合；具有较大的轴向、径向和角向补偿能力；高强度聚氨酯弹性元件耐磨耐油，承载能力大，使用寿命长，安全可靠；联轴器无须润滑，维护工作量少，可连续长期运行。

（2）弹性套柱销联轴器　弹性套柱销联轴器（图 10-59）的结构与凸缘联轴器相似，只是用套有弹性圈的柱销代替了联接螺栓，故能吸振。安装时应留有一定的间隙，以补偿较大的轴向位移。其允许轴向位移量 $x \leqslant 6$mm，允许径向位移量 $y \leqslant 0.6$mm，允许角偏移量 $\alpha \leqslant 1°$。弹性套柱销联轴器结构简单，价格便宜，安装方便，适用于转速较高、有振动和经常正反转、起动频繁的场合，如电动机与机器轴之间的连接就常选用这种联轴器。

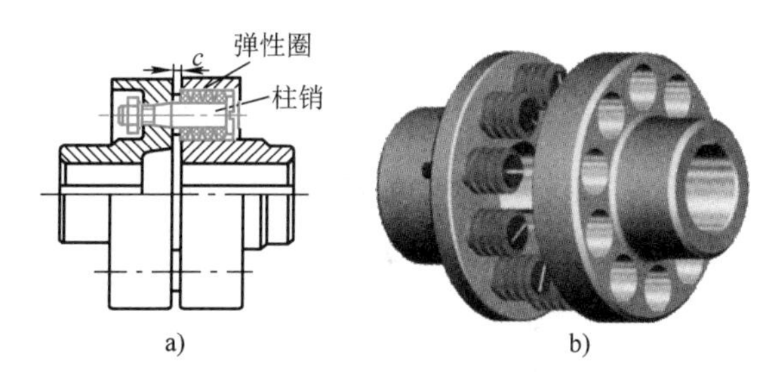

图 10-59　弹性套柱销联轴器

a）结构图　b）实物图

（3）弹性柱销联轴器　弹性柱销联轴器的结构如图 10-60 所示，它采用尼龙柱销将两半联轴器联接起来，为防止柱销滑出，两侧装有挡板。其特点及应用情况与弹性套柱销联轴器相似，而且结构更为简单，维修安装方便，传递转矩的能力很

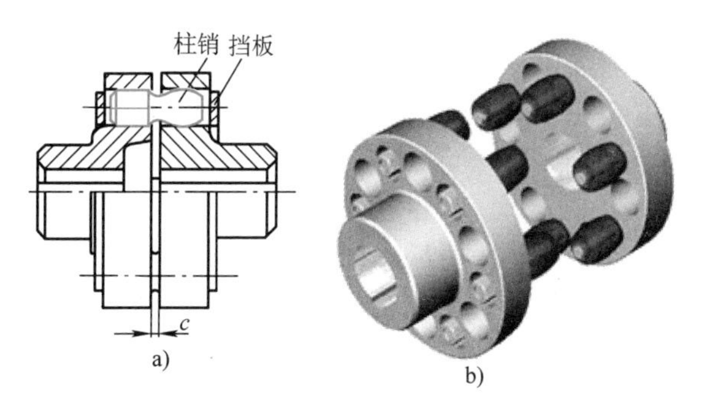

图 10-60　弹性柱销联轴器

a）结构图　b）实物图

大，但外形尺寸和转动惯量较大。

10.6.2 联轴器的选择

联轴器的选择包括联轴器的类型选择和尺寸型号的选择。

联轴器的种类很多，常用的大多已标准化或系列化。选择时，可根据工作条件、轴的直径、计算转矩、工作转速、位移量，以及工作温度等，从标准中选择联轴器的类型和尺寸型号，必要时可对其中某些零件进行强度校核。

在选择和校核联轴器时，考虑到机械运转速度变动时（如起动、制动）的惯性力和工作过程中过载等因素的影响，应将联轴器传递的名义转矩适当增大，即按计算转矩进行联轴器的选择和校核。

10.7 离合器

根据工作原理不同，离合器可分为牙嵌式和摩擦式两类，它们分别用牙（齿）的啮合和工作表面的摩擦力来传递转矩。离合器还可按控制离合的方法不同，分为操纵式和自动式两类。下面介绍几种典型的离合器。

1. 牙嵌离合器

如图10-61所示，它主要由端面带牙的两个半离合器组成，通过啮合的齿来传递转矩。其中半离合器1固装在主动轴上，而半离合器2则利用导向平键安装在从动轴上，沿轴线移动。工作时，利用操纵杆（图中未画出）带动滑环，使半离合器2做轴向移动，从而实现离合器的接合或分离。

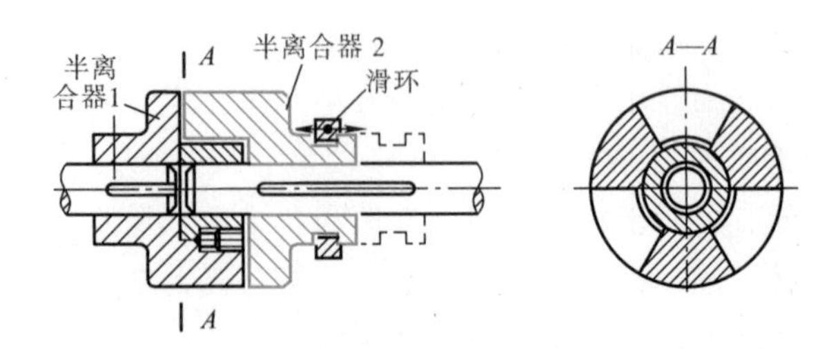

图10-61 牙嵌离合器

牙嵌离合器结构简单、尺寸小，工作时无滑动，并能传递较大的转矩，故应用较多。其缺点是运转中接合时有冲击和噪声，必须在两轴转速差很小或停车时进行接合或分离。

2. 摩擦离合器

摩擦离合器可分为单盘式、多盘式和圆锥式三类，这里只简单介绍前两种。

（1）单盘式摩擦离合器　如图 10-62 所示，单盘式摩擦离合器由两个半离合器（摩擦盘）组成。工作时两离合器相互压紧，靠接触面间产生的摩擦力来传递转矩。其接触面是平面，一个摩擦盘（定盘）固装在主动轴上，另一个摩擦盘（动盘）利用导向平键（或花键）安装在从动轴上，工作时，通过操纵滑环使动盘在轴上移动，使动盘和定盘压紧与分开，从而实现接合和分离，图示为压紧状态。

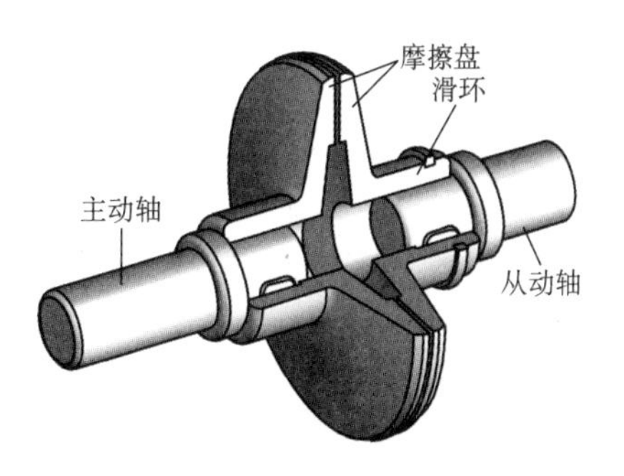

图 10-62　单盘式摩擦离合器

这种离合器结构简单，但传递的转矩较小。实际生产中常用多盘式摩擦离合器。

（2）多盘式摩擦离合器　如图 10-63 所示，多盘式摩擦离合器由外摩擦片、内摩擦片、主动轴套筒、从动轴套筒等组成。主动轴套筒用平键（或花键）安装在主动轴上，从动轴套筒与从动轴之间为动连接。当操纵杆拨动滑环向左移动时，通过安装在从动轴套筒上的杠杆的作用，使内、外摩擦盘压紧并产生摩擦力，使主、从动轴一起转动（图示为压紧状态）；当滑环向右移动时，则使两组摩擦片放松，从而主、从动轴分离。压紧力的大小可通过从动轴套筒上的调节螺母来控制。

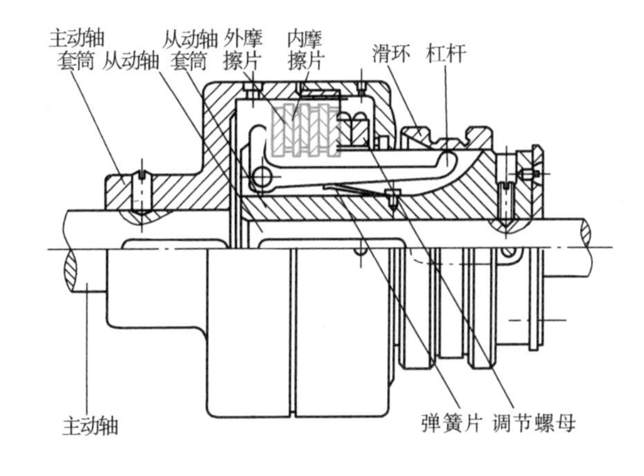

图 10-63　多盘式摩擦离合器

多盘式离合器的优点是径向尺寸小而承载能力大，连接平稳，因此适用的载荷范围大，应用较广。其缺点是盘数多，结构复杂，离合动作缓慢，发热、磨损较严重。

与牙嵌离合器比较，摩擦离合器的优点是：

1）可以在被连接两轴的转速相差较大时接合。

2）接合和分离的过程较平稳，可以

用改变摩擦面上压紧力大小的方法调节从动轴的加速过程。

3）过载时的打滑可避免其他零件损坏。

由于上述优点，故摩擦离合器应用较广。其缺点是：

1）结构较复杂，成本较高。

2）当产生滑动时，不能保证被连接两轴精确地同步转动。

除常用的操纵式离合器外，还有自动式离合器。自动式离合器有控制转矩的安全离合器，有控制旋转方向的定向离合器，有根据转速的变化自动离合的离心式离合器。

实例分析

图 10-64 所示是一轴系部件的结构图，在轴的结构和零件固定方面存在一些不合理的地方，请在图上标出不合理的地方，说明不合理的现象，最后画出正确的轴系部件的结构图。

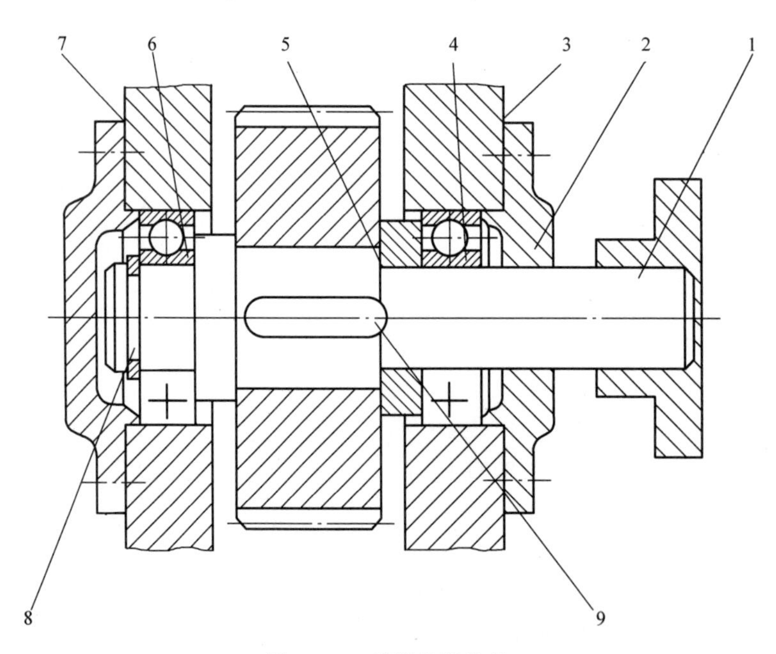

图 10-64　错误的轴结构

分析过程如下：

序号 1 处有三处不合理的地方：①联轴器应打通；②安装联轴器的轴段应有定位轴肩；③安装联轴器的轴段上应有键。

序号 2 处有三处不合理的地方：①轴承端盖和轴接触处应留有间隙；②轴承端盖和轴接触处应装有密封圈；③轴承端盖的形状虽然可以用，但加工面与非加工面分开则更佳。

序号 3 处有两处不合理的地方：①安装轴承端盖的部位应高于整个箱体，以便加工；②箱体本身的剖面不应该画剖面线。

序号 4 处有一处不合理的地方：安装轴承的轴段应高于右边的轴段，形成一个轴肩，以方便轴承的安装。

序号 5 处有两处不合理的地方：①安装齿轮的轴段长度应比齿轮的宽度短一点，以便齿轮更好地定位；②套筒直径太大，套筒的最大直径应小于轴承内圈的最小直径，以方便轴承

的拆卸。

序号 6 处有两处不合理的地方：①定位轴肩太高，应留有拆卸轴承的空间；②安装轴承的轴段应留有越程槽。

序号 7 处有一处不合理的地方：安装轴承端盖的部位应高于整个箱体，以便加工。

序号 8 处的结构虽然可以用，但还能找到更好的结构，例如单向固定的结构。

序号 9 处有一处不合理的地方：键太长，键的长度应小于该轴段的长度。

轴结构的改正如图 10-65 所示。

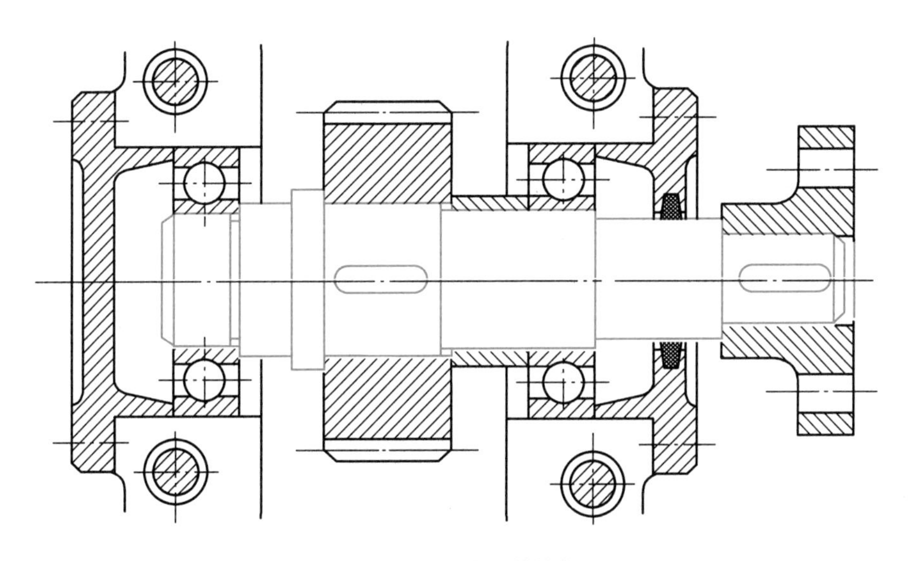

图 10-65　正确的轴结构

知识小结

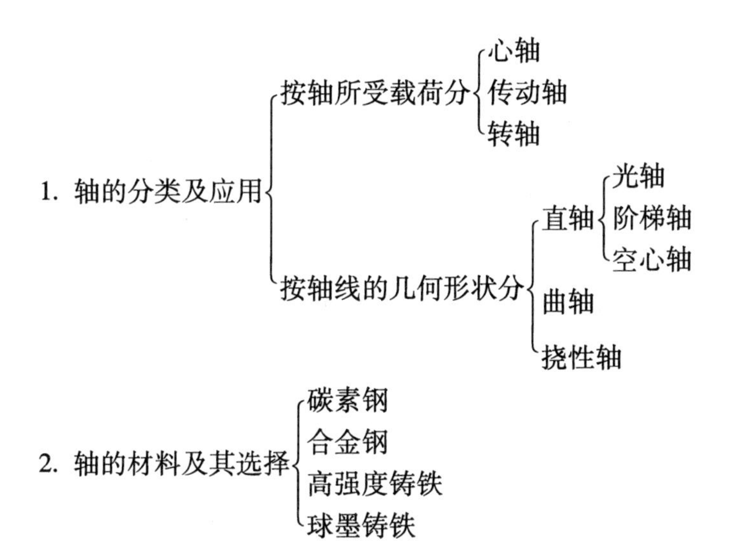

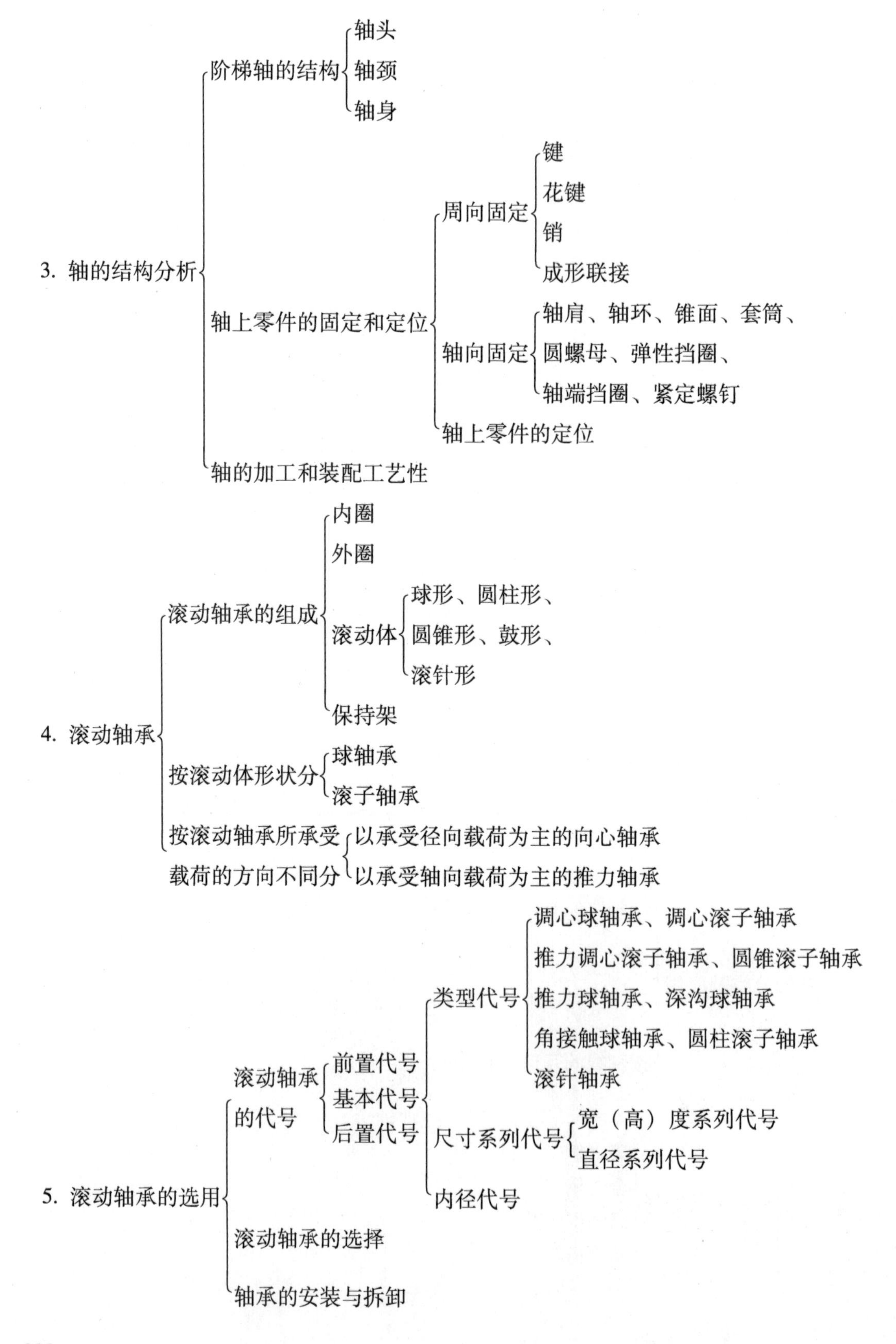
3. 轴的结构分析
阶梯轴的结构
轴头
轴颈
轴身
轴上零件的固定和定位
周向固定
键
花键
销
成形联接
轴向固定
轴肩、轴环、锥面、套筒、
圆螺母、弹性挡圈、
轴端挡圈、紧定螺钉
轴上零件的定位
轴的加工和装配工艺性
4. 滚动轴承
滚动轴承的组成
内圈
外圈
滚动体
球形、圆柱形、
圆锥形、鼓形、
滚针形
保持架
按滚动体形状分
球轴承
滚子轴承
按滚动轴承所承受
载荷的方向不同分
以承受径向载荷为主的向心轴承
以承受轴向载荷为主的推力轴承
5. 滚动轴承的选用
滚动轴承
的代号
前置代号
基本代号
后置代号
类型代号
调心球轴承、调心滚子轴承
推力调心滚子轴承、圆锥滚子轴承
推力球轴承、深沟球轴承
角接触球轴承、圆柱滚子轴承
滚针轴承
尺寸系列代号
宽（高）度系列代号
直径系列代号
内径代号
滚动轴承的选择
轴承的安装与拆卸

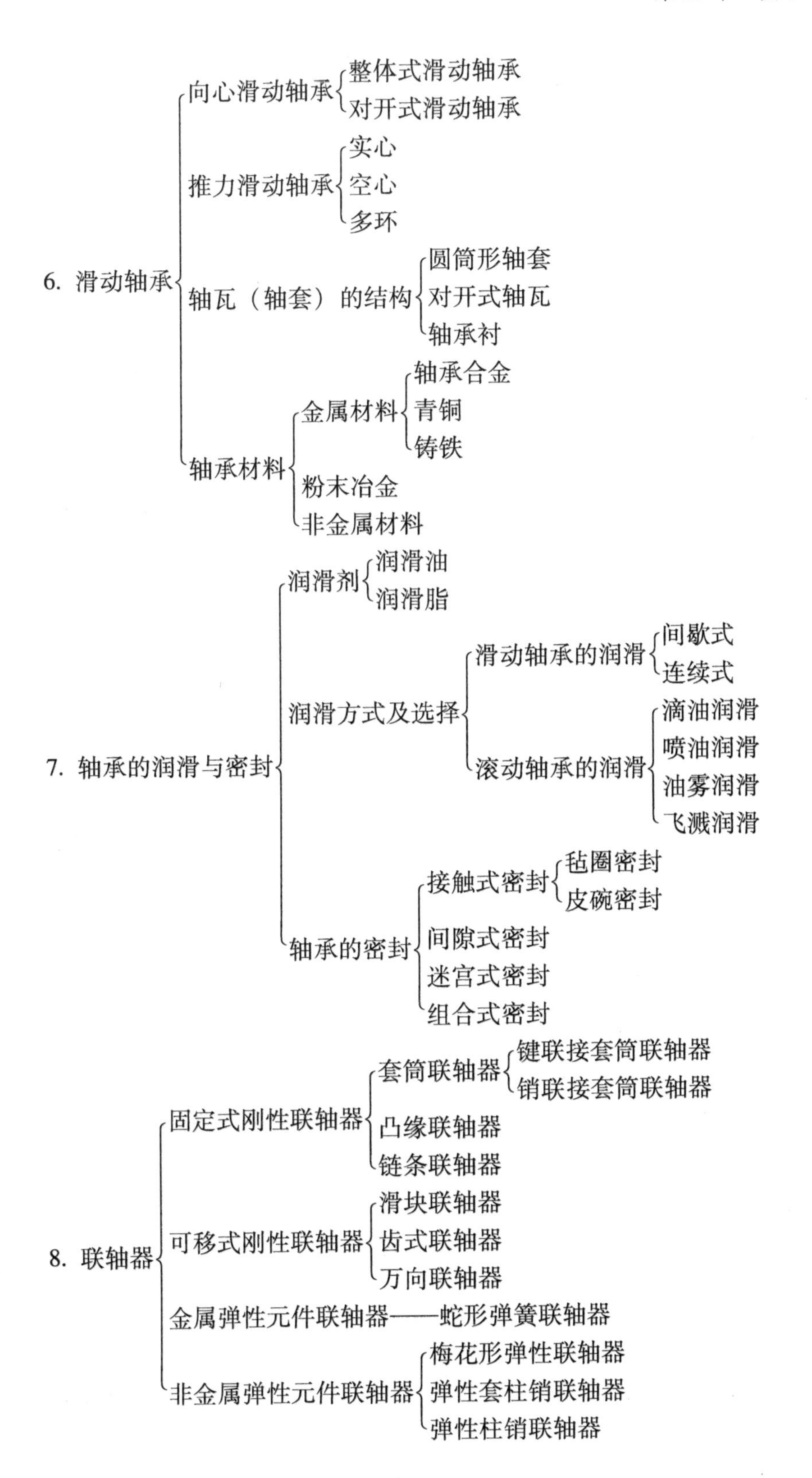
6. 滑动轴承
向心滑动轴承
整体式滑动轴承
对开式滑动轴承
推力滑动轴承
实心
空心
多环
轴瓦（轴套）的结构
圆筒形轴套
对开式轴瓦
轴承衬
轴承材料
金属材料
轴承合金
青铜
铸铁
粉末冶金
非金属材料
7. 轴承的润滑与密封
润滑剂
润滑油
润滑脂
润滑方式及选择
滑动轴承的润滑
间歇式
连续式
滚动轴承的润滑
滴油润滑
喷油润滑
油雾润滑
飞溅润滑
轴承的密封
接触式密封
毡圈密封
皮碗密封
间隙式密封
迷宫式密封
组合式密封
8. 联轴器
固定式刚性联轴器
套筒联轴器
键联接套筒联轴器
销联接套筒联轴器
凸缘联轴器
链条联轴器
可移式刚性联轴器
滑块联轴器
齿式联轴器
万向联轴器
金属弹性元件联轴器——蛇形弹簧联轴器
非金属弹性元件联轴器
梅花形弹性联轴器
弹性套柱销联轴器
弹性柱销联轴器

9. 离合器
- 按工作原理不同分
  - 牙嵌式——牙嵌离合器
  - 摩擦式
    - 单盘式摩擦离合器
    - 多盘式摩擦离合器
- 按控制离合的方法不同分
  - 操纵式
  - 自动式

习　题

一、判断题（认为正确的，在括号内打✓，反之打 ×）

1. 汽车变速器与后桥之间的轴是传动轴，它的功用是传递运动和动力。（　）
2. 既承受弯矩又承受转矩的轴称为转轴。（　）
3. 增大阶梯轴圆角半径的主要目的是使轴的外形美观。（　）
4. 轴肩处的圆角半径应小于零件轮毂孔端的圆角半径或倒角高度。（　）
5. 定位轴肩的高度可以小于零件轮毂孔端的圆角半径或倒角高度。（　）
6. 与滚动轴承配合的轴肩高度应小于滚动轴承的内圈高度。（　）
7. 与零件配合的轴头长度应等于零件的轮毂长度。（　）
8. 为了使轴上零件承受大的轴向力，轴肩高度越大越好。（　）
9. 主要承受径向载荷，又要承受少量轴向载荷且转速较高时，宜选用深沟球轴承。（　）
10. 当轴在工作过程中弯曲变形较大时，应选用具有调心性能的调心轴承。（　）
11. 滚动轴承尺寸系列代号表示轴承内径和外径尺寸的大小。（　）
12. 为了保证润滑，油沟应开在轴承的承载区。（　）
13. 在高速、重载场合，润滑油的黏度越高，对轴承的润滑效果越好。（　）
14. 联轴器和离合器的主要区别是：联轴器靠啮合传动，离合器靠摩擦传动。（　）
15. 套筒联轴器主要适用于径向安装尺寸受限制并要求严格对中的场合。（　）
16. 若两轴刚性较好，且安装时能精确对中，可选用刚性凸缘联轴器。（　）
17. 齿式联轴器的特点是有齿顶间隙，能吸收振动。（　）
18. 工作中有冲击、振动，两轴不能严格对中时，宜选用弹性联轴器。（　）
19. 要求某机器的两轴在任何转速下都能接合或分离时，应选用牙嵌离合器。（　）

二、选择题（将正确答案的字母序号填写在横线上）

1. ________类型的轴只承受弯矩。

A. 传动轴　　B. 转轴　　C. 心轴

2. 为了使套筒、圆螺母或轴端挡圈能紧靠轮毂零件的端面并可靠地进行轴向固定，轴头长度 l 与被固定零件轮毂的宽度 b 之间应满足________。

A. $l>b$　　B. $l=b$　　C. $l<b$

3. 同一根轴的不同轴段上有两个或两个以上的键槽时，它们在轴上按下列________方式安排才合理。

A. 相互错开 90°　　B. 相互错开 180°　　C. 安排在轴的同一素线上

4. 将轴的结构设计成阶梯形的主要目的是________。

A. 便于轴的加工　　B. 便于轴上零件的固定和装拆　　C. 提高轴的刚度

5. 轴上零件的周向固定方式有多种形式。对于普通机械，当传递转矩较大时，宜采用下列________方式。

A. 花键联接　　B. 切向键联接　　C. 销联接

6. 选用合金钢代替碳素钢作为轴的材料可以使轴的________得以有效提高。

A. 刚度　　B. 强度　　C. 抗振性

7. 某直齿轮减速器，工作转速较高、载荷平稳，选用下列________较为合适。

A. 深沟球轴承　　B. 角接触球轴承　　C. 推力球轴承

8. 下列滚动轴承中________的极限转速较高。

A. 深沟球轴承　　B. 角接触球轴承　　C. 推力球轴承

9. 同时能承受较大的轴向载荷和径向载荷的滚动轴承是________。

A. 深沟球轴承　　B. 角接触球轴承　　C. 推力球轴承

10. 若轴上受力为纯轴向载荷，没有径向载荷，应选用________。

A. 深沟球轴承　　B. 角接触球轴承　　C. 推力球轴承

11. 一根轴采用一对滚动轴承支承，其承受的载荷为径向力和较大的轴向力，并且有冲击，振动较大，因此宜选择________。

A. 深沟球轴承　　B. 角接触球轴承　　C. 圆锥滚子轴承

12. 为适应不同承载能力的需要，规定了滚动轴承的不同直径系列，不同直径系列轴承的区别是________。

A. 外径相同而内径不同

B. 内径相同而外径不同

C. 内、外径均相同，滚动体大小不同

13. 为适应不同承载能力的需要，规定了滚动轴承的不同宽度系列，不同宽度系列轴承的区别是________。

A. 外径相同而内径不同　　B. 内径相同而外径不同

C. 内、外径均相同，轴承宽度不同

14. 轴与轴承端盖密封处的圆周速度 $v<5\text{m/s}$，一般选用________方式。

A. 皮碗密封　　B. 非接触式密封　　C. 毡圈密封

15. 滑块联轴器主要适用于________场合。

A. 转速不高、有剧烈的冲击载荷、两轴线有较大相对径向位移的连接

B. 转速不高、没有剧烈的冲击载荷、两轴线有较大相对径向位移的连接

C. 转速较高、载荷平稳且两轴严格对中的连接

16. 刚性联轴器和弹性联轴器的主要区别是________。

A. 弹性联轴器内有弹性元件，而刚性联轴器内则没有

B. 弹性联轴器能补偿两轴较大的偏移，而刚性联轴器不能补偿

C. 弹性联轴器过载时打滑，而刚性联轴器不能

17. 生产实践中，一般电动机与减速器的高速级的连接常选用________。

A. 凸缘联轴器　　B. 滑块联轴器　　C. 弹性套柱销联轴器

18. 牙嵌离合器适合于________。

A．只能在很低转速或停车时接合

B．任何转速下都能接合

C．高速转动时接合

19．与牙嵌离合器比较，摩擦离合器的优点是________。

A．只能在很低转速或停车时接合

B．可以在被连接两轴转速相差较大时接合

C．运转中接合时有冲击和噪声

第11章 机械节能环保与安全防护

学习目标

了解机械摩擦与润滑的概念与分类；了解机械噪声的形成和防护措施，了解机械传动装置中的危险零部件及机械伤害的成因和防护措施。

引　言

机械装置在运动过程中，各相对运动的零部件的接触表面会产生摩擦及磨损，摩擦是机械运转过程中不可避免的物理现象，在机械零部件众多的失效形式中，摩擦及磨损是最常见的。

各类机械在工作时会产生噪声和各类机械伤害，为保证一线工人的身体健康，就需对噪声的形成及噪声防护、机械伤害类型及预防对策有足够的了解，采取必要的防护措施确保安全生产。

学习内容

11.1　机械的摩擦与润滑

11.1.1　摩擦与磨损

工程实践中常说的摩擦是指当两个相互接触的物体发生相对滑动或有相对滑动的趋势时，在接触面上产生的阻碍相对滑动的现象。根据工作零件的运动形式可将摩擦分为静摩擦与动摩擦，静摩擦是指工作零件仅有相对滑动趋势时的摩擦现象，动摩擦是指工作零件相对运动过程中的摩擦现象。根据位移情况的不同可将摩擦分为滑动摩擦与滚动摩擦。对于机械零件间做相对滑动的金属表面，根据摩擦表面间存在润滑剂的情况，又可将滑动摩擦分为干摩擦、流体摩擦、边界摩擦及混合摩擦。

（1）干摩擦　两接触表面间无任何润滑剂或保护膜的纯金属接触时的摩擦，这种摩擦会使接触面间产生较大的摩擦及磨损，如图11-1所示，故在应用中应严禁出现这种情况。

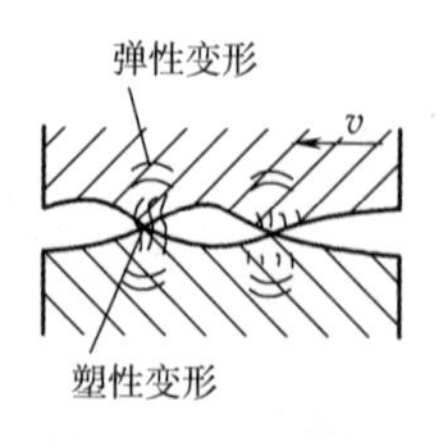

图11-1　干摩擦

（2）流体摩擦　两摩擦面不直接接触，中间有一层完整的油膜（油膜厚度一般在1.5~2μm）隔开的摩擦现象，如图11-2所示。这种润滑状态最好，但有时需外界设备供应润滑油，造价高，用于润滑要求较高的场合。

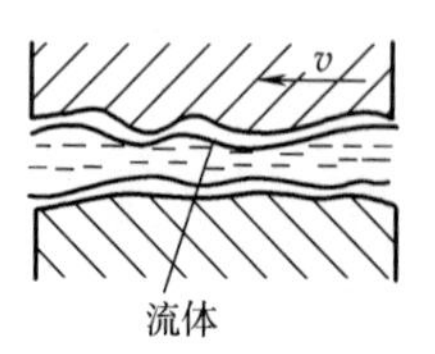

图11-2　流体摩擦

（3）边界摩擦　两接触表面上吸附着一层很薄的边界膜（油膜厚度小于1μm）的摩擦现象，介于干摩擦与流体摩擦两种状态之间，如图11-3所示。

（4）混合摩擦　实际运转中可能会出现干摩擦、流体摩擦与边界摩擦的混合状态，称这种状态为混合摩擦，如图11-4所示。

运转部位接触表面间的摩擦将导致零件表面材料的逐渐损失，形成磨损。磨损会影响机器的使用寿命，降低工作的可靠性与效率，甚至会使机器提前报废。因此，在工作过程中要注意直接接触部位的润滑，以减少接触表面的磨损，尤其应加强机器中旋转的接触部位的润滑。

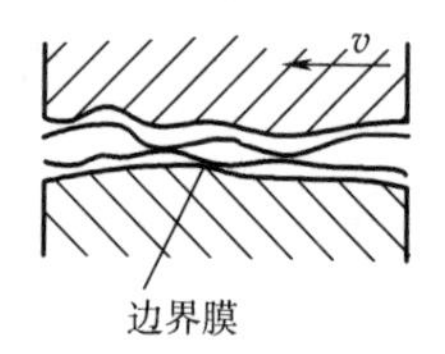

图11-3　边界摩擦

11.1.2　润滑

为减轻机械运转部位接触表面的磨损，常在摩擦接触处加入润滑剂，将接触表面分隔开来，这种措施称为润滑。润滑的主要作用有：降低摩擦、减少磨损、防止腐蚀、提高效率、改善机器运转状况、延长机器的使用寿命。针对链传动、轴承等结构的润滑在前文中已经讲述，本节根据润滑剂的不同，从宏观上将润滑分为：

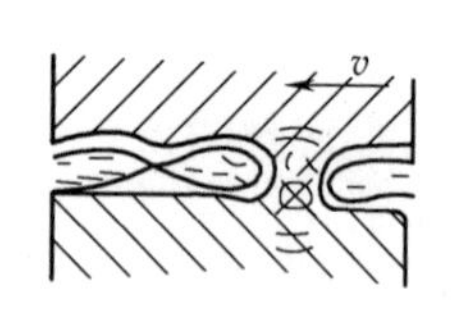

图11-4　混合摩擦

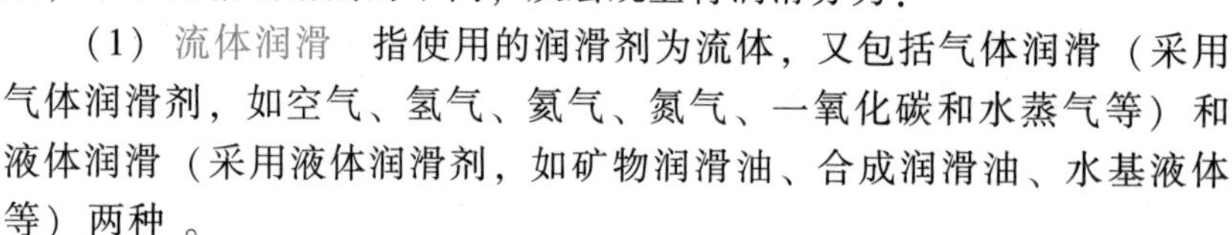

（1）流体润滑　指使用的润滑剂为流体，又包括气体润滑（采用气体润滑剂，如空气、氢气、氦气、氮气、一氧化碳和水蒸气等）和液体润滑（采用液体润滑剂，如矿物润滑油、合成润滑油、水基液体等）两种 。

（2）固体润滑　指使用的润滑剂为固体 ，如石墨、二硫化钼、氮化硼、尼龙、聚四氟乙烯、氟化石墨等。

（3）半固体润滑　指使用的润滑剂为半固体，是由基础油和稠化剂组成的塑性润滑脂，有时根据需要还加入各种添加剂。

11.2　机械噪声的形成与防护

11.2.1　什么是噪声

简单来讲，噪声就是人们不需要的声音。从物理学的角度看，噪声是指发声体作无规则的振动时发出的声音。但是从环境保护的角度看，凡是妨碍人们正常休息、学习和工作的声音，以及对人们要听的声音起干扰作用的声音，都属于噪声。

11.2.2　噪声的特征

1. 感觉性公害

噪声是感觉性公害。噪声对环境的污染与工业“三废”一样，是一种危害人类环境的公害，因此噪声的评价有其显著的特点，即取决于受害人的生理与心理因素。噪声标准也要根据不同的时间、不同的地区和人处于不同的行为状态来决定。

2. 局限性和分散性

噪声是局限性和分散性的公害。噪声污染是指在生产和生活活动中产生的影响周围环境的声音，超过国家规定的标准，并因此妨碍人们工作、学习、生活和其他正常活动的现象。局限性是指噪声影响是在一定范围的，分散性是指噪声源分布上是分散的。此外，噪声污染是暂时的，噪声源停止发声，危害消除。

3. 噪声的来源与分类

（1）噪声来源于物体的振动

1）气体动力噪声。叶片高速旋转或高速气流通过叶片，都会使叶片两侧的空气发生压力突变，激发声波，如通风机、鼓风机、压缩机、发动机通过进排气口传出的声音即为气体动力性噪声。

2）机械噪声。由于固体振动产生的噪声称为机械噪声。在撞击、摩擦、交变的机械力作用下的金属板，旋转机件的动力不平衡，以及运转的机械零件、轴承、齿轮等都会产生机械噪声，如锻锤、织布机、机床等产生的噪声均属此类。

3）电磁性噪声。由于电磁场的作用，产生周期性的力，从而产生的噪声，如电动机、变压器等做功时产生的声音。

（2）噪声的分类　噪声污染有许多种类。按噪声源的行业性质和来源，通常分为工业噪声、建筑施工噪声、交通噪声和社会生活噪声四类。

1）工业噪声。在工厂里，发动机的运转声，通风机的吸气排气声，材料的锯削、冲压、切削声等都是噪声。工业噪声不仅直接给生产工人带来危害，而且对附近的居民也有较大影响。工业噪声中，一般电子工业和轻工业的噪声为 90dB 以下，纺织厂的噪声为 90~110dB，机械工业噪声为 80~100dB，凿岩机、大型球磨机达 120dB，风铲、风铆、大型鼓风机在 120dB 以上。

2）建筑施工噪声。虽然建筑施工具有暂时性，但随着城市现代化的建设，现在每个城市每年的建设施工量都很大，尽管施工过程中会采取有效的防护措施，但还会产生一定的噪声。

3）交通噪声。交通工具（如汽车、火车、飞机等）是活动的噪声源，对环境影响比较大。随着人们生活水平的提高，城市中的汽车数量在快速增加，这在很大程度上增加了交通噪声。

4）社会噪声。社会活动和家庭生活噪声也普遍存在，如各商场、营业性活动场所现场播放的音乐、家庭电视机的声音等。一般电视机的噪声为 60~83dB，风扇的噪声为 30~65dB，普通洗衣机的噪声为 60~85dB。

11.2.3　噪声的等级和影响

人们用分贝来划分声音强弱的等级，分贝的符号是 dB。0dB 是人们刚刚能听到的最微弱的声音；10dB 相当于微风吹落树叶的沙沙声；30~40dB 是较理想的安静环境；超过 50dB 就会影响睡眠和休息；70dB 以上会干扰谈话，影响工作效率；长期生活在 90dB 以上的噪声环境，会严重影响听力并引起神经衰弱、头疼、血压升高等疾病；如果突然暴露在高达 150dB 的噪声环境中，听觉器官会发生急剧外伤，引起鼓膜破裂出血，双耳完全失去听力，甚至语言紊乱、神志不清、脑震荡、休克或死亡。如小白鼠在 160dB 的环境中，几分钟就会死亡。人在距喷气发动机 5m 处，几分钟就会耳聋。为了保护听力，应控制噪声不超过

90dB；为了保证正常的工作和学习，应控制噪声不超过70dB；为了保证休息和睡眠，应控制噪声不超过50dB。

噪声可以给人造成多方面的危害，一般常见的危害有以下几种：

1）听力损伤。噪声对听力的影响是人们认识最早的一种影响。强噪声环境会引起听觉疲劳，长期在强噪声环境中工作，听觉疲劳难以恢复，甚至会造成耳聋。

2）对睡眠的影响。睡眠对人是极重要的，它能够使人的新陈代谢得到调节，使人的大脑得到休息，从而恢复体力和消除疲劳。保证睡眠是人体健康的重要因素。但噪声会影响人的睡眠质量和时间，断续的噪声比连续的噪声影响更大；夜间的噪声比白天的噪声影响更大。经调查，夜间噪声达61~75dB时，被吵醒和不易入睡的人占调查人数的70%。老年人和病人对噪声干扰更敏感。当睡眠受到噪声干扰后，工作效率和健康都受到影响。

3）对交谈、通信、工作思考的影响。噪声妨碍人们之间的交谈、通信是常见的。因为思考也是语言思维活动，其受噪声干扰的影响与交谈是一致的。实验研究表明的噪声对谈话、通信的影响见表11-1。

表11-1　噪声对谈话、通信的影响

噪声大小/dB	主观反映	保证正常谈话距离/m	通信质量
45	安静	10	很好
55	稍吵	3.5	好
65	吵	1.2	较困难
75	很吵	0.3	困难
85	太吵	0.1	不可能

4）心理影响。噪声引起的心理影响主要是烦恼，使人激动、易怒、甚至失去理智。噪声干扰经常引发民间纠纷等事件。噪声也容易使人疲劳，因此往往会影响精力集中和工作效率，尤其是对一些不是重复性的劳动，影响比较明显。另外，由于噪声的掩蔽效应，往往会使人不易察觉一些危险信号，从而容易造成工伤事故。

5）噪声对儿童的影响。噪声会影响少年儿童的智力发育，在噪声环境下，老师讲课听不清，结果造成儿童对讲授内容不理解，妨碍儿童的智力发育，吵闹环境中成长的儿童智力发育比安静环境中低20%。

11.2.4　噪声的防护

所有的噪声问题基本上都可以分为三部分：声源—传播途径—接受者。因此，噪声防护的控制技术也应从这三部分来考虑。首先是降低声源本身的噪声，如果做不到或能做到但不经济，则应考虑从传播途径中降低，如上述方案达不到要求或不经济，则可考虑接受者的个人防护。噪声控制技术的基本途径如图11-5所示。

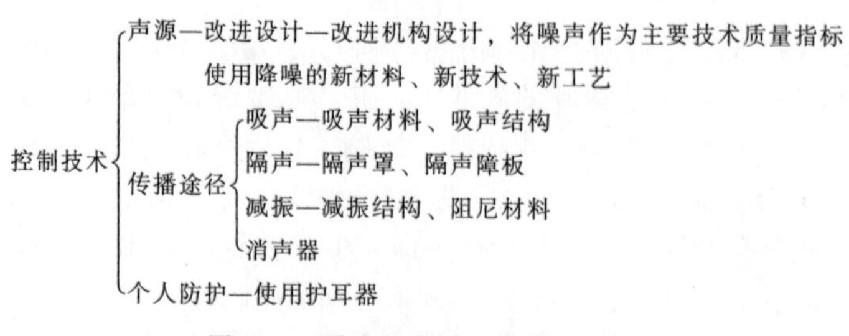

图11-5　噪声控制技术的基本途径

1. 声源控制

降低声源本身的噪声是治本的方法。比如用液压代替冲压，用斜齿轮代替直齿轮，用焊接代替铆接等，改造噪声大的机器或换用噪声小的机器等。在有关产品设计中，噪声应成为主要的质量指标。在生产中使用阻尼材料或阻尼结构，尽量减少噪声的产生。

除改造设备外，在噪声传播的途径上也可采取措施，可以把装有噪声源的厂房门窗背向居民区，来减弱传向居民区的噪声，在厂区和住宅间之间设立屏障或植树造林，使传来的噪声被反射或部分吸收而减弱。

2. 采取适当的措施

从目前的生产技术水平来讲，要想使一切机器都是低噪声的，往往是不经济的。这就需要从噪声的传播途径上注意控制。

1）吸声。注意利用噪声材料或吸声结构来吸收声能，这主要用于室内空间，如厂房、会议室、办公室等。常用的吸声材料或吸声结构有：多空吸声材料、薄板（薄膜）吸声结构、空腔共振吸声结构、微穿孔板吸声结构等。

2）隔声。噪声是通过空气传播的，往往可以采用隔声办法来降低噪声。例如墙壁、门窗可以把室外的噪声挡住。为达到更好的隔声效果，还可以把门窗做成双层的。

隔声罩在机器噪声控制中是常用的装置，一般隔声罩由隔声材料、阻尼材料和吸声材料组成。隔声材料多用钢板，钢板做成的罩上再涂上阻尼材料，以防罩的共振，否则会降低效果。罩内加吸声材料，做成吸声层，以降低罩内的混响，提高隔声效果。

3）消声。消声就是利用消声器来降低空气中声的传播。通常用在气流噪声的控制方面，如风机噪声、通风管道噪声、排气噪声等。广泛采用的传统消声器有阻性消声器、抗性消声器、抗阻复合式消声器。

4）个人防护。在许多场合下，采取个人防护还是最有效、最经济的办法。个人防护用品有耳塞、耳罩、耳棉等。耳塞一般的平均隔声可达 20dB 以上，性能良好的耳塞可隔声达 30dB。

11.3　机械安全防护

11.3.1　机械行业安全概要

机械是现代生产和生活中必不可少的装备。机械在给人们带来高效、快捷和方便的同时，在其制造及运行、使用过程中，也会带来撞击、挤压、切割等机械危害和触电、噪声、高温等非机械危害。

机械设备可造成碰撞、夹击、剪切、卷入等多种危害。其主要危险部位如下：

1）旋转部件和成切线运动部件间的咬合处，如动力传输带和带轮、链条和链轮、齿条和齿轮等。

2）旋转的轴，包括联轴器、心轴、卡盘、丝杠等。

3）旋转的凸块和孔。含有凸块或空洞的旋转部件是很危险的，如风扇叶、凸轮、飞轮等。

4）转向相反的旋转部件的咬合处，如齿轮、混合辊等。

5）旋转部件和固定部件的咬合处，如手轮或飞轮和机床床身、旋转搅拌机和无防护开口外壳搅拌装置等。

6）接近类型，如锻锤的锤体、动力压力机的滑枕等。

7）通过类型，如金属刨床的工作台及其床身、剪板机的切削刃等。

8）单向滑动部件，如带锯边缘的齿、砂带磨光机的研磨颗粒等。

9）旋转部件与滑动部件之间，如某些平板印刷机面上的机构、纺织机床等。

图11-6　齿轮传动

11.3.2　机械传动机构防护对策

机械上常见的传动机构有齿轮机构、带传动机构等。这些机构高速旋转时，人体部位有可能被带进去而造成伤害事故，因而有必要把传动机构危险部位加以防护，以保护操作者的安全。

图11-7　V带传动

在齿轮传动机构中，两轮开始啮合的地方最危险，如图11-6所示。

带传动机构中，V带开始进入带轮的部位最危险，如图11-7所示。

带传动中，裸露的楔键突出部分有可能钩住工人衣服等，造成伤害，如图11-8所示。

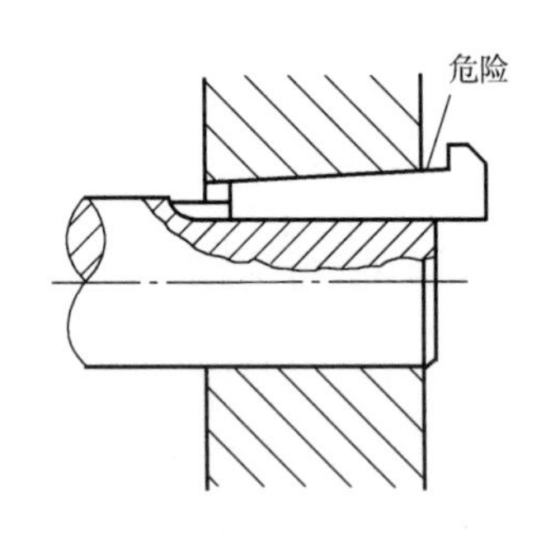

图11-8　楔键联接

为了保证机械设备的安全运行和操作人员的安全，所采取的安全技术措施一般可分为直接安全措施、间接安全措施和指导性安全措施三类。直接安全技术措施是在设计机器时，考虑消除机器本身的不安全因素；间接安全技术措施是在机械设备上采用和安装各种有效的安全防护装置，克服在使用过程中产生的不安全因素；指导性安全措施是制定机器安装、使用、维修的安全规定及设置标志，以提示或指导操作程序，从而保证安全作业。

1. 齿轮啮合传动的防护

啮合传动有齿轮（直齿轮、斜齿轮、锥齿轮、齿轮齿条等）啮合传动、蜗杆传动和链传动等。

齿轮传动机构必须装置全封闭型的防护装置。应该强调的是：机器外部绝不允许有裸露的啮合齿轮，无论啮合齿轮处于何种位置，因为即使啮合齿轮处于操作人员不常到的地方，但工人在维护保养机器时也有可能与其接触而带来不必要的伤害，

故在设计和制造机器时，应尽量将齿轮装入机座内，而不使其外露。对于一些开式的齿轮传动，必须进行改造，加上防护罩。齿轮传动机构没有防护罩不得使用。

防护装置的材料可用钢板或铸造箱体，必须坚固牢靠，并保证在机器运行过程中不发生振动。装置应合理，防护罩的外壳与传动机构的外形相符，同时应便于开启，便于机器的维护保养，即要求能方便地打开和关闭。为了引起注意，防护罩内壁应涂成红色，最好安装电气控制联锁装置，使防护装置在开启的情况下机器停止运转。另外，防护罩壳体本身不应有尖角和锐利部分，并尽量使之既不影响机器的美观，又起到安全作用。

2. 带传动的防护

带传动装置中，为了防止伤人事件的发生，一般是在带传动的外面加防护罩，防护罩壳采用金属骨架的防护网，与传动带的距离不应小于 50mm，设计应合理，不应影响机器的运行。

3. 轴上突出部位的防护

一切突出于轴面而不平滑的零件（键、固定螺钉等）均增加了轴的危险性，这些突出部位均可能给人们带来伤害。为了保证安全，螺钉一般应采用沉头螺钉。轴上的键及固定螺钉必须加以防护，一般常用的方法是加防护罩。

11.3.3 机械危害类型及预防对策

对于各种机械来说，它们所产生的危害性除了共性之外还有各自的特点，如金属切削加工机械在作业时产生的灼热切屑会伤人；木工机械中的各种锯易割伤操作者的上肢和手指；压力加工机械易发生冲头伤手事故；焊接中操作者吸入焊接烟雾和有害气体易引发慢性锰中毒等。因此，有必要对机械危害进行详尽的了解，以尽量减少机械对人的伤害，更主要的是预防机械危害的发生。

机械危险与机械的有害因素合称机械危害。

1. 机械危险及其产生的主要因素

机械危险是指由于机械零件、工具、工件或飞溅的固体、流体物质的机械作用而可能产生伤害的各种物质因素的总称。

机械危险的形式有很多种，其基本形式有以下九种。

1）挤压危险。这种危险是在两个零部件之间产生的，其中的一个或两个是运动零部件。在挤压危险中最典型的挤压伤害来自于压力加工机械，当压力机的冲头下落时，如人手正在安放工件或调整模具，就会受伤。这种危险不一定两个部件完全接触，只要距离很近，人的肢体就有可能受到挤压伤害。此外，人手还可能在螺旋输送机、塑料注射成型机中受挤压。若安装距离过近或者操作不当，如在转动阀门的手轮或关闭防护罩时也会受挤压。

2）剪切危险。当一个具有较为锐利边刃的部件相对其他具有相同边刃的部件做直线相对运动时，就有可能产生剪切危险。较为典型的是剪切机械，这类机械在工作时所产生的剪切作用如果防护不当有可能将人的肢体切断。

3）切割或切断危险。这种危险也是较为常见的一种。当人体与机械上的尖角或锐边进行相对运动时，这种危险就可能发生。当机械上有锐边、尖角的部件高速转动时，这种危险带给人的伤害会更大，如正在工作的车床、铣床、刨床、钻床、圆盘锯等。

4）缠绕危险。有的机械设备表面上的尖角或凸出部分，能缠住人的衣服、头发，甚至皮肤，当这些尖角或凸出部分与人之间产生相对运动时，就可能产生缠绕危险。较为典型的是某些运动部件上的凸出物、传动带接头、车床的转轴，以及进行加工的工件能将人的手套、衣袖、头发，甚至擦机器用的棉纱等缠绕，从而对人造成严重的伤害。

5）吸入或卷入危险。此类危险常常发生在风力强大的引风设备上。一些大型的抽风或引风设备开动时，能产生强大的空气旋流，将人吸向快速转动的桨叶，而发生人体伤害，其后果是相当严重的。

6）冲击危险。冲击危险主要来自于两个方面：一个是比较重的往复运动部件的冲击，较为典型的是人受到往复运动的刨床部件的冲击碰撞；另一个是飞来物及落下物的冲击。这类危险所造成的伤害往往是严重的，甚至是致命的。高速旋转的零部件、工具、工件等如果固定不牢而松脱，会以高速甩出，虽然这类物件往往质量不大，但由于其转速高、动能大，对人体造成的伤害也比较大。

7）刺伤或扎穿危险。操作人员使用的较为锋利的工具刃口，或金工车间里的切屑等，都如同快刀一样，能对人体未加防护的部位造成伤害。

8）摩擦或磨损危险。这一类的危险一般发生在旋转的刀具、砂轮等机械部件上。当人体接触到正在旋转的这些部件时，就会与其产生剧烈的摩擦而给人体带来伤害。

9）高压流体喷射危险。机械设备上的液压元件超负荷，压力超过液压元件允许的最大值，使高压流体喷射冲出，就有可能给人体带来伤害。

2. 机械危害预防对策

机械危害风险的大小除取决于机器的类型、用途、使用方法和人员的知识、技能、工作态度等因素外，还与人们对危险的了解程度和所采取的避免危险的措施有关。正确判断什么是危险和什么时候会发生危险是十分重要的。预防机械危害包括两方面的对策。

（1）实现机械本质安全

1）消除产生危险的原因。

2）减少或消除接触机器的危险部件的次数。

3）使人们难以接近机器的危险部位（或提供安全装置，使得接近这些部位不会导致伤害）。

4）提供保护装置或个人防护装备。

上述措施是依次序给出的，也可以结合起来应用。

（2）保护操作者和有关人员安全

1）通过培训，提高人们识别危险的能力。

2）通过对机器的重新设计，使危险部位更加醒目（或者使用警示标志）。

3）通过培训，提高避免伤害的能力。

4）采取必要的行动增强避免伤害的自觉性。

知识小结

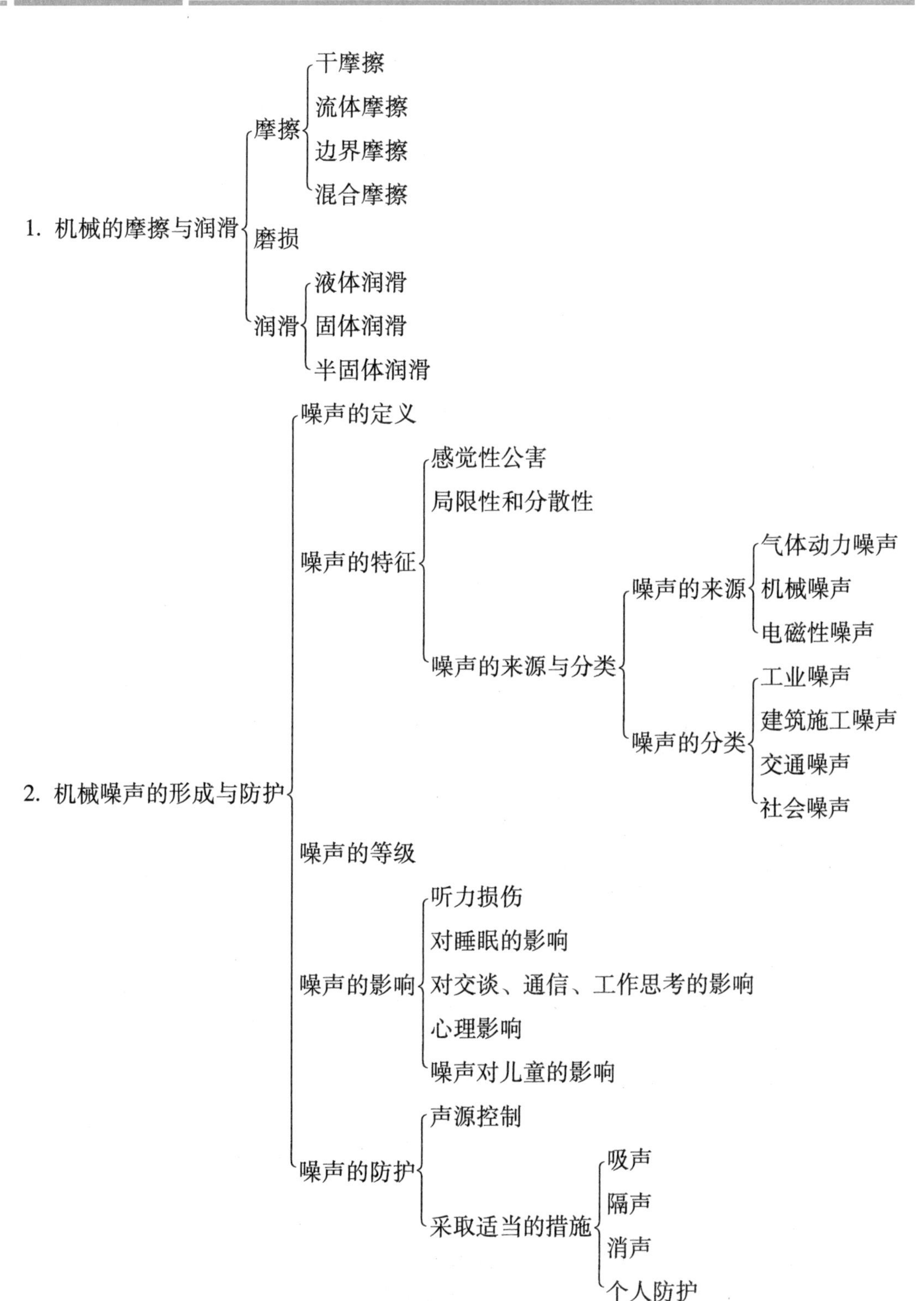
1. 机械的摩擦与润滑
摩擦
干摩擦
流体摩擦
边界摩擦
混合摩擦
磨损
润滑
液体润滑
固体润滑
半固体润滑
2. 机械噪声的形成与防护
噪声的定义
噪声的特征
感觉性公害
局限性和分散性
噪声的来源与分类
噪声的来源
气体动力噪声
机械噪声
电磁性噪声
噪声的分类
工业噪声
建筑施工噪声
交通噪声
社会噪声
噪声的等级
噪声的影响
听力损伤
对睡眠的影响
对交谈、通信、工作思考的影响
心理影响
噪声对儿童的影响
噪声的防护
声源控制
采取适当的措施
吸声
隔声
消声
个人防护

3. 机械安全防护
- 机械行业安全概要
- 机械传动机构防护对策
  - 齿轮啮合传动的防护
  - 带传动的防护
  - 轴上突出部位的防护
- 机械危害类型及预防对策
  - 机械危害
    - 挤压危险
    - 剪切危险、切割或切断危险
    - 缠绕危险、吸入或卷入危险
    - 冲击危险、刺伤或扎穿危险
    - 摩擦或磨损危险
    - 高压流体喷射危险
  - 预防对策
    - 实现机械本质安全
    - 保护操作者和有关人员安全

习　题

一、判断题（认为正确的，在括号内打√，反之打×）

1. 摩擦是指工作零件在相对运动过程中，在接触面上产生的阻碍相对滑动的现象。（　）

2. 运转部位接触表面间的摩擦将导致零件表面材料的逐渐损失，形成磨损。（　）

3. 润滑的主要作用有：降低摩擦、减少磨损、防止腐蚀、提高效率、改善机器的运转状况、延长机器的使用寿命。（　）

4. 为了保证休息和睡眠，应控制噪声不超过70dB。（　）

5. 为防止意外的机械伤害，应提供保护装置或个人防护装备。（　）

二、选择题（将正确答案的字母序号填写在横线上）

1. 两接触表面上吸附着一层很薄的边界膜（油膜厚度小于1μm）的摩擦现象称为________。

A. 干摩擦　　B. 流体摩擦　　C. 边界摩擦

2. 为了保证正常的工作和学习，应控制噪声不超过________。

A. 50dB　　B. 70dB　　C. 90dB

3. 为了保护听力，应控制噪声不超过________。

A. 50dB　　B. 70dB　　C. 90dB

4. 带传动装置中，为了防止发生伤人事件，所加防护罩与传动带的距离不应小于________。

A. 30mm　　B. 50mm　　C. 70mm

5. 在车床加工的过程中，为防止发生缠绕危险，________。

A. 可以戴手套　　B. 不允许戴手套

参考文献

[1] 柴鹏飞．机械基础［M］．北京：机械工业出版社，2009.

[2] 柴鹏飞．机械设计基础［M］．3版．北京：机械工业出版社，2019.

[3] 阿尔坦尼狄克．机械工人基础知识［M］．袁绍渊，杨则正，刘同洙，等译．北京：机械工业出版社，1981.

[4] 唐秀丽．金属材料与热处理［M］．北京：机械工业出版社，2008.

[5] 顾淑群．机械设计基础［M］．2版．北京：人民邮电出版社，2011.

[6] 胡家秀．机械基础［M］．2版．北京：机械工业出版社，2018.

[7] 霍振生．汽车机械基础［M］．北京：机械工业出版社，2019.